BENEFIT OF BLUE SKY

Study on the Economic Impacts and Countermeasures of Air Pollution in China

蓝天之益

中国空气污染的经济影响及对策研究

何明洋 ◎ 著

中国财经出版传媒集团

经济科学出版社

Economic Science Press

图书在版编目（CIP）数据

蓝天之益：中国空气污染的经济影响及对策研究／
何明洋著. —北京：经济科学出版社，2022.7
ISBN 978 - 7 - 5218 - 3879 - 4

Ⅰ.①蓝… Ⅱ.①何… Ⅲ.①空气污染 - 影响 - 中国
经济 - 研究 Ⅳ.①X510.3②F12

中国版本图书馆 CIP 数据核字（2022）第 130801 号

责任编辑：初少磊 杨 梅
责任校对：杨 海
责任印制：范 艳

蓝天之益
——中国空气污染的经济影响及对策研究
何明洋 著
经济科学出版社出版、发行 新华书店经销
社址：北京市海淀区阜成路甲 28 号 邮编：100142
总编部电话：010 - 88191217 发行部电话：010 - 88191522
网址：www.esp.com.cn
电子邮箱：esp@ esp.com.cn
天猫网店：经济科学出版社旗舰店
网址：http：//jjkxcbs.tmall.com
北京季蜂印刷有限公司印装
710×1000 16 开 18.25 印张 281000 字
2022 年 10 月第 1 版 2022 年 10 月第 1 次印刷
ISBN 978 - 7 - 5218 - 3879 - 4 定价：82.00 元
（图书出现印装问题，本社负责调换。电话：010 - 88191510）
（版权所有 侵权必究 打击盗版 举报热线：010 - 88191661
QQ：2242791300 营销中心电话：010 - 88191537
电子邮箱：dbts@ esp.com.cn）

前　言

党的十八大以来，以习近平同志为核心的党中央高度重视生态文明建设，坚持把生态文明建设作为统筹推进"五位一体"总体布局和协调推进"四个全面"战略布局的重要内容。党的十九届六中全会审议通过的《中共中央关于党的百年奋斗重大成就和历史经验的决议》，指出党的十八大以来我国生态环境保护发生了历史性、转折性、全局性变化，强调生态文明建设是关乎中华民族永续发展的根本大计，保护生态环境就是保护生产力，改善生态环境就是发展生产力，决不能以牺牲环境为代价换取一时的经济增长。同时，我国积极参与全球环境与气候治理，作出力争2030年前实现碳达峰、2060年前实现碳中和的庄严承诺，体现了负责任大国的担当。

改革开放以来，我国经济实现了迅猛发展，经济总体规模已跃居世界第二位，且国内生产总值年均增速在世界各主要经济体中连续多年保持首位，成为名副其实的全球经济第一引擎。

当今世界正经历百年未有之大变局，国际环境日趋复杂，不稳定性不确定性明显增加，新冠肺炎疫情影响广泛深远，世界经济陷入低迷期，经济全球化遭遇逆流，国际经济政治格局复杂多变，世界进入动荡变革期。我国经济发展步入新常态，经济增长已由高速向中高速转换，受外部环境变化尤其是新冠肺炎疫情的严重冲击，我国经济下行压力有所加大。在此背景下，社会上出现个别不同声音，认为现阶段我国仍然是发展中国家，应该继续以经济增速作为核心目标，弱化环境保护工作以减少其对于经济增长的制约，即通过"低环保"换取"高增长"。上述观点看似合理，然而却将经济增长与环境保护放在了对立面的两端，简单地认为加强环境保护对于经济增长仅有"害"而无"利"。事实上，从经济学中成本—收益的视角进行分析，当前多数人在评估经济增长与环境保护的关系时，更多地看到了后者对于前者造成的"短期成本"，却忽视了后者带给前者的"潜在收益"。以空气污染为例，即仅看到"污染之利"，却未看到"蓝天之益"！

正是基于上述背景，本书通过构建包含经济、环境、健康等模块的耦合架构动态可计算一般均衡（EEH－DCGE）模型，定量评估空气污染治理所带来的"蓝天之益"，即系统全面地分析和评估空气质量改善对于我国福利、经济、环境、健康等领域所带来的"或有收益"。在此基础上，针对各主要空气污染治理手段（征收环境保护税、提高能源利用效率、发展污染清洁技术、推动全要素生产率提高）的政策效果及其衍生影响进行实证研究和量化评估。

当前和今后一个时期，我国发展仍然处于重要战略机遇期，必须统筹推进经济建设、政治建设、文化建设、社会建设、生态文明建设"五位一体"的总体布局，坚定不移贯彻创新、协调、绿色、开放、共享的新发展理念，经济迈上更高质量、更有效率、更加公平、更可持续、更为安全的发展之路。其中，蓝天、碧水、净土、青山既是我国高质量发展的应有之义，也是民生所指、民心所向。本书希望通过数据分析、模型评估等方法和手段，针对我国空气污染的经济影响及其应对之策展开研究和探索，一方面，有助于提升公众对于"蓝天之益"的认识和理解，以经济学视角为"绿水青山就是金山银山"的发展理念提供理论支撑；另一方面，为相关领域研究人员开展空气污染治理及环保政策的评估及分析工作，提供有益思路及参考借鉴。

源于本人水平所限，书中定有不妥之处，敬请专家学者和广大读者批评指正。

目 录

第一章

导　论

改革开放以来，我国经济取得了一系列举世瞩目的成就，持续多年的高速增长已使我国发展成为世界第二大经济体，并连续多年在世界经济增长贡献率方面稳居首位。然而，我国的生态文明建设仍然是一个明显短板，资源环境约束趋紧、生态系统退化等问题越来越突出，亟须引起高度重视。

第一节　研究背景

一、不容忽视的空气污染问题

经历 40 余年的高速发展，我国经济总体规模已跃居世界第二位，且国内生产总值（GDP）年均增速在世界各主要经济体中连续多年保持首位，现阶段中国对于世界经济增长的贡献率超过 30%，已成为名副其实的全球经济第一引擎。国家统计局的数据显示，1978 年我国 GDP 水平仅为 3678.7 亿元，截至 2021 年该数值已升至 1143669.7 亿元，43 年时间上升了 310.9 倍，GDP 年均复合增长率高达 14.3%。与此同时，人均 GDP 水平也由 1978 年的 384.7 元升至 2021 年的 80976.0 元，累积增长了 210.5 倍，年均复合增长率达到 13.2%。因此，无论是在总量还是在人均层面我国经济均实现了高速发展。然而，经济社会发展同生态环境保护的矛盾仍然突出，资源环境承载能力已经达到或接近上限。

2013 年 9 月 10 日印发的《大气污染防治行动计划》中指出，我国大气污染形势严峻，以可吸入颗粒物（PM_{10}）、细颗粒物（$PM_{2.5}$）为特征污染物的区域性大气环境问题日益突出，损害人民群众身体健康，影响社会和谐稳定。生态环境部发布的《2012 中国环境状况公报》中指出，截至 2012 年底，京津冀、长三角、珠三角等重点区域以及直辖市、省会城市和计划单列市共 74 个城市建成符合空气质量 2012 年标准（《环境空气质量标准》（GB3095—2012））的监测网并开始监测。按照 2012 年标准对二氧化硫、二氧化氮和可吸入颗粒物的评价结果表明，地级以上城市达标比例为 40.9%，下降 50.5 个百分点（相较《环境空气质量标准》（GB3095—1996），下同）；环保重点城市达标比例为 23.9%，下降 64.6 个百分点。地级以上城市中，186 个城市可吸入颗粒物年均浓度超标，占 57.2%；环保重点城市中，83 个城市可吸入颗粒物年均浓度超标，占 73.4%，显示 2012 年以后我国空气污染形势整体更加严峻。

事实上，空气污染问题并非中国所独有，而是各发展中国家在经济发展过程中所普遍遇到的问题。世界卫生组织（World Health Organization，WHO）2016 年发布的研究报告中指出，世界上 92% 的人口生活在空气质量超标的地区，每年约有 300 多万例死亡与室外空气污染有关，空气质量已成为危害人类健康的最大风险因素之一。国际能源署（international energy agency，IEA）2016 年发布的《IEA 世界能源展望 2016：能源与空气污染特别报告》中同样指出，如果不改变世界使用与生产能源的方式，到 2040 年全球每年因空气污染提早死亡的人数将从目前的 300 万人攀升至 450 万人，其中多达 90% 的新增死亡人数将来自亚洲地区。

二、亟待完善的空气污染对于经济影响的评估工作

目前，针对空气污染的相关研究工作主要集中于空气污染的特征、来源及形成机理等方面。事实上，空气污染与经济发展之间存在着密切的联

系。一方面，空气污染往往是由于经济快速发展所引发的，因此经济发展方式、能源结构、环境政策等方面对于空气污染的产生和治理均具有重要影响；另一方面，空气污染通过影响人类健康、劳动生产率、居民效用、医疗支出等方面作用于经济中的各类要素和主体，并最终影响一国短期经济运行和中长期经济发展。

需要指出的是，我国目前针对空气污染原因的研究工作开展得较为丰富，即考察经济系统对于空气污染的影响效果及其具体量值水平；针对空气污染对经济的影响方面，即探究空气污染对于经济系统所造成的宏微观方面的影响，以及在此基础之上相关环境保护政策的设计和评估工作，开展的研究却明显不足（见图1-1）。

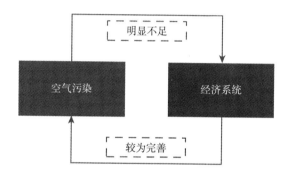

图1-1　空气污染与经济系统之间关系的研究现状

事实上，开展空气污染对于经济影响的评估工作具有重要的理论及现实意义。只有全面、准确、定量地完成空气污染对于经济影响的评估工作，才能计算出治理空气污染所带来的相关收益，进而制定出统筹兼顾、合理适度的环境保护政策。

第二节　研究问题的提出及其意义

基于上述背景分析，本书首先明确地提出以下问题：（1）空气污染对于我国经济发展的影响程度如何？（2）各类空气污染治理政策的治理效果及其衍生影响如何？

　　事实上，空气污染会通过健康水平、劳动状况、居民效用等多种方式和途径对经济发展产生影响。准确、定量地评估空气污染对于经济发展的各类影响，一方面，有助于我们正确认识到治理空气污染所带来的各项收益，从而树立"绿水青山就是金山银山"的正确环保理念；另一方面，在进行空气污染治理政策的评估分析工作中，可以考察环境质量的改善对于经济的正向反馈作用，从而制定更为合理的政策方案并选择更为适宜的政策强度。

　　与此同时，空气污染问题的解决需要依赖各类空气污染治理政策的设计与执行。不同的政策方式及手段对于空气污染的治理效果不尽相同，税收政策易于实施但总量控制效果较弱，交易权政策总量控制目标明确，但执行成本较高且政治阻力较大；促进能源利用效率提高、污染清洁技术进步等手段可以在根本上缓解空气污染问题，但其见效时间较长，短期内影响有限。因此，具体选择哪一种政策手段或如何对各类不同的政策进行组合，就需要我们针对各类空气污染治理政策的治理效果及其衍生影响进行全面、准确的评估和分析。

第三节　研究思路与研究方法

一、研究思路

　　在传统可计算一般均衡（computable general equilibrium，CGE）模型的基础上，综合考虑经济、环境及健康因素的相互作用与反馈机制。首先，尝试构建一个经济—环境—健康耦合架构下的内生化、动态化的宏观量化经济模型，该模型中涵盖空气污染对于经济发展可能造成影响的多种作用机制。其次，在完成模型构建的基础之上，一方面全面分析评估空气污染对于我国经济所造成的各类影响，并测算出其具体的水平和规模；另一方面，梳理现有各类空气污染治理方法，并针对税收政策及技术手段两种主要的治理方案设计相应的情景试验，利用上述量化经济模型考察存在空气污染反馈作用时，两种空气污染治理方案的具体实施效果及其对于经济系统所产生的衍生影响。最后，分析上述两类治理方法的协同效应，并尝试给出最优化的政策组合建议。

二、研究方法

本书将选择可计算一般均衡模型作为开展相关分析及评估工作的主要研究方法和工具。在传统递归动态 CGE 模型的基础之上，首先通过环境模块及健康模块的相继引入，建立起包含空气污染与经济系统之间内生化、动态化影响机制的经济—环境—健康耦合架构动态可计算一般均衡（EEH-DCGE）基准模型。与此同时，在"空气质量改善减少提早死亡人数"基准影响机制的基础之上，进一步引入"有效劳动供给时间""劳动生产率"及"居民效用函数"三种作用方式，全面地考察空气质量改善对于经济系统所造成的各类可能影响，并最终完成 EEH-DCGE 综合模型的构建。该模型即本书开展后续空气污染的经济影响及对策研究的最终分析工具，从而对于上述问题进行全面、定量的评估和考察。

在针对空气污染的经济影响进行评估的过程之中，尝试构建一套包含福利、经济、环境及健康领域各类影响的综合评估体系。首先，在福利领域计划选择社会福利函数以考察空气污染所造成的福利损失。其次，在经济领域计划选择总量与行业两大类评估指标，总量方面具体包含 GDP 及居民收入水平两项细化指标，分行业方面具体包含总体产出水平及商品、要素价格两项细化指标。再次，在环境领域计划选择空气污染物的总体浓度水平以及分行业的污染贡献两项细化指标。最后，在健康领域针对"空气质量改善减少提早死亡人数""有效劳动供给时间""劳动生产率"及"居民效用函数"四类影响机制，分别选择空气污染相关疾病"死亡率""住院率""有效劳动供给水平"及"空气污染治理支付意愿"四项指标以表征其具体影响效果。

在针对空气污染的主要治理方法进行评估的过程之中，在 EEH-DCGE 综合模型的基础之上，通过合理的情景设计以考察不同政策或手段的具体设置方式及强度对于空气污染治理效果的影响，以及由此所引起的对于整个经济系统宏微观方面的冲击作用。具体的评估指标与空气污染经济影响的各类评估指标一致,从而便于考察相关治理政策及手段的边际影响效果。

本书 CGE 模型的具体编程语言选择了通用代数建模系统(general algebraic modeling system,GAMS)。该编程语言具有函数形式简洁、非线性函数处理精确、扩展性强、兼容度高等一系列优点,目前已逐渐发展成为主流的 CGE 编程工具,在利用 CGE 模型对于经济问题进行分析和研究的相关领域已取得广泛应用。

第四节　研究的主要创新点

一、对现有评估方法的改进

以往针对空气污染的经济影响及治理政策评估的研究工作中,各类计量经济模型占据主导位置。近些年来,CGE 模型凭借着理论基础清晰、宏微观结构兼具、数据信息完备、可扩展性强等一系列优势,逐渐被引入这一研究领域并经历了快速发展。然而,需要专门指出的是,目前针对空气污染经济影响的相关研究工作中所使用的 CGE 模型基本以静态模型为准;而针对各类空气污染治理政策所进行的评估工作中尚未考虑空气污染对于经济发展的实际反馈作用。因此,针对以上两个方面的研究工作还存在较大的提升及进步空间。为此,本书对现有利用 CGE 模型针对空气污染问题所采用的评估方法进行了进一步改进及完善,超越了传统的外生、静态模型,实现了内生、动态模拟。

第一,通过环境模块及健康模块的设置,实现了空气污染与经济系统之间作用机制的双向化、内生化,完成了 EEH-DCGE 基准模型的构建,相较于以往的单向响应,甚至完全外生的模型而言,对于经济和环境之间作用机制的刻画更为准确和全面。

第二,通过空气污染排放方程与暴露—响应函数,建立起了 t 期空气污染状况与 $t+1$ 期劳动供给之间的基准递归动态关系,一方面弥补了传统递归动态 CGE 模型中仅通过人口、资本等变量建立跨期关系的不足;另一方面使得空气污染的经济影响得以动态化、长期化，从而更为准确、客观地评估其对于经济系统所产生的各类期限影响。

二、对现有影响因素的丰富

将空气污染对经济系统的各类影响因素纳入考察范畴，从而完成了EEH-DCGE综合模型的构建。在分析"空气质量改善减少提早死亡人数"影响因素的基础之上，进一步设计并引入了"有效劳动供给时间""劳动生产率"及"居民效用函数"三种空气污染的影响因子，从而极大地拓展和完善了空气污染对于经济系统影响的方式和渠道，同时针对上述四类影响因素对于福利、经济、环境及健康领域的单独贡献和边际影响进行了分析、评估及比较。

三、空气污染对于经济发展反馈作用的引入

现阶段针对各类空气污染治理政策或治理手段的评估分析工作中，仅考察了各类政策及手段对于经济的直接影响效果，并没有考察空气质量改善对于经济的间接反馈作用。事实上，一方面，各类治理政策及手段可以直接影响企业的运行成本并因此降低空气污染物的排放数量，该方面的影响往往已在传统的CGE模型评估工作中予以考察；另一方面，空气污染物浓度水平的下降反过来又会提升经济的运行效率，加速经济总量和社会福利水平的提升，而有关这一方面的反馈作用，现有的研究工作之中鲜有提及。本书通过空气污染多种可能影响机制的引入，将这种反馈作用的实际影响纳入模型的考察范围和政策的评估工作之中，避免了由于此类反馈作用的缺失所引起的政策效果低估或错误估计问题的发生。

与此同时，现有针对空气污染各类影响及治理政策的评估分析工作之中，往往仅考察了GDP、就业水平等单一经济指标的变化和调整，然而空气污染以及各类治理政策对于经济系统的影响和冲击是全方位的，更为全面的评估体系有助于理解空气污染或治理政策的具体作用方式和实际传导途径。为此，本书建立了包含一维评估标准（社会福利水平）和多维评估

标准（经济、环境、健康指标）的综合评估体系，覆盖了福利、经济、环境及健康四个方面的影响作用，考察了空气污染及其治理政策在宏观及微观、总量及结构、长期及短期的多层次影响效果，以期为更好地分析及评估空气污染和各类治理手段的具体影响打下坚实的基础。

第二章

文献综述

针对空气污染的经济影响及其治理对策方面，前人已经开展了大量富有意义的研究工作。对已有的研究文献进行综述，一方面，可以使我们了解并掌握这一领域的现有研究进展，从而在此基础之上推动该领域的研究工作取得进一步的发展和完善；另一方面，前人的研究工作中往往具备富有启发性的思路和方法，通过梳理及分析可以比较各类研究方法的优劣之处，并针对具体研究问题找到最为适合的研究方法和手段。本章针对空气污染的经济影响与治理对策等方面的研究文献进行梳理与评述，从而为后续研究工作的开展打下坚实基础。

第一节　空气污染的经济影响

一、居民健康

有关空气污染对于居民健康方面影响的研究工作，是空气污染各类经济影响之中开展得最早，同时也是研究最为充分的领域之一。现有针对空气污染经济影响的大多数研究工作主要集中于这一领域，利用意愿评价、"暴露—响应"函数、计量经济模型等方法，对于空气污染与居民健康之间的定量关系开展了丰富的探究工作。

空气污染导致的健康影响不仅会增加额外健康支出，还会导致过早死亡和工作时间减少，进而影响宏观经济发展（谢杨等，2016）。蔡春光和郑晓瑛（2007）利用条件价值评估方法（CVM）研究了北京地区居民对于改善空气质量、提高健康水平的总体支付意愿，该项数值达到652.327元/年。与此同时，利用Logit回归模型，考察了居民支付意愿与性别、受教育程度、家庭收入、有无家庭轿车、健康状况、自己或家人是否患过慢性病等变量之间的相关关系。分析结果表明，在各类空气污染治理支付意愿的影响因素之中，家庭的经济水平及受教育程度的影响最为显著，居民对于空气污染治理的支付意愿与上述两项因素之间存在着显著的正相关关系。

王倩（2007）通过"剂量—效应"函数、疾病成本法、支付意愿法等多种方式及手段，针对济南地区空气污染所造成的疾病损失这一问题，开展了定量的分析和实证研究工作。其研究结果表明，在其余各项条件不变的情况之下，二氧化硫和PM_{10}日均浓度每增长10%的比例，对于济南地区呼吸系统疾病门诊患者所造成的健康经济损失将分别达到705万元和5881万元。与此同时，利用支付意愿法，针对济南地区居民对于改善空气质量的支付意愿进行了估算。结果显示，济南市内五区的居民对于改善空气质量、避免呼吸系统疾病的支付意愿高达5.1亿元。张宜生（2008）利用了相似的方法和手段，首先确定了济南地区受空气污染影响的居民人数高达14.9万人。在此基础之上，利用支付意愿法、疾病损失法、修正的人力资本法等手段对该地区居民的健康经济损失进行了核算。结果表明，采用支付意愿法估算的空气污染损失达到9.95亿~20.35亿元，占当年GDP总量的比重为0.53%~1.08%；采用修正的人力资本法估算的空气污染损失达到3.81亿~8.02亿元，占当年GDP总量的比重为0.20%~0.43%。随后，范春阳（2014）、刘澎（2016）相继利用了相似的方法，分别对北京市及济南市空气污染的健康影响以及由此所造成的经济损失进行了评估和分析。其中，范春阳（2014）在研究工作中通过引入温度、湿度、周末因子、禽蛋肉类价格等控制变量，排除了气象变化、居民出行规律、饮食习惯等因素对于模型计算结果的影响，从而使评估的结果更为准确。刘澎（2016）的研究工作中分别引入了假想空气质量改善（HAQI）和假想清洁空气（HCA）两种支付意愿情景，以评估济南地区居民对于良好空气质量的偏好。王姝（2005）在对前人研究工作进行总结的基础之上指出，在评估空气污染对于人体健康所造成危害的经济损失时，西方发达国家倾向于采用支付意愿法这一手段，而在非完全市场经济的发展中国家，疾病成本法和修正的人力资本法则更为普遍。

除去上述传统的研究方法，部分研究工作还尝试利用新的方法和手段对于空气污染的健康影响展开评估和分析。苗艳青（2008）利用格罗斯曼（Grossman，1972）所提出的健康生产函数理论，针对山西省临汾市空气污染物指数对于呼吸系统疾病发病率的边际贡献率开展了实证分析工作。研究结果表明，临汾市的空气污染指数对于该地区呼吸系统疾病的发病率存在着显著的影响，除此之外，季节、人均烟草消费量以及城镇人均可支配收入均会对其造成影响。如果选择"先污染后治理"的传统经济增长方式，空气污染最终将会对当地的健康人力资本造成损害，进而制约我国经济的可持续发展。随后，苗艳青和陈文晶（2010）利用了相似的方法分析了 PM_{10} 和二氧化硫两种空气污染物对于居民健康需求的影响。研究结果表明，上述两种空气污染物对于当地居民的健康需求均存在着显著的不利影响，其中 PM_{10} 的不利影响更为显著。值得注意的是，此类影响只发生在社会较低阶层的群体身上，除此之外，年龄也是影响此类群体健康需求的重要因素。空气污染对于健康的不利影响可以通过采取避免污染的行为予以显著减少，在不采取相关措施的情况之下，空气污染对于健康需求的影响便会有偏。孙涵等（2017）也利用了格罗斯曼中国宏观健康生产函数，以我国珠江三角洲 9 个城市为例，在充分考虑空间效应以及严格假设检验的基础之上，选择了适当的空间计量经济学模型，针对 PM_{10} 和 $PM_{2.5}$ 两种空气污染物对于公共健康的影响效果开展了实证研究工作。

杨宏伟等（2005）利用 CGE 模型评估了空气污染所造成的健康损害对于国民经济的具体影响效果。该研究选择了空气污染所造成的劳动力损失以及超额医疗费用支出作为模型的外生冲击，针对健康效应对于国民经济产生影响的机制进行了模拟。研究结果表明，我国空气污染的健康效应在 2000 年所导致的 GDP 损失约为 0.38‰，因此空气污染在影响居民健康及生活质量的同时，也严重阻碍了我国经济的发展。石晶金等（2017）通过引入 MARKAL 优化模型，模拟了 2001～2007 年上海地区各类政策情境

下 PM_{10} 的排放情况。与此同时,根据"暴露—反映"关系估算了 PM_{10} 污染所导致的居民死亡及发病数,并结合单位健康效应所对应的经济价值,计算了实际的经济损失。袁婧和徐纯正(2018)利用协整分析、向量自回归等分析方法,针对人口死亡率、空气污染程度与经济发展水平之间的协整关系、格兰杰因果关系、脉冲效应以及方差分解等方面开展了实证研究工作,考察了空气污染程度与经济发展水平对于人口死亡率的具体影响效果。上述研究工作针对空气污染的健康影响,在方法层面开展了诸多有益的尝试,对于后续研究工作具有很好的借鉴意义。

二、劳动供给与劳动生产率

前人的研究中,不仅考察了空气污染对于健康进而对于劳动供给和经济发展的间接影响,同样考察了空气污染对于经济中劳动供给水平和劳动生产率的直接影响。李佳(2014)在其研究工作中构建了局部均衡模型,并针对空气污染对于劳动力供给的影响进行了分析。与此同时,研究利用 1998~2010 年我国的省级面板数据对上述问题开展了实证研究工作。模型推导的结果表明,空气污染对于劳动力供给的影响分为"替代效应"和"收入效应"两个部分,其中"替代效应"占据主导位置。与此同时,实证研究的结果表明,空气污染对于劳动力供给的负向影响的确存在,其中二氧化硫的排放量每上升 1%,将导致劳动力的供给减少 0.028%,但这一影响会随着经济规模的不同而有所变化,即存在着"门槛效应"。在经济欠发达地区,空气污染对于劳动力供给的"收入效应"占据主导位置,在经济发展较为一般的地区,地缘因素占据着主导,而在经济发达地区,"替代效应"成了主导因素。朱志胜(2015)构建了局部均衡模型,该模型包含了空气质量与劳动供给之间的相互影响机制,同时在此基础之上该研究利用我国 2012 年的流动人口动态监测数据及工具变量法,针对空气污染对于流动人口劳动供给时间的影响开展了实证研究工作。结果表明,城市空气污染对于流动人口的劳动供给时间存在显著的抑制效应,其污染程度每上升 1%,将导致城市就业流动人口的劳动供给时间减少 0.011 天/周 ~0.019 天/周。而通过子样本检验,发现上述抑制作用存在着显著的身份及性别差异，城市间流动人口及女性对于空气污染的敏感性相对较高，而城乡间流动人口和男性的敏感程度则相对较低。盛鹏飞等（2016）通过构建局部均衡模型，研究了我国环境污染对于劳动供给的具体影响机制。首先采用 ARDL 方法构建了面板误差修正模型，并利用我国 1991～2010 年的省级面板数据对其开展了实证研究工作。研究结果表明，短期而言环境污染会显著降低社会的劳动供给水平，而长期中随着环境污染程度的逐渐加剧，劳动供给水平则会经历先升后降的变化趋势。与此同时，劳动者收入水平的提高将会加剧环境污染对于劳动供给的负面影响。徐鸿翔和张文彬（2017）首先构建了空气污染影响劳动力供给的局部均衡模型，并对其进行了理论分析。结果表明，改善空气质量对于劳动力供给时间的影响取决于"收入效应"与"替代效应"二者之间的权衡，一般情况下"替代效应"占据主导位置。与此同时，空气污染还能够通过对劳动生产率产生影响，进而间接影响劳动力的供给水平。其次，该文针对空气污染状况对于劳动力供给的直接影响，以及通过影响劳动收入水平和劳动生产率对于劳动力供给的间接影响开展了实证分析。实证研究的结果表明，空气污染的"替代效应"大于其"收入效应"，空气污染不仅能够通过直接效应，同时可以借由间接效应降低劳动力的供给水平。

事实上，格拉夫·齐文和内德尔（Graff Zivin J. and Neidell M.，2012）的研究结果表明，空气污染可以在不影响劳动供给的前提下对劳动生产率产生显著的影响，而前人针对这一方面也开展了部分富有意义的研究工作。盛鹏飞（2014）通过环境库兹涅茨假说，将环境污染内生引入到了经济增长模型之中，其中环境污染对于劳动生产率的影响方式共分为两种，分别是影响厂商的生产成本以及损害居民的健康人力资本。研究结果表明，在针对厂商成本的影响方面，环境污染对于劳动生产率的影响是直接的，其具体包含"收入效应"及"替代效应"两个部分。在经济欠发达地区，"收入效应"及"替代效应"均体现为环境污染对于劳动生产率的提高有促进作用；而在经济发达地区，尽管"替代效应"仍然保持促进作用，但"收入效应"则恰好相反。在损害健康人力资本方面，环境污染对于劳动生产率的影响则是间接的，其具体包含"健康成本效应"及"健康配置效应"两个部分，其中"健康成本效应"在经济发达及欠发达地区均显著为正，而"健康配置效应"在不同地区之间却有所差异，其中经济欠发达地区的影响为负，经济发达地区的影响则恰好与之相反。事实上，环境污染对于劳动生产率的影响是多方面的，且其具体影响效果会由于环境规制强度、环境污染强度以及经济发展水平的不同而有所变化。刘莹雪（2015）利用 1999～2014 年广州地区的环境污染及劳动生产率数据，在分析二者现状的基础之上，研究了经济增长是否会影响该地区的环境污染，以及环境污染是否会对劳动生产率产生影响。在此基础之上，探究了产生上述问题的原因，同时利用二氧化硫、二氧化氮、可吸入颗粒物以及酸雨等污染物对环境库兹涅茨曲线进行了验证。张继宏和金荷（2017）将空气污染作为一种要素投入引入到了企业的 C－D 型生产函数之中，并在考虑企业间相互联系的基础之上，推导出了空气污染与劳动生产率之间的具体函数关系，并建立起了对应的计量经济模型。在此基础之上，利用相关数据对该模型中的各类参数进行了估计，同时考察了雾霾对于不同技能员工劳动生产率的具体影响效果。本节中的相关研究文献表明，空气污染对于劳动供给和劳动生产率将会造成较大影响，而这种影响又会间接影响整体经济的发展状况，是空气污染影响经济系统的重要原因之一。

三、其他领域

空气污染除了对居民健康及劳动水平产生影响之外，前人还针对其对于旅游交通、个人幸福感、户外活动、股票市场等领域的影响展开了相关研究工作，但此类研究的数量整体而言相对较少。李海萍和王可（2011）对北京地区大气污染的现状及变化趋势进行了总结和梳理。在此基础之上，指出低能见度污染天气对于航空及高速公路等方面将会造成直接影响，并分别从航空运输、公路运输、铁路运输三个层面对该影响进行了定性的阐述。

杨继东和张逸然（2014）利用城市空气污染数据并结合个人幸福感的微观调查数据，针对空气污染与居民幸福感之间的定量关系开展了实证研究工作。研究结果表明，城市空气污染状况与居民个人幸福感之间存在着显著的负相关关系。与此同时，空气污染对于个人幸福感的影响具有显著的异质性特征，低收入群体、男性及农村居民相对于其他群体而言所受到的影响更为明显。随后，该文对于空气污染的幸福定价进行了估算。结果表明，居民每年愿意为 1 微克/立方米二氧化氮浓度的下降支付 1144 元，同等条件下我国居民对于空气污染的支付意愿相对于西方发达国家而言明显偏低。与此同时，空气污染不仅会对居民的客观健康水平造成影响，同时其还可以影响居民的主观心情，并最终对其幸福感产生影响。

郑思齐等（2016）通过大众点评网线上点评数据，并结合环保部所发布的 $PM_{2.5}$ 浓度数据，针对空气污染对于居民的外出就餐频率，以及其对于情绪的影响与居民针对相同质量餐馆所进行的评价之间开展了实证研究工作。研究结果表明，在其他影响因素不变的前提下，空气污染对于居民的外出就餐频率及满意度均会造成负面影响。上述结果一定程度上表征了城市居民规避空气污染的具体意愿强度，因此对于评估空气污染在社会经济活动及居民生活质量等方面所造成的实际影响起到了一定的参考和借鉴意义。

张谊浩等（2017）的研究结果表明，空气污染主要通过客观性空气污染的直接影响以及主观性空气污染关注的间接影响两种方式对于股票市场产生作用。研究首先选择沪深 300 指数作为研究样本，并通过构建"空气污染"以及"空气污染关注"两项代理变量，针对空气污染是否以及如何影响股票市场等问题开展了实证研究工作，研究中分别采用了相关性检验、T 检验、Logit 回归模型和多元线性回归模型等多种计量研究方法。结果表明，空气污染会对股票市场产生影响，且其对于股票市场换手率的影响效果强于收益率和波动率两项指标。与此同时，"空气污染关注"代理变量对于股票市场的影响效果强于"空气污染"代理变量，但该影响具有一定的滞后性。

第二节　空气污染的经济对策

一、税收政策

在针对空气污染的各类治理政策之中，税收手段由于具备可操作性强、灵活程度高、法律基础健全等一系列优点，一直是全球各主要国家治理空气污染的首选工具之一。因此，现阶段针对空气污染税收政策的相关研究工作开展得最为丰富。

袁黎黎（2008）在其研究工作中针对我国现阶段开征环境污染税的社会背景，从正、反两个层面进行了梳理及分析，同时指出我国在税收征收的过程之中应严格遵守税收中性原则、税收弹性原则、专款专用原则以及效率原则，在借鉴发达国家成功经验的基础之上，结合我国的实际状况，建立和完善环境污染税制度。与此同时，该研究还在税种、纳税人选择、税基、税率设计、征管及配套改革等方面进行了定性的分析和阐述。除此之外，廉春慧（2002）、丛乔（2012）、张卫国（2015）、张耀文（2017）等也从定性的角度针对税收政策的发展概况、现有缺陷、调整手段、衍生影响等领域进行了分析和评述。

除去定性分析这一研究手段，大量的数量方法和模型也在这一领域进行了有益的尝试。熊波等（2016）在门槛模型之中引入了政府竞争因素，以及财政、税收政策，将人均 GDP 水平作为反映地区经济发展程度特征的门槛变量，并通过构建单一、双重以及三重门槛模型的方式，对地方政府财税政策、政府竞争影响不同宏观变量的门槛特征进行了检验。李佳佳和罗能生（2016）利用空间面板模型以及偏微分效应分解方法，考察了税收安排对于环境污染的影响状况，同时分析了其空间溢出效应。研究结果表明，总体而言宏观税负对于各污染物的排放量存在着负向影响，其中增值税、企业所得税的影响效果为正，而环境税对于各不同污染物的影响效果之间存在着较大差异。废气、废水和工业固体废物在环境污染对于邻近地区溢出效应的排序中依次减弱。与此同时，研究指出地方政府对于不同税收采取了区别对待的策略，其中面对宏观税负采取"趋优竞争"策略，面对企业所得税采取"趋劣竞争"策略，而针对增值税及环境税则采取了"骑跷跷板"策略。因此，推进环境税费的改革，同时促进区域间的环境合作，可以作为各个地区减少其环境污染的有效途径。

叶金珍和安虎森（2017）在理论及实证两个层面针对"环保税"的征收开展了相关研究工作。首先在理论层面，建立了包含空气污染因素的动态均衡模型，并利用该模型进行了模拟分析。结果表明，市场化合理税率的环保税不仅能够有效治理空气污染，同时可以维持经济福利的稳定增长；差异化环保税将激励污染行业进行转移，而就长期治理效果而言，统一性环保税优于差异化环保税；同时不合理的行政干预将会降低环保税的实际执行效果。其次在实证层面，基于 1994 ~ 2014 年 55 个国家的相关数据，通过 GQR 及双重差分方法，验证了环保税的实际污染治理效果。研究结果表明，环保税对于不同国家的影响存在异质性。其中，碳税与污染物排放量之间存在着异质性因果关系，在 $PM_{2.5}$、一氧化氮及二氧化氮浓度均特别高的国家，碳税的开征将对空气质量起到显著的改善作用；而在空气质量较差的国家，汽车运输环保税的提高对于污染物减排反而起到了抑制性作用。实证研究的结果最终表明，汽车尾气排放并不是我国空气污染的主要原因，工业上大量化石燃料的消耗则是造成空气污染的重要原因。

孙红霞和李森（2018）在前人研究工作的基础之上，一方面通过煤炭消费的产出份额替代原有的能源结构和产业结构指标；另一方面将环境类税收占 GDP 的比重作为模型的政策指标，探究了大气污染的产生原因及其治理效果。首先，绘制了我国大气污染中二氧化硫、煤炭消费以及环境类税收的空间分布状况，借此探究三者之间的横向转移规律。其次，基于边际损害及边际治理成本视角，在理论层面定性地解释了污染排放与环境税率之间的空间联系。最后，通过空间面板模型，针对煤炭消费、环境政策对于二氧化硫的影响程度及其治污效果开展了实证研究工作。研究结果表明，我国大气雾霾的空间转移现象日趋明显，空气污染的主要影响区域逐渐由京津冀鲁、长三角及珠三角地区向西部地区进行转移。之所以出现这一现象，除煤炭消费以外，空气污染的空间溢出效应同样具有显著的促进作用。在空间因素的影响之下，我国大气雾霾与煤炭消费地理分布的特征基本一致，二者之间呈现出正向关系，但是值得注意的是，其与环境税收政策的区域格局则恰好相反，该项研究结果表明环境税收的征管权应由中央政府进行统筹协调，从而在环境税收政策的制定和实施过程中将地理因素纳入考察范畴之中。与此同时，加强区域间合作也可以作为治理雾霾跨境污染的重要举措。

二、技术手段

除去税收政策，技术手段同样是空气污染治理的重要方法之一，针对这一领域的研究工作开展得也较为丰富。张望（2010）通过构建包含三个部门的开放分散经济增长模型，考察了国际服务外包的技术外溢效应对于承接国的技术水平及其环境污染的具体影响效果。研究结果表明，国际服务外包所产生的技术外溢效应在承接国的技术进步及其环境保护领域均产生了正向影响，但是该影响同样受到承接国人力资本水平、国内外技术差距、运输成本等诸多因素的制约。与此同时，环境管制措施对于环境的具体影响效果并不确定，而环境自净能力则对污染的治理具有积极的促进作用。孙军和高彦彦（2014）在其研究工作中指出，发达国家和地区的技术进步并未考虑其对于社会所造成的影响，而是更多地从自身的利润状况出发，从而导致了环境污染的持续增加。末端治理模式使发达国家的企业一方面将其污染部分向后发国家进行转移，另一方面促使其进行技术创新，然而新的技术又会导致新污染的产生。值得注意的是，当越来越多的后发国家进入工业化进程后，上述末端治理模式将变得不可持续。因此，相对于发达国家而言，后发国家针对污染的治理方式采取顶端治理模式更为恰当。

原毅军和谢荣辉（2012）将各类因素对于空气污染减排的影响效应进行了分解，具体包含规模效应、结构效应、生产技术效应以及污染治理技术效应四个部分，根据两种主要废气工业二氧化硫及工业烟尘的排放数据，针对工业规模变化、工业结构调整以及技术进步对于工业废气的减排贡献开展了分析工作。研究结果表明，工业规模的扩大对于工业废气的减排起到了抑制作用，而工业结构调整、生产技术和污染治理技术的进步则在不同程度上对于工业废气的减排起到促进作用，同时此类促进作用能够在很大程度上抵消由于规模扩张所导致的抑制效应。在各类影响方式中，污染治理技术的进步对于工业废气的减排占据着主导位置。与此同时，林永生和马洪立（2013）开展了类似的研究工作，其对传统的分解分析法进行了一定程度的修改及完善，从而将影响工业废气减排的具体因素分解为规模效应、结构效应及技术效应三个部分，随后将工业领域的总体废气排放选作研究对象，定量考察了上述三类效应对于我国工业废气减排的具体贡献程度。研究结果表明，在影响我国工业废气减排的各类因素之中，技术效应最为重要，结构效应次之，而规模效应对于废气减排的贡献则为负。经济增速、工业份额及清洁技术水平向着不同方向进行变化，均能够对于工业废气的减排起到促进作用。

何明圆和杜江（2015）基于环境库兹涅茨曲线假说，针对我国重点环保城市空气污染与经济增长之间的数量关系进行了实证检验。研究结果表明，上述二者之间总体上符合环境库兹涅茨曲线的倒 U 形特征，其中京津冀地区、东北地区的人口规模、技术效应以及能源消耗对于空气污染的影响表现得更为显著。与此同时，技术效应和能源消耗对于城市空气污染的影响具有长期惯性。范纯增等（2016）利用 2011～2013 年我国大气污染物的治理投入、排放及去除数据，通过超效率数据包络分析（super-efficiency DEA）及曼奎斯特（Malmquist）模型，首次同时计算了工业废气及其分类污染物（二氧化硫、氮氧化物和烟粉尘）的治理效率。研究结果表明，治理效率的提高总体而言主要依赖技术的不断进步，而氮氧化物的治理效率则主要源于技术效率的不断提高。因此，需根据治理效率之间的差异，增加设备投入并优化投入结构，同时提高治理技术水平，保证设施的实际运行效率。需要指出的是，调整产业结构、强化环保法规的完备性及执行度、加强清洁能源替代及节能减排才是治理空气污染的根本措施。

魏巍贤等（2016）通过建立动态多区域 CGE 模型，将我国根据空间分布分解为八个区域，从而针对技术进步（如能源利用效率与能源清洁技术）及税收（如二氧化硫税）对于大气污染的实际治理效果及其对于区域经济发展的影响开展了实证研究工作。研究结果表明，为了使全国总体及绝大部分地区的 $PM_{2.5}$ 浓度于 2030 年达到空气质量二级标准，硫税的税率水平应设置为 5000 元/吨，且硫税的征收将会对我国经济增长产生一定程度的负面影响。能源清洁技术的改进可以进一步巩固大气污染治理的政策效果，能源利用效率的提高对于空气污染的影响则相对较小，但其配合其他政策时将能有效降低税收政策对于宏观经济所产生的负面冲击。

白俊红和聂亮（2017）指出，在以往的研究工作中前人往往只关注了技术进步对于环境污染的改善作用，然而其同样是造成环境污染的重要原因，而这一方面的研究工作却经常被忽视。该文首先提出了技术进步与环境污染之间存在着倒 U 形关系的假说，并利用我国的分省区面板数据，结合门槛回归方法，对于上述假说进行了实证考察。模型研究结果表明，技术进步对于环境污染的影响确实存在显著的倒 U 形特征，然而这种特征会根据空间位置的不同存在着一定程度的差异。全国整体以及东、中部地区呈现出了"单阶段上升及双阶段下降"的倒 U 形关系，但西部地区目前尚未显示出明显的下降过程。李力和洪雪飞（2017）基于空间环境库兹涅茨曲线理论，针对经济发展约束下能源强度及技术进步对于大气环境的空间效应作用机理开展了实证研究工作。采用了探索性空间分析工具、经典最小二乘估计（OLS）、空间滞后模型（SLM）、空间误差模型（SEM）以及空间杜宾—可拓展随机性环境影响评估模型（spatial Durbin – stirpat models）针对能源碳排放与大气环境污染的空间格局及其空间溢出效应开展了详细的研究工作。结果显示，能源碳排放与空气环境污染之间在空间分布上呈现出了"空间正相关性"及"空间集聚效应"。与此同时，能源强度与技术进步对于能源碳排放与大气环境的空间溢出效应十分显著。

三、其他对策

除去税收政策和技术手段，前人还针对空气污染的其他治理方法开展了相关研究工作。谢雯（2012）对于美国可交易的空气污染权制度进行了研究和分析，指出美国的空气污染权交易主要通过四项政策加以贯彻，即抵销政策、净得政策、泡泡政策以及存储政策。与此同时，还在理论研究和政策分析支持、法律制度建设、差异化的环境管理体系、减少政府对交易市场的干预以及企业和公众的参与五个方面论述了美国空气污染权交易制度对于我国的启示。

穆怀中和范洪敏（2014）指出，在构建"自下而上"多中心环境治理模式，提高城市化质量的过程之中，培育居民的环境偏好，并提高居民的支付意愿等手段具有重要的作用和影响。通过 Logit 模型定量分析了辽宁省城市居民空气污染治理支付意愿的各类影响因素，并最终给出了相关政策建议。为了提高居民针对空气污染治理的支付意愿，政府可采取提高居民环境认知程度，完善环境公众参与制度，建立空气污染"暴露—反应"与居民医疗保险联动机制等方式予以推动。

李雪松和孙博文（2014）指出，我国所面临的大气污染问题主要是复合型、区域性的大气污染，现阶段的大气污染治理机制存在着强调单一目标污染物末端治理、区域大气污染属地治理以及公众参与机制匮乏等诸多方面的问题。因此，现阶段在对大气污染进行治理的过程之中，应构建包括目标协同、政策协同、主体协同、区域协同、技术协同在内的五大协同机制。落实到具体的策略层面，首先要调整大气污染物的控制战略，完善大气污染综合治理的政策体系；其次要完善大气污染的评价制度，建立科学的大气质量标准体系；再次要加强大气污染防治法律法规的建设，并强化惩罚及监督的力度，同时完善信息公开制度，提高公民参与的积极性；最后创新大气污染治理的融资模式，拓展融资渠道。

汪伟全和翁文阳（2015）指出，法律规制在空气污染区域联防联治的过程之中起到了重要作用，从区域空气污染现状及联防联治立法现状两个方面展开论述，对法律规制空气污染联防联治的必要性进行了阐述，同时总结了现有空气污染区域防治法律的现状与不足。最终在针对中、外进行比较分析的基础之上，提出了完善我国空气污染区域联防联治法律制度的相关政策建议。

王清军（2012）指出现阶段我国属地管理与部门管理为主导的环境行政管理体制，与大气污染的区域性、复合型特征之间产生了矛盾，必须对其进行改革。首先，在区域管理体制方面，国家层面应设立专门的国家环境质量委员会，统筹我国环境质量和气候变化工作。在环保部中增设区域协调司，专门处理跨行政区环境质量协调工作。依法划定大气污染重点区域或空气质量改善区，设置跨行政区域的组织管理机构和区域联席会议，负责区域大气质量改善的执行监督工作。其次，在区域市场机制方面，在大气污染重点区域建立排污权交易市场及横向生态补偿体系，为区域大气管理体制的变革提供经济支撑。最后，在区域公众参与机制方面，建立区域大气环境信息共享和公开制度，推行跨地域大气污染公益诉讼试点工作。

第三节　空气污染领域 CGE 模型的研究进展

一、CGE 模型的基本原理

可计算一般均衡（CGE）模型自约翰逊（Johanson，1960）提出以后，发展至今已有 50 余年历史，目前其已成为应用经济学领域的重要分支，世界上多数发达国家和部分发展中国家已经陆续建立起了本国的 CGE 模型。相对于宏观计量模型、投入产出模型而言，CGE 模型更适合模拟政策变化及外部冲击对于宏、微观经济所造成的各类影响，为科研工作者探究宏观层面和产业层面的经济运行规律提供了有力的研究工具。与此同时，对于政策制定者而言，利用 CGE 模型开展各类政策措施的分析及评估工作，可提前考察政策执行过程中有可能面临的各类成本和收益，从而为更科学、有效的政策制定工作打下坚实基础。

CGE 模型的理论基础是新古典一般均衡理论，即消费者在既定预算约束下最大化其效用，生产者在既定技术约束下最大化其利润，同时在凸偏好、凸技术等前提假设下即可证明上述方程的解是存在且唯一的，并且这一自发机制所形成的市场运行结果是福利最大化的结果，即达到了帕累托最优。一般均衡理论以经济系统中的决策主体即消费者和生产者为出发点，通过各自最优化的决策，达到了社会总体上的福利最大化，因此具备清晰的微观经济基础，也为亚当·斯密"看不见的手"这一经济运行规律提供了坚实的理论基础。

与此同时，CGE 模型在传统投入—产出（input-output，IO）模型的基础之上，引入了居民、企业、政府、国外、资本等多个账户，不仅考察了经济运行过程中生产环节的具体情况，同时包含了经济系统内各个主要决策主体的行为及其相互之间的关联情况，对于经济的总体运行规律及细节特征均可以给出合理的刻画。正是基于上述原因，在利用 CGE 模型开展经济问题研究的过程之中，不仅可以分析各类经济变量及政策措施对于总体经济的宏观影响效果，同时还可以考察各个行业及账户的具体响应状况与差异。

除此之外，基于社会核算矩阵（social account matrix，SAM）这一数据基础及模型中各个模块的数学表达式和方程，CGE 模型能够定量地考察相关经济变量或政策措施对于经济系统所产生的影响，相较于部分传统分析方法仅能给出定性的分析结果而言，在实际政策分析和评估工作之中具备更好的实用性，从而便于提出更为准确、精细的政策建议。

最后，在传统 CGE 模型的基础之上，研究者可以根据自身研究需求进行有效的扩展及完善。一方面，研究者可以通过建立跨期经济变量之间的递归动态关系实现模型的动态化，从而研究各类经济变量及政策措施的长期影响；另一方面，研究者可以添加诸如能源、环境、健康等其他模块，以更为准确、全面的方式描述总体经济的运行规律及方式，从而使模型更好地把握待研究问题的细节特征。因此，相较于其他宏观经济模型而言，CGE 模型具备更好的扩展性及适用性。

二、CGE 模型的应用领域

正是基于上述优点，CGE 模型被广泛应用于国际贸易、财政税收、收入分配、经济发展、资源环境等各个领域的研究工作之中。有关 CGE 模型的主要研究领域如图 2－1 所示。下面本书将针对 CGE 模型各主要应用领域进行简要的梳理及分析。

国际贸易是目前 CGE 模型应用最为广泛的领域之一。一般而言，根据国际贸易研究主体的不同可以将 CGE 模型分为单国模型和多国模型两个类别。其中，单国模型主要考察国际贸易的变化对于某一特定国家宏、微观经济的影响状况。与之不同的是，多国模型主要以全球性问题（如经济合作组织、自由贸易区的建立等）作为其研究重点，以考察此类事件或制度安排对于各个成员国经济的具体影响效果（Shoven and Whalley，1984；薛敬孝和张伯伟，2004；李善同和何建武，2007；魏巍贤，2009；李继峰和张亚雄，2012；彭支伟和张伯伟，2013；陈虹和杨成玉，2015）。值得注意的是，CGE 模型在不同国家及地区表现出了不同的应用趋势。整体而言，发达国家更多地将 CGE 模型应用在贸易政策分析、世界及地区贸易一体化、贸易保护等问题上，而发展中国家在 CGE 模型上主要关注贸易增长战略、汇率政策、出口补贴、双边或多边关税和非关税壁垒等问题（孙立新，2012）。

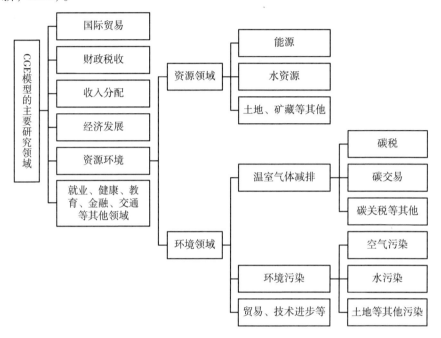

图 2 - 1   CGE 模型的主要研究领域

财政税收是 CGE 模型最早进行集中分析和研究的领域。该领域的研究工作主要考察政府的各项税收及补贴政策对于宏、微观经济的运行以及社会福利状况的具体影响效果及作用方式。税收领域 CGE 模型的研究工作最早由哈贝格（Harbeger，1962）提出，其通过建立一般均衡模型研究了美国公司和资本收入所得税的各项经济影响，其后该领域开发的模型之中均带有哈贝格模型的特点（Shoven and Whalley，1984）。与此同时，在这一基础之上，肖文和威利（Shoven and Whalley，1972，1973）进一步发展了哈贝格模型的建模思路，并分别于 1972 年和 1973 年建立了用于处理单税种与多税种的 CGE 模型。除此之外，威利（Whalley，1975）、基欧和塞拉·普切（Kehoe and Serra Puche，1983）、巴拉德（Ballard，1985）、佩雷拉

（Pereira，1988）、德瓦拉扬（Devarajan，1988）等人均在财政税收领域CGE 模型的应用方面进行了一定的拓展和尝试。国内应用 CGE 模型针对这一领域所开展的研究工作同样十分丰富，如王韬和周建军（2004）、李洪心和付伯颖（2004）、曹静（2009）、张同斌和高铁梅（2012）、田志伟和胡怡建（2013）等人便相继针对进口关税、环境税、碳税、财税政策激励、"营改增"等领域开展了富有意义的研究工作。

收入分配是 CGE 模型的第三大应用领域。德卡卢韦等（Decaluwe et al.，1999）指出，CGE 模型通常被用于模拟外生冲击或政策变化对于整体经济的规律及结构，尤其是收入分配等方面的影响。根据研究方法的不同，该领域的 CGE 模型主要可以分为以下两种类别：一种是含有代表性居民的标准 CGE 模型，该类模型主要通过比较每组代表性居民的收入和福利变化状况以研究收入分配政策的具体影响效果。另一种在标准 CGE 模型的基础之上，为每个机构账户建立允许进一步进行收入分配研究的方程（Decaluwe et al.，1998）。目前国内外针对这一领域同样开展了大量富有意义的研究工作（原鹏飞和冯蕾，2014；万相昱和贾朋，2014；李昕凝和田志伟，2014；廖传惠等，2015；王韬等，2015；汪昊，2016）。

经济发展是 CGE 模型应用的另一个重要领域。该领域的研究工作首先由世界银行提出，主要用于评估发展中国家的相关改革政策对于宏、微观经济的整体影响效果，从而针对政策的可行性加以定量的判断。随后这一研究方法在经济发展领域得以广泛应用，目前世界上诸多发展中国家均有大量学者及政策研究人员通过 CGE 模型探究经济发展领域的相关问题。对于我国而言，经济发展问题始终是各类经济研究工作的重中之重，CGE 模型由于具有理论基础清晰、宏观微观兼顾、可扩展性强等一系列优势，在该领域同样得到了广泛应用。翟凡等（1997）建立了一个包含 64 个生产部门以及按相对收入水平区分的 12 组城乡居民家庭的 CGE 模型，用于研究国内税制改革、就业与人力资本开发以及我国经济的中长期增长和结构变化等问题。许召元和李善同（2007）利用一个包含 30 个地区的递推动态 CGE 模型研究了我国区域间劳动力迁移对于经济增长和地区差异的影响。刘世锦等（2010）利用 CGE 模型研究了农民工市民化对于扩大内需及经济增长的作用机制及影响效果。除此之外，朱孟楠和郭小燕（2007）、胡宗义等（2008）、胡宗义和刘亦文（2010）等分别研究了国际资本流动、能源价格、科技进步等因素对于我国经济增长的具体作用机制和实际影响效果。

资源环境领域 CGE 模型的相关研究工作始于 20 世纪 80 年代。利用 CGE 模型开展这一领域的分析及研究主要基于以下两方面背景：一方面，近些年来能源安全、资源枯竭、气候变化、大气污染、极端灾害性天气事件频发等资源及环境问题日益严峻，迫使人们对于该领域的相关研究工作愈发重视。另一方面，随着信息技术产业的不断发展以及计算机运算能力的不断提升，CGE 模型的细化处理能力得以大幅提高，从而对于资源、环境等领域的模型刻画变得更为准确和全面。正是由于上述原因，利用 CGE 模型针对资源、环境领域的相关研究工作得以不断深化并取得了高速发展，目前已成为 CGE 模型的重点和热门研究领域之一（王灿等，2005；刘强，2005；王德发，2006；林伯强和牟敦国，2008；林伯强和何小萍，2008；魏巍贤，2009；沈可挺和李钢，2010；石敏俊和周晟吕，2010；石敏俊等，2013）。

资源板块可以进一步分为能源、水资源、土地、矿藏等领域，目前利用 CGE 模型所开展的相关研究工作主要集中于能源和水资源两个领域（吴静等，2005；马明，2006；胡宗义等，2008；庞军等，2008；杨岚等，2009；何建武和李善同，2009；王克强等，2015；钟方雷等，2016；张伟等，2016），对于土地、矿藏等领域涉及较少（赵永，2008；王腊芳和何益得，2009；冉茂盛和王蔺，2011；邓祥征，2011；刘红梅等，2013）。

环境板块可以进一步细分为温室气体减排、环境污染，以及贸易、技术进步等领域。其中，温室气体减排是目前利用 CGE 模型开展相关研究工作最多的领域，尤其是在应用 CGE 模型探究碳税和碳交易等政策对于整体经济的影响方面，国内外学者均开展了大量研究工作（贺菊煌等，2002；金艳明等，2007；苏明等，2009；曹静等，2009；朱永斌等，2010；李娜等，2010；林伯强和李爱军，2012；石敏俊等，2013）。

多年来，针对环境污染领域的研究工作正在加速开展，通过 CGE 模型探究空气污染、水污染以及土壤等其他污染对于经济和社会的影响效果，同时提出具体应对措施、治理手段等多方面的研究工作已成为众多学者的重点关注领域（王德发，2006；魏巍贤和马喜立，2015；魏巍贤等，2016；谢杨等，2016；柳青等，2016；马喜立和魏巍贤，2016；马喜立，2017）。需要专门指出的是，随着以雾霾为代表的一系列环境污染问题走进人们的视线之中，该领域的研究工作已经变得更为迫切和重要。然而，目前针对这一方面的研究工作尚不充分，有关环境污染对于经济和社会的影响效果及具体量值水平、环境污染与经济系统之间的相互作用机制以及与环境污染相关的治理政策的实际效果和衍生影响等方面的研究工作都亟须进行补充与完善。

　　贸易、技术进步等方面与环境之间的关系是环境板块中的另一个重要研究方向，目前已有部分学者通过 CGE 模型探究了贸易政策、技术进步等方面的调整和变化对于环境的具体影响效果和作用方式（沈可挺等，2002；李爱军，2010；李元龙和陆文聪，2011；孙睿等，2014）。然而该方向的研究工作尚处于起步阶段，部分研究工作所使用的模型和方法较为简单，无法很好地刻画出真实经济中复杂的各类经济现象及模块间的相互作用机制，未来仍有较大的进步空间和发展余地。

三、空气污染领域 CGE 模型的研究进展

　　目前，国内外学者已利用 CGE 模型针对空气污染问题开展了部分富有意义的研究工作，根据研究内容的不同主要可以分为：（1）空气污染对于健康、经济等领域的影响；（2）空气污染治理方案与环保政策的评估；（3）空气污染与温室气体减排的协同效应共三个方面。我们将针对上述三大研究领域的研究进展分别进行梳理及总结，与此同时，指出现有研究工作中所遇到的问题及不足之处，从而为后续研究工作的开展提供一定思路及方向。

（一）空气污染对于健康、经济等领域影响

　　目前利用 CGE 模型开展的有关健康、经济等领域空气污染影响的研究工作相对不足。值得注意的是，早期的研究工作主要集中于美国、欧洲等发达国家和地区，近些年来国内有关空气污染各类影响的研究工作取得了

快速发展。

陈素梅和何凌云（Chen and He，2014）在传统 CGE 模型的基础之上，通过引入源排放清单、Fixed-Box 模型以及暴露—响应关系式，构建了一个集成评估框架，针对我国 $PM_{2.5}$、$PM_{2.5-10}$ 及臭氧对于人类健康、经济以及居民福利的影响进行了评估。结果表明，空气污染将对于上述各个领域产生严重影响，其中 $PM_{2.5}$ 的影响效果最为显著。与此同时，研究还利用该模型评估了个人交通运输政策的选择对于经济的不同影响。整体而言，相对于向内燃机车制定严格的燃油经济性和排放标准这一政策组合而言，利用插电式混合动力汽车对现有的内燃机车进行完全替代将在空气质量和人民健康领域取得更好的政策效果。谢杨等（Xie et al，2016）利用 CGE 模型、GAINS-China 模型及暴露响应函数对于我国 30 个省份 $PM_{2.5}$ 的健康及经济影响进行了评估。结果表明，在 $PM_{2.5}$ 浓度较高的省份，由于污染所导致的健康及经济的损失是十分严重的。

（二）空气污染治理方案与环保政策的评估

现阶段，通过 CGE 模型针对空气污染治理方案与环保政策的评估工作开展得最为丰富，国内外针对这一领域均进行了部分富有意义的研究工作。值得注意的是，由于相对于发达国家而言，发展中国家现阶段所面临的空气污染问题更为迫切及严峻，因此近些年来国际上有关空气污染的相关研究文献中，绝大部分关注的是发展中国家所面临的各类问题及具体应对措施。

刘昭阳等（Liu et al.，2014）利用宏观 CGE 模型结合微观 CIMS 模型评估了我国钢铁部门空气污染物两类减排政策的具体实施效果。其中，一类减排政策为"经济激励型"政策，以碳税为代表；另一类减排政策为"命令控制型"政策，以二氧化碳、二氧化硫及氮氧化物的终端排放限制为代表。结果表明，碳税政策能够很好地实现多种污染气体的协同减排，但是在碳税税率的具体设置标准之下，各类污染物的减排效果受到了一定程度的限制。与之相对应的是，"命令控制型"政策对于不同污染物的独立减排效果十分显著，但是协同减排效果较为一般。因此，无论是"经济激励型"政策还是"命令控制型"政策均无法做到在各种情况下的完全适用，因此在政策制定过程中一定要首先确立明确的政策目标，并根据社会及政府的需求选择不同的政策工具。

魏巍贤和马喜立（2015）利用动态 CGE 模型，以《大气污染防治行动计划》所设立的空气质量控制目标为基础设置情景，考察了能源结构调整、技术进步对于我国雾霾治理的具体影响效果。结果表明，在加快能源清洁技术进步、提高能源利用效率的基础上，结合硫税或碳税以降低能源强度，可以在一定程度上治理以 $PM_{2.5}$ 和 PM_{10} 为主要构成物的雾霾问题。与此同时，这一政策组合还可以在能源消费结构改善、产业结构调整等领域起到一些积极效果。研究还指出，如果没有其他政策的配合，单独提高能源利用效率会由于降低能源使用成本而增加能源消费，进而加剧大气污染。因此，必须采用多种政策组合才能够实现雾霾治理和经济发展的双重目标。

李伟等（Li et al.，2016）通过构建一个包含污染削减模块的 CGE 模型，考察了不同的 $PM_{2.5}$ 目标情景下对于我国宏观经济、能源需求及环境质量的影响。结果表明，如果在 2016～2020 年、2021～2025 年、2026～2030 年分别以每年 3.07%、4.61%、1.53% 的速度削减 $PM_{2.5}$ 的浓度水平，对于实现 $PM_{2.5}$ 的总体削减目标将十分有利。与此同时，研究中设计的 6 种治理手段之中，将有 3 种手段可以使 2030 年的 $PM_{2.5}$ 政策目标得以实现。

岸本等（Kishimoto et al.，2016）利用 REACH 框架中的能源经济模块，即一个多部门、多区域的递归动态 CGE 模型探究了执行机动车排放标准并结合气候政策的组合方案对于空气污染及其空间分布的具体影响效果。结果表明，全面执行"国Ⅲ标准"或更高级别的机动车排放标准，将可以在 2020 年显著减低由于交通部门所导致的空气污染。与此同时，运输排放标准方程作为二氧化碳价格的重要补充，可以对非运输部门的空气污染削减起到显著的促进作用。

现阶段针对国外空气污染问题所开展的相关研究工作相对较少。弗龙蒂西等（Vrontisi et al.，2015）利用 CGE 模型 EPPA-HE 研究了欧盟 2013 年 12 月所提出的"清洁空气一揽子政策"对于欧盟宏观及部门经济的具体影响效果。结果表明，尽管对于污染削减部门而言该计划将增加其生产成本，但是其却能够带来生产污染削减产品部门需求上的增加，尤其是与健康密切相关领域的正向作用将能够抵消空气污染清洁政策对于经济所带来的负面冲击，并最终促进欧盟地区总体经济的发展。

史密斯和赵敏强（Smith and Zhao，2016）在传统 Rogerson 静态 CGE 模型的基础之上，通过在家庭部门偏好中引入空气污染元素对其进行了改进，同时利用该模型对于美国当前的能源清洁计划进行了量化研究。结果表明，由于对于传统空气污染物削减的正面影响，美国环保署实施的能源清洁计划所带来的好处将是巨大的。除此之外，阿伯勒等（Abler et al.，1999）、伯克和霍夫曼（Berck and Hoffmann，2002）、索苏达莫（Resosudarmo，2003）、奥瑞安等（O'Ryan et al.，2003）、特伦特·杨等（Yang et al.，2004）、安德列等（Andre et al.，2005）、伯林格和洛舍尔（Böhringer and Löschel，2006）、迈耶斯和雷格莫特（Mayeres and Regemorter，2008）、赖夫（Rive，2010）、玛尼等（Mani et al.，2012）等人均在这一领域开展了部分富有意义的研究工作。

（三）空气污染与温室气体减排的协同效应

空气污染与温室气体减排的协同效应是目前 CGE 模型在空气污染领域的另一个重要应用领域，目前有关研究工作以欧洲、美国等发达地区为主体，发展中国家开展得相对较少。

博伦和布林克（Bollen and Brink，2014）利用动态 CGE 模型 World-Scan 探究了欧盟空气污染政策与气候变化政策之间的协同作用关系。该模型中既包含温室气体（二氧化碳、一氧化二氮、甲烷）的排放，又包含各类空气污染物（二氧化硫、氮氧化物、氨气、$PM_{2.5}$）。通过分析不同情景的欧盟空气污染削减政策，指出政策中终端控制手段所导致的污染物减少占全部污染物浓度减少的比例不超过 2/3，而由于能源利用效率提高、能源结构转换以及经济中的其他结构性调整因素所导致的污染浓度下降的比例至少在 1/3 以上。与此同时，空气污染削减政策的实施使得温室气体的排放逐渐减少，并在一定程度上降低了气候变化政策所带来的经济损失。不仅如此，空气污染政策的实施将显著降低碳的价格水平，在更为严格的空气污染政策之中，甚至会使碳价下降至 0 的水平。博伦（Bollen，2014）

再次利用动态 CGE 模型 WorldScan 进一步考察了气候政策对于空气污染的间接影响，并指出气候政策的实施同样可以显著降低空气污染政策的执行成本，从而取得十分可观的协同收益。

汤普森等（Thompson et al.，2014）利用 MIT 开发的递归动态 CGE 模型 USREP 评估了美国碳减排政策对于空气质量提升的协同作用效果。首先指出，由于人类活动所排放的温室气体及传统空气污染物均来自相同的污染源，因此温室气体减排政策在空气质量改善领域所带来的协同收益将抵消掉该政策所造成的相关成本。通过开展数值敏感性试验，其研究结果表明，如果将空气质量提升给居民健康所带来的益处进行货币化以后，其将可以抵消掉美国碳政策全部成本的 26%～1050%。与此同时，像限额交易这类更为灵活的政策，相对于那些针对特定部门（如电力、交通行业）的政策而言将能够取得更多的净协同收益。最后，文章中指出，虽然空气质量提升的协同收益能够抵消掉现阶段美国碳政策的大部分成本，但如果碳政策变得更为严格之后，这一协同收益的潜在好处相对而言将会大幅减少。

希尔帕·饶等（Rao et al.，2016）通过 6 种集成评估模型考察了气候削减政策对于全球空气质量的协同作用效果，其中共包含 GCAM、IMAGE 两种局部均衡模型，以及 AIM、MESSAGE、REMIND、WITCH 四种一般均衡模型。模型的分析结果表明，严格的空气污染控制政策结合气候变化削减政策，将可以使得全球总人口的 40% 生活在世界卫生组织（WHO）所给出的空气质量标准之内，且这一提升在印度、中国以及中东地区表现得最为显著。研究指出，只有更加重视多部门政策的协同整合，才能够更好地实现全球可持续发展的整体目标。

国内有关这一领域的相关研究工作开展得相对较晚，但近些年来开始逐渐增加。董会娟等（Dong et al.，2015）利用 AIM/CGE 模型及 GAINS-China 模型模拟了中国 30 个省份未来的二氧化碳及空气污染物排放情况、减排成本以及空气污染与温室气体的协同作用效果。许言和增井（Xu and Masui，2009）、蔡（Chae，2010）、博伦和布林克（Bollen and Brink，2012）、毛显强等（Mao et al.，2012）等人针对这一领域均开展了部分富有意义的研究工作。

第四节　现有研究不足与未来研究展望

尽管国内外利用 CGE 模型针对空气污染问题已经开展了大量研究工作，然而需要指出的是，现有研究工作仍然存在以下几方面问题，有待于进行进一步补充和完善。

一、空气污染外生化

针对空气污染的研究工作大多集中于经济系统对于环境的单向影响，而考察环境对于经济系统反馈作用的研究工作则显得尤为不足。事实上，经济与环境之间存在着密切联系，只有实现经济系统与环境系统之间作用机制的双向化与内生化，才能够更好地描述出经济运行的实际状况，从而更为准确、全面地评估空气污染对于经济所造成的各类影响，并最终为空气污染治理政策的评估和最优政策组合方案的设计打下坚实基础。

二、模型设置静态化

利用 CGE 模型研究空气污染与经济系统之间关系的相关文献基本以静态模型为主，之所以存在这一问题，主要是由于相关研究中的空气污染物浓度水平基本由外生环境模型所给出，因此无法与传统的 CGE 模型实现动态上的连接。静态模型的采用虽然能够考察某一时间点上二者之间相互作用的效果，但是由于模型自身设定的缺陷，有关空气污染对于经济系统的长期影响，以及二者之间的动态响应机制等方面的问题则无法予以探究，而这些方面往往对于政策的最终设计，尤其是政策的实施范围、执行力度、进入和退出时机等方面均会产生重要影响。因此，动态 CGE 模型的引入将在很大程度上有助于得到更为合理、准确的研究结果，并提出更为全面、可行的政策建议。

三、影响机制单一化

国内外的绝大多数研究工作主要通过暴露响应函数建立空气污染物浓度水平与死亡率、住院率等数据之间的关系，并以此考察空气污染对于经济系统和社会福利水平所产生的各类影响。事实上，空气污染对于经济和社会福利的影响不仅局限于上述途径和渠道，其还可以通过影响社会的劳动生产率水平、居民的可支配收入及效用函数等方式对经济造成冲击，有关上述领域的研究工作亟须进行补充和完善。

四、涵盖空气污染反馈作用的政策评估工作尚未有效开展

利用 CGE 模型针对空气污染所开展的相关研究工作主要可以分为两大领域。一方面由经济学者所主导，该领域的研究工作主要考察各类能源、环境政策对于空气污染物排放的具体影响效果，以及政策对于宏观与微观经济和社会福利所带来的冲击，该方面研究工作中往往仅通过污染排放系数将空气污染物浓度设置成各行业能源消耗或产出水平的固定系数比例，因此空气污染仅是衍生指标，并不对经济系统造成任何影响。另一方面由环境学者所主导，该领域的研究工作主要考察各类空气污染物对于健康及经济系统所造成的影响，但是由于空气污染物主要根据外生的各类环境模型直接产生，以及 CGE 模型在此类评估体系中的定位，这一领域的研究中并没有把空气污染对于经济系统的影响纳入后续经济发展所需的各类要素之中，因此空气污染的影响往往是静态的、单向的，并没有对经济的后续发展产生持续作用。正是基于上述现状，现阶段开发出一套既能够考察经济发展对于环境状况的影响，又能够考察环境水平对于经济领域反馈作用的系统模型乃至体系便显得尤为迫切和重要。

五、多政策对比分析及协同效应的研究有待提高

现有研究工作仅考察了某单一政策措施的具体实施效果，而对于多政

策之间的对比分析，以及各个政策的协同效应则较少涉及。现实情况是，某一单独政策虽然在特定领域具备一定优势，但是其同样伴随着其他方面的缺点和不足，最优化方案的设计往往是多个政策的有机组合，各政策之间扬长避短，从而达到最终政策目标。因此，开展各主要空气污染治理政策的评估工作，并对其进行比较分析，同时考察各政策的协同效应也成为该领域今后研究工作的重要发展方向之一。

第三章
▼

经济—环境—健康耦合
架构动态 CGE 基准模型的构建

第一节　中国宏观社会核算矩阵的编制

　　社会核算矩阵（social accounting matrix，SAM）作为 CGE 模型的数据基础，是 CGE 模型的重要组成部分。20 世纪 60 年代斯通（Stone）编制了世界上第一张社会核算矩阵表（Stone，1962），之后有关 SAM 的研究工作逐渐兴起，并在理论框架、矩阵结构、平衡方法、数据处理等多个领域取得了一系列富有价值的研究成果（Pyatt and Round，1979；Defoumy and Thorbecke，1984；Adelman et al.，1991；Robinson et al.，2001）。SAM 相关理论于 20 世纪 90 年代中期传入中国，并由李善同等（1996）所组成的中国经济社会核算矩阵研究小组编制完成了我国第一张社会核算矩阵表，该项研究工作以 1987 年投入产出数据为基础，编制了我国分 64 个产业部门（其中农业部门 5 个，工业部门 42 个，交通运输部门 9 个）及 12 类居民家庭的详细社会核算矩阵，为开展相关领域的政策分析及经济建模打下了坚实基础，同时对于后续有关 SAM 的研究和编制工作产生了深远影响。

　　传统的投入产出表仅描述了经济系统中生产性部门之间的投入—产出关系，而没有覆盖非生产性部门及居民、企业、政府等各类账户之间的实物和货币流通情况,对于整体经济运行状况的描述并不全面。社会核算矩阵在传统投入产出表的基础之上,通过引入财政、税收、转移支付、投资储蓄等非生产性部门的相关经济数据,对于经济系统中各账户之间的资金流动及分配关系进行了更为全面的描述,以其作为 CGE 模型校准及运行的基础数据集,使 CGE 模型得以对经济的总体运行规律和微观结构给出更为全面、合理、准确的刻画。

社会核算矩阵中各个账户的设置方式及相互之间的资金流动关系需要与 CGE 模型中各个模块的数学表达式和方程保持一致,以实现对于方程中各类参数的校准及估算,从而如实地反映出经济系统在特定时期所呈现出的特征和规律。因此,社会核算矩阵的账户设置是否全面、结构设计是否合理、数据来源是否准确等方面,将直接影响到以其作为数据基础的 CGE 模型对于现实经济的模拟和刻画是否全面、合理及准确,并进一步决定了通过 CGE 模型所开展的各类评估及政策分析工作结果的可信度和准确性。

本书在参考李善同等(1996)、雷明和李方(2006)、高颖和雷明(2007)、张欣(2010)、范金等(2010)等人研究工作的基础之上,以 2012 年中国 42 个部门投入产出表(引自《中国投入产出表(2012)》)、2012 年全国公共预算及决算收支总表(引自《中国财政年鉴(2013)》)、2012 年国际收支平衡表(引自《中国统计年鉴(2013)》)为主要数据来源,编制了我国 2012 年宏观社会核算矩阵表。2012 年中国宏观社会核算矩阵表的账户设置以及对于各账户的具体描述详见表 3-1。

表 3-1　　　　　　社会核算矩阵表的账户设置及描述

编号	账户名称	账户描述
1	商品	市场中进行交易的商品,按市场价格计算
2	活动	产业部门的生产活动,按出厂价格计算
3	要素—劳动	生产过程中劳动要素的投入及其报酬
4	要素—资本	生产过程中资本要素的投入及其回报
5	居民	经济系统中居民部门的收入及支出 收入:劳动收入、居民资本收入、企业转移支付、政府转移支付 支出:居民消费、个人所得税、居民储蓄

编号	账户名称	账户描述
6	企业	经济系统中企业部门的收入及支出 收入：企业资本收入 支出：企业转移支付、企业直接税、企业储蓄
7	政府	经济系统中政府部门的收入及支出 收入：关税、生产税、个人所得税、企业直接税、政府债务收入 支出：政府消费、政府转移支付、政府储蓄
8	国外	经济系统中国外部门的收入及支出 收入：进口 支出：出口、国外净储蓄
9	投资储蓄	经济运行过程中的投资与储蓄状况 收入：居民储蓄、企业储蓄、政府储蓄、国外净储蓄 支出：固定资本及存货、政府债务收入

表3—1中，"商品"和"活动"账户的区分，一方面将生产模块划分为不同环节，从而使其具备描述"一个活动部门生产多种商品""多个活动部门生产一种商品"等实际生产活动状况的能力；另一方面便于处理开放经济下"内产内销商品""出口商品""进口商品"三者之间的关系，从而更为合理、准确地描述开放经济的真实结构特征。

"商品"和"活动"账户可进一步细分为不同的产业部门，以便于分析经济系统的微观结构特征及其变化规律。该部分数据以2012年中国投入产出表为基础，共包含42个具体的产业部门。然而，在利用CGE模型开展模拟研究的过程之中，过度细化的部门划分一方面使表格过于庞大，不便于进行结果的分析和展示，另一方面由于大量产业部门具备相似的产品和特征，因此对其进行合理的归类有助于把握经济运行的主体特征，避免陷入细碎数据的噪声影响。为此，本书根据国家统计局《三次产业划分规定》及《国民经济行业分类》（GB/T 4754—2011）的相关分类标准，将包含42个部门的原始投入产出表合并为19个部门的社会核算矩阵表，以便于对各细分行业的具体结构特征和相应状况开展分析和研究。

上述各账户之间及子账户各产业部门之间存在着复杂的钩稽关系，基于已有账户设置情况及各账户之间的关联项目，表3—2中给出了2012年中国宏观社会核算矩阵表的结构说明。表格中各账户交叉部分为"列账户"向"行账户"所进行的支付，代表资金的流动方向，与此同时，其同样描述了"行账户"向"列账户"所进行的投入，即代表了商品和服务的流动方向。为便于不同商品和服务之间进行横向的比较及运算，社会核算矩阵表中的全部数据均为价值型数据，即商品和服务的价格与其数量的乘积。特别需要指出的是，社会核算矩阵表满足社会核算系统的"借贷平衡原则"，即每行数值的汇总等于其相应列各项数值的汇总，该原则对于后续社会核算矩阵表中各账户的编制和配平起到了至关重要的作用。本书采用"平衡项处理方法"以实现社会核算矩阵表的平衡，相对于其他配平方法，该方法可以更好地保持数据原始信息的完整性，从而使得社会核算矩阵表中各项数据的经济学含义更为明确。

表 3 – 2　　　　　　　2012 年中国宏观社会核算矩阵表的结构

编号及账户		1 商品	2 活动	3 要素—劳动	4 要素—资本	5 居民	6 企业	7 政府	8 国外	9 投资储蓄	汇总
1	商品		中间投入 (19×19)			居民消费		政府消费		固定资本 + 存货	总需求
2	活动	内产内销 (19×19)							出口		总产出
3	要素—劳动		劳动者报酬								劳动要素收入
4	要素—资本		资本回报								资本要素收入
5	居民			劳动收入	居民资本收入		企业转移支付	政府转移支付			居民总收入
6	企业				企业资本收入						企业总收入
7	政府	关税	生产税			个人所得税	企业直接税			政府债务收入	政府总收入
8	国外	进口									外汇支出
9	投资储蓄					居民储蓄	企业储蓄	政府储蓄	国外净储蓄		总储蓄
	汇总	总供给	总投入	劳动要素支出	资本要素支出	居民支出	企业支出	政府支出	外汇收入	总投资	

第二节　EEH-DCGE 基准模型的结构设计

在传统 CGE 模型的基础之上，一方面通过引入环境模块及健康模块，实现了空气污染与经济系统之间作用机制的双向化、内生化；另一方面通过建立空气污染与跨期劳动供给之间的递归动态关系，丰富了传统动态 CGE 模型的跨期传导机制，实现了空气污染对于经济系统影响的动态化、长期化。EEH-DCGE 基准模型各个模块及跨期递归动态的设置方式如下所述。

一、各模块设置方式

EEH-DCGE 基准模型的经济模块选用递归动态 CGE 模型（DCGE），一方面包含传统 CGE 模型之中的生产、最终消费、投资储蓄等环节，以及家庭、企业、政府、国外等部门；另一方面通过投资储蓄账户的演进关系，构建了传统的跨期递归动态关系，对于总体经济的运行状况给出了较为合理的刻画。然而，传统的动态 CGE 模型之中并不包含环境因素的影响，因此在传统动态 CGE 模型的基础之上，通过环境模块和健康模块的引入，将空气污染对于经济系统的影响内嵌于模型之中，从而使得模型对于经济运行状况和规律的描述更为全面和准确。

EEH-DCGE 基准模型的环境模块以空气污染排放方程（air pollution emission equation，APEE）为主体，通过计量方法，建立起空气污染物浓度与工业增加值（包含采矿业、制造业，以及电力、热力、燃气、水的生产和供应业共 3 个部门），交通运输、仓储和邮政业增加值，以及除交通运输、仓储和邮政业之外的其余第三产业增加值总量（包含批发和零售业，住宿和餐饮业，信息传输、软件和信息技术服务业，金融业，房地产业等共计 13 个部门）三项宏观经济指标之间的数量关系，并以此作为空气污染物浓度估算和建立新型跨期递归动态关系的基础方程。

EEH-DCGE 基准模型的健康模块以暴露—响应函数（exposure-response

function，ERF）为主体，根据流行病学和健康经济学的相关研究成果，建立起空气质量改善水平与因空气污染提早死亡人数减少量之间的定量关系。党的十八大以来，我国生态环境保护发生历史性、转折性、全局性变化，以 $PM_{2.5}$ 等为代表的空气污染物浓度大幅下降，我国空气质量的明显改善导致因空气污染提早死亡的人数显著下降，社会总人口数量有所上升，并最终引发劳动力供给的增加，进而对经济的发展产生一定程度的正面影响。通过上述传导机制的建立，将在分析传统 DCGE 模型与投资储蓄递归动态关系的基础上，补充并完善新的跨期影响途径和作用方式，从而使空气质量改善对于经济系统的影响得以动态化，并论证了空气质量改善在长期中对于经济所造成的综合影响（见表 3 - 3）。

表 3 - 3　　　　　　　　　EEH-DCGE 基准模型各模块设置方式

编号	模块名称	核心模型及方程	主要经济变量
1	经济模块（DCGE）	递归动态 CGE 模型	涵盖经济系统各类经济变量；包含家庭、企业、政府、国外、投资储蓄等各类经济部门
2	环境模块（APEE）	空气污染排放方程	空气污染物浓度； 工业增加值； 交通运输、仓储和邮政业增加值； 第三产业增加值（不含交通运输、仓储和邮政业）
3	健康模块（ERF）	暴露—响应函数	死亡率； 空气污染物浓度

　　经济模块、环境模块、健康模块之间通过各类经济数据、空气污染物浓度、死亡率等变量实现跨模块的信息传递和数据交换，从而构建起 EEH-DCGE 基准模型的整体耦合架构。相对于以往部分研究工作中仅将空气污染物浓度、劳动供给等变量作为 CGE 模型的外生响应结果而言，实现了空气污染对于经济系统影响的双向化、内生化，对于环境系统和经济系统之间复杂耦合关系的描述也更为真实和准确。

二、递归动态关系设置方式

　　EEH-DCGE 基准模型跨期递归动态关系的建立主要包含两条路径。

第一条路径为传统路径，以跨期投资—储蓄演进方程实现模型的递归动态。$t+1$ 期资本存量主要由两部分组成，第一部分为 t 期资本存量减去资本折旧，表征上期的存量资本；第二部分为 t 期投资总额，表征上期的增量资本，上期存量与增量资本共同形成了当期的资本存量。有关传统路径跨期递归动态关系的方程详见式（3-1）：

$$QKSTOCK_{t+1} = (1 - dep) \times QKSTOCK_t + INV\_TOTAL_t \qquad (3-1)$$

其中，$QKSTOCK_t$、$QKSTOCK_{t+1}$ 分别表示 t 期和 $t+1$ 期的资本存量，INV_TOTAL_t 表示 t 期投资总额，dep 表示宏观经济资本折旧率。

第二条路径为传统路径基础之上补充和完善的经济—环境—健康路径。该路径通过引入环境模块和健康模块，利用空气污染排放方程（APEE）和暴露—响应函数（ERF）建立起了 t 期空气污染物浓度和 $t+1$ 期死亡率之间的递归动态关系，在空气污染与社会劳动供给之间建立了有效的联系，使环境系统有机的嵌入经济系统之中，便于考察空气污染对于经济系统的动态的、长期的影响。有关经济—环境—健康路径跨期递归动态关系的具体设计思路、方程表达式、参数确定等内容将在后面逐一介绍。

EEH-DCGE 基准模型的具体结构设计方式如图 3-1 所示。

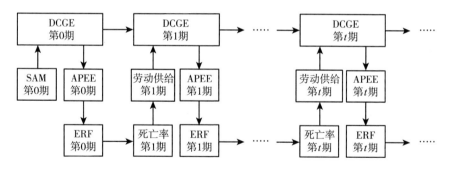

图 3-1 EEH-DCGE 基准模型的结构设计

第三节 经济模块：递归动态 CGE 模型

EEH-DCGE 基准模型的经济模块采用开放经济下的递归动态 CGE 模

型，共包含生产模块、国外模块、家庭模块、企业模块、政府模块、投资储蓄模块、宏观闭合模块、递归动态模块 8 个子模块。本书中经济模块的相关设置方式主要参考张欣（2010）"开放经济宏观 CGE 模型"部分的设计思路，同时根据研究需要进行了相应的修改及完善，各个子模块的具体设置方式如下。

一、生产模块

生产模块采用双层嵌套的设计方式。国内总产出（QA）由复合中间投入（$QINTA$）及复合要素投入（QVA）经 CES 函数予以计算，并以此作为生产模块的第一层嵌套。生产模块的第二层嵌套主要由两部分组成，第一部分中复合中间投入（$QINTA$）由 N 种商品（$QINT$）根据 Leontif 函数予以计算；第二部分中复合要素投入（QVA）由劳动（QLD）及资本（QKD）两要素经 CES 函数予以合成。

生产模块中各部分的具体数学表达式如下所述。

（一）第一层嵌套

$$QA_a = scaleA_a \times \left[deltaA_a \times QVA_a^{rhoA_a} + (1 - deltaA_a) \times QINTA_a^{rhoA_a} \right]^{\frac{1}{rhoA_a}}$$

$$(3-2)$$

式（3-2）为国内总产出（QA）的 CES 生产函数。其中，QA_a 为生产活动 a 的总产出，QVA_a 和 $QINTA_a$ 为生产活动 a 的复合要素投入及复合中间投入，$scaleA_a$、$deltaA_a$、$rhoA_a$ 分别为生产函数的规模系数、份额系数及弹性系数。

$$\frac{PVA_a}{PINTA_a} = \frac{deltaA_a}{1 - deltaA_a} \times \left(\frac{QINTA_a}{QVA_a} \right)^{1 - rhoA_a} \qquad (3-3)$$

式（3-3）为 CES 生产函数成本最小化的一阶条件。其中，PVA_a 和 $PINTA_a$ 为生产活动 a 的复合要素投入价格及复合中间投入价格，其余各变量及参数的含义如前所述。

$$PA_a \times QA_a = PVA_a \times QVA_a + PINTA_a \times QINTA_a \qquad (3-4)$$

式（3-4）为 CES 生产函数利润最大化的一阶条件，其定义了生产活动 a 的商品供给函数，同时该方程又经常被称作价格函数。其中，PA_a 为生产活动 a 所制造商品的价格，即出厂价格，其余各变量及参数的含义如前所述。

（二）第二层中间投入嵌套

$$QINT_{c,a} = ica_{c,a} \times QINTA_a \qquad (3-5)$$

式（3-5）为中间投入 Leontif 函数的数量方程。其中，$QINT_{c,a}$ 为生产活动 a 所需中间投入商品 c 的数量，$QINTA_a$ 为生产活动 a 的总产出，$ica_{c,a}$ 为直接消耗系数。

$$PINTA_a = \sum_c ica_{c,a} \times PQ_c \qquad (3-6)$$

式（3-6）为中间投入 Leontif 函数的价格方程。其中，$PINTA_a$ 为生产活动 a 复合中间投入的价格，PQ_c 为国内市场上商品 c 的价格，其余各变量及参数的含义如前所述。

（三）第二层要素投入嵌套

$$QVA_a = scaleVA_a \times \left[deltaVA_a \times QLD_a^{rhoVA_a} + (1 - deltaVA_a) \times QKD_a^{rhoVA_a} \right]^{\frac{1}{rhoVA_a}} \qquad (3-7)$$

式（3-7）为复合要素投入（QVA）的 CES 生产函数。其中，QVA_a 为生产活动 a 的复合要素投入，QLD_a 和 QKD_a 为生产活动 a 的劳动要素需求和资本要素需求，$scaleVA_a$、$deltaVA_a$、$rhoVA_a$ 分别为复合要素投入 CES 生产函数的规模系数、份额系数及弹性系数。

$$\frac{WL}{WK} = \frac{deltaVA_a}{1 - deltaVA_a} \times \left(\frac{QKD_a}{QLD_a} \right)^{1 - rhoVA_a} \qquad (3-8)$$

式（3-8）为复合要素投入 CES 生产函数成本最小化的一阶条件。其中，WL 和 WK 为生产活动 a 的劳动要素价格和资本要素价格，其余各变量及参数的含义如前所述。

$$PVA_a \times QVA_a = (1 + tvat_a) \times (WL \times QLD_a + WK \times QKD_a) \qquad (3-9)$$

式（3-9）为复合要素 CES 生产函数利润最大化的一阶条件，其定义了生产活动 a 复合要素的供给函数。其中，PVA_a 为生产活动 a 复合要素投入的价格，$tvat_a$ 为生产活动 a 的生产型增值税率，其余各变量及参数的含义如前所述。

二、国外模块

国外模块分别选择 Arminton 条件和 CET 函数，计算国内生产国内销售商品与进口和出口商品之间的替代关系。国内生产国内销售（即"内产内销"）商品（QDC）和进口商品（QM）经 Arminton 条件计算得到国内市场商品（QQ），一部分用于国内居民消费（QH）、国内投资（$QINV$）及国内政府消费（QG）；另一部分作为中间投入（$QINT$）进入生产环节。与此同时，国内生产活动总产出（QA）经由 CET 函数分解为国内销售商品（QDA）和出口商品（QE）。

国外模块中各部分的具体数学表达式如下所述。

（一）Arminton 条件

$$QQ_c = scaleQQ_c \times \left[deltaQQ_c \times QDC_c^{rhoQQ_c} + (1 - deltaQQ_c) \times QM_c^{rhoQQ_c} \right]^{\frac{1}{rhoQQ_c}}$$

$$(3-10)$$

式（3-10）为国内市场商品（QQ）的 Arminton 条件。其中，QQ_c 为国内市场上销售的商品 c 的总体数量，QDC_c 和 QM_c 为"内产内销"商品和进口商品 c 的数量，$scaleQQ_c$、$deltaQQ_c$、$rhoQQ_c$ 分别为 Arminton 条件的规模系数、份额系数及弹性系数。

$$\frac{PDC_c}{PM_c} = \frac{deltaQQ_c}{1 - deltaQQ_c} \times \left(\frac{QM_c}{QDC_c} \right)^{1 - rhoQQ_c}$$

$$(3-11)$$

式（3-11）为 Arminton 条件成本最小化的一阶条件。其中，PDC_c 和 PM_c 为"内产内销"商品和进口商品 c 的价格，其余各变量及参数的含义如前所述。

$$PQ_c \times QQ_c = PDC_c \times QDC_c + PM_c \times QM_c \qquad (3-12)$$

式（3-12）为 Arminton 条件利润最大化的一阶条件，其定义了国内市场商品 c 的供给函数。其中，PQ_c 为国内市场商品 c 的销售价格，其余各变量及参数的含义如前所述。

（二）进口

$$PM_c = PWM_c \times (1 + tm_c) \times EXR \qquad (3-13)$$

式（3-13）为进口商品的价格方程。其中，PWM_c 为进口商品 c 的国际价格，EXR 为汇率，tm_c 为进口商品 c 的税率，其余各变量及参数的含义如前所述。

（三）CET 函数

$$QA_a = scaleCET_a \times \left[deltaCET_a \times QDA_a^{rhoCET_a} + (1 - deltaCET_a) \times QE_a^{rhoCET_a} \right]^{\frac{1}{rhoCET_a}}$$
$$(3-14)$$

式（3-14）为国内总产出（QA）的 CET 函数。其中，QA_a 为生产活动 a 的总产出，QDA_a 和 QE_a 为生产活动 a 所生产全部商品中用于"内产内销"和出口的数量，$scaleCET_a$、$deltaCET_a$、$rhoCET_a$ 分别为 CET 函数的规模系数、份额系数及弹性系数。

$$\frac{PDA_a}{PE_a} = \frac{deltaCET_a}{1 - deltaCET_a} \times \left(\frac{QE_a}{QDA_a} \right)^{1 - rhoCET_a} \qquad (3-15)$$

式（3-15）为 CET 函数成本最小化的一阶条件。其中，PDA_a 和 PE_a 为总产出中"内产内销"商品和出口商品的价格，其余各变量及参数的含义如前所述。

$$PA_a \times QA_a = PDA_a \times QDA_a + PE_a \times QE_a \qquad (3-16)$$

式（3-16）为 CET 函数利润最大化的一阶条件，其定义了国内总产出 a 的销售去向。其中，PA_a 为国内总产出 a 的出厂价格，其余各变量及参数的含义如前所述。

（四）出口

$$PE_a = PWE_a \times EXR \qquad (3-17)$$

式（3-17）为出口商品的价格方程。其中，PWE_a 为出口商品 a 的国际价格，EXR 为汇率，其余各变量及参数的含义如前所述。

三、家庭模块

（一）家庭收入

$$YH = WL \times QLS + shifhk \times WK \times QKS + transfrHENT + transfrHG$$

$$(3-18)$$

式（3-18）为家庭部门的收入方程。其中，YH 为家庭部门的总收入，QLS、QKS 分别为社会总体劳动及资本的供给水平，$shifhk$ 为资本收入中分配给居民的份额，$transfrHENT$、$transfrHG$ 分别为企业和政府对于家庭部门的转移支付，其余各变量及参数的含义如前所述。

（二）家庭支出

$$PQ_c \times QH_c = PQ_c \times shrh_c \times mpc \times (1 - tih) \times YH \qquad (3-19)$$

式（3-19）为家庭部门的支出方程。其中，QH_c 为家庭对商品 c 的需求，$shrh_c$ 为家庭收入中商品 c 的支出份额，mpc 为家庭的边际消费倾向，tih 为家庭的所得税率，其余各变量及参数的含义如前所述。

（三）效用函数

$$U = scaleU \times \prod_c QH_c^{alphaU_c} \qquad (3-20)$$

式（3-20）为居民的效用函数，表征社会的总体福利水平。其中，U 为居民的效用水平，$scaleU$ 和 $alphaU_c$ 分别为效用函数的规模参数和份额参数，其余各变量及参数的含义如前所述。

事实上，上述方程中选择居民部门的效用函数作为表征社会总体福利水平的指标存在一定程度的偏差。虽然本书中通过经济、环境及健康模块的设计及引入，将空气污染的负外部性部分纳入模型的考察范畴之中，但其并未包含空气污染所可能引致的全部福利损失。因此，本书尝试对该部分内容进行一定程度的拓展及完善。

根据环境经济学的经典理论，考虑全部负外部性情况下的社会总体福利水平，见式（3-21）：

$$W = U - D(E) \qquad (3-21)$$

其中，W 为社会总体福利水平，U 为居民效用函数，E 为空气污染物浓度。本书中假设空气污染所造成的福利损失 $D(E)$ 可采用如式（3-22）的形式：

$$D(E) = A \times E^{\alpha} \qquad (3-22)$$

当系数 $\alpha = 1$ 时，福利损失 $D(E) = A \times E$。因此，可结合该领域已有研究工作确定空气污染的实际价值水平，即系数 A。当 $\alpha = 2$ 时，$D(E) = A \times E^2$。此时，可利用本书所构建的耦合架构动态 CGE 模型，针对系数 A 开展一系列数值敏感性试验，以考察福利损失与系数选择之间的响应关系。有关上述两方面的研究工作，本书中暂不涉及，将在后续的研究中不断予以补充和完善。

四、企业模块

（一）企业收入

$$YENT = shifentk \times WK \times QKS \qquad (3-23)$$

式（3-23）为企业部门的收入方程。其中，$YENT$ 为企业部门的总收入，$shifentk$ 为资本收入中分配给企业的份额，其余各变量及参数的含义如前所述。

（二）企业转移支付

$$transfrHENT = shrHENT \times YENT \qquad (3-24)$$

式（3-24）为企业部门的转移支付。其中，$shrHENT$ 为企业收入中对居民的转移支付所占的份额，其余各变量及参数的含义如前所述。

（三）企业储蓄

$$ENTSAV = (1 - tiENT) \times YENT - transfrHENT \qquad (3-25)$$

式（3-25）为企业部门的储蓄方程。其中，*ENTSAV* 为企业部门的总储蓄，*tiENT* 为企业部门所面临的所得税税率，其余各变量及参数的含义如前所述。

五、政府模块

（一）政府收入

$$YG = \sum_c tm_c \times PWM_c \times QM_c \times EXR + \sum_a tvat_a \times (WL \times QLD_a + WK \times QKD_a) + tih \times YH + tiENT \times YENT + Deficit \tag{3-26}$$

式（3-26）为政府部门的收入方程。其中，*YG* 为政府部门的总收入，*Deficit* 为政府部门所面临的财政赤字，其余各变量及参数的含义如前所述。政府的收入主要来源于五个方面，分别是针对进口商品及服务所征收的关税、针对生产环节中增值部分所征收的增值税、针对家庭部门总体收入所征收的个人所得税、针对企业部门总体收入所征收的企业所得税以及政府所面临的财政赤字。

（二）政府转移支付

$$transfrHG = shrHG \times YG \tag{3-27}$$

式（3-27）为政府部门的转移支付。其中，*shrHG* 为政府收入中对居民的转移支付所占的份额，其余各变量及参数的含义如前所述。

（三）政府支出

$$EG = \sum_c PQ_c \times QG_c + transfrHG \tag{3-28}$$

式（3-28）为政府部门的支出方程。其中，*EG* 为政府部门的总支出，其余各变量及参数的含义如前所述。政府的支出主要用于两个方面，分别是政府部门对于商品及服务的消费，以及政府对于居民的转移支付。

（四）政府储蓄

$$GSAV = YG - EG \tag{3-29}$$

式（3-29）为政府部门的储蓄方程。其中，$GSAV$ 为政府部门的总体储蓄，其为政府总体收入与支出的差值。

六、投资储蓄模块

$$EINV = \sum_c PQ_c \times QINV_c \qquad (3-30)$$

式（3-30）为总投资方程。其中，$EINV$ 为经济中的总体投资，$QINV_c$ 为商品 c 中用于投资的最终需求，其余各变量及参数的含义如前所述。

七、宏观闭合模块

（一）商品和服务市场均衡

$$QQ_c = \sum_a QINT_{c,a} + QH_c + QINV_c + QG_c \qquad (3-31)$$

式（3-31）为商品和服务市场的均衡方程。各变量及参数的含义如前所述，国内市场上进行销售的商品和服务，其最终用途分别为中间投入、居民消费、社会投资以及政府消费。

（二）劳动要素市场均衡

$$\sum_a QLD_a = QLS + WALRAS \qquad (3-32)$$

式（3-32）为劳动要素市场的均衡方程。其中，$WALRAS$ 为用以检查劳动供求的虚拟变量，其余各变量及参数的含义如前所述。

（三）资本要素市场均衡

$$\sum_a QKD_a = QKS \qquad (3-33)$$

式（3-33）为资本要素市场的均衡方程。各变量及参数的含义如前所述。

（四）外汇市场均衡

$$\sum_c PWM_c \times QM_c = \sum_a PWE_a \times QE_a + FSAV \qquad (3-34)$$

式（3-34）为外汇市场的均衡方程。其中，$FSAV$ 为国外储蓄，其余各变量及参数的含义如前所述。

（五）投资储蓄均衡

$$EINV + Deficit = (1 - mpc) \times (1 - tih) \times YH + ENTSAV + GSAV + FSAV$$
$$+ VBIS \qquad (3-35)$$

式（3-35）为投资储蓄均衡方程。其中，$VBIS$ 为用以检查投资储蓄差额的虚拟变量，其余各变量及参数的含义如前所述。总投资与政府赤字之和表征了社会上的总体储蓄资金去向，其主要来自于居民储蓄、企业储蓄、政府储蓄以及国外储蓄，二者之间的差额用 $VBIS$ 予以表示。

（六）真实 GDP

$$GDP = \sum_c (QH_c + QINV_c + QG_c - QM_c) + \sum_a QE_a \qquad (3-36)$$

式（3-36）为真实 GDP 的计算方程。各变量及参数的含义如前所述，此为支出法 GDP 的计算方法，即总产出主要用于居民消费、社会投资、政府消费以及净出口。

（七）名义 GDP

$$PGDP \times GDP = \sum_c PQ_c \times (QH_c + QINV_c + QG_c) + \sum_a PE_a \times QE_a - $$
$$\sum_c PM_c \times QM_c + \sum_c tm_c \times PWM_c \times QM_c \times EXR$$
$$(3-37)$$

式（3-37）为名义 GDP 的计算方程。各变量及参数的含义如前所述，此为支出法 GDP 的计算方法，即总产出主要用于居民消费、社会投资、政府消费以及净出口。

八、递归动态模块

（一）劳动要素供给

$$QLS_{t+1} = QLS_t \times (1 + pop_t) \qquad (3-38)$$

式（3-38）为劳动要素的供给方程。其中，pop_t 为时期 t 的人口增长率，其直接取自联合国经济与社会事务部人口署所发布的《世界人口展望（2017）》中的相关数据，其余各变量及参数的含义如前所述。

（二）资本要素供给

$$QKS_{t+1} = (1 - dep) \times QKS_t + ror \times EINV_t \qquad (3-39)$$

式（3-39）为资本要素的供给方程。其中 dep 为折旧率，ror 为资本回报率，其余各变量及参数的含义如前所述。本书中折旧率 dep 的数值为 0.055，该数值在姜振茂和汪伟（2017）、陈昌兵（2014）、张建华和王鹏（2012）等人研究工作的基础之上，经整理和平均后计算得到。本书中资本回报率 ror 的数值为 0.125，该数值在张勋和徐建国（2016）、白重恩和张琼（2014）、刘晓光和卢峰（2014）等人研究工作的基础之上，经整理和平均后计算得到。

（三）财政赤字

$$Deficit_{t+1} = Deficit_t \times (1 + rGDP_t) \qquad (3-40)$$

式（3-40）为政府财政赤字的递归动态方程。$rGDP_t$ 为 t 期的 GDP 增速，其直接取自中国社会科学院数量经济与技术经济研究所"中国工程科技 2035 发展战略研究"项目中的相关数据，其余各变量及参数的含义如前所述。

（四）政府消费

$$QG_{c,t+1} = \frac{shrg_c \times (EG_t - transfrHG_t)}{PQ_{c,t}} \qquad (3-41)$$

式（3-41）为政府消费的递归动态方程。各变量及参数的含义如前所述。

（五）商品和服务的投资需求

$$QINV_{c,t+1} = QINV_{c,t} \times (1 + rGDP_t) \qquad (3-42)$$

式（3-42）为商品和服务投资需求的递归动态方程。各变量及参数的含义如前所述。

（六）国外储蓄

$$FSAV_{t+1} = FSAV_t \times (1 + rGDP_t) \qquad (3-43)$$

式（3-43）为国外储蓄的递归动态方程。各变量及参数的含义如前所述。

第四节　环境模块：空气污染排放方程

一、数据来源与参数估算

本书选取 $PM_{2.5}$ 浓度值作为衡量空气污染的关键指标，后续可将 PM_{10}、二氧化氮、二氧化硫浓度值的作用和影响逐步纳入模型的考虑范畴。

2012 年 2 月 29 日，国务院要求各地向社会公布 $PM_{2.5}$ 浓度值。同年 3 月 2 日，我国新修订的《环境空气质量标准》发布，新标准增设 $PM_{2.5}$ 平均浓度限值。年均 $PM_{2.5}$ 浓度值在 2013 年的《中国环境状况公报》中首次发布，并延续至今。与此同时，我国环保部环境监测总站自 2013 年 1 月起每月向社会公开发布《京津冀、长三角、珠三角区域及直辖市、省会城市和计划单列市空气质量状况月报》，该报告中给出了全国 74 个城市的总体空气质量状况及每个城市的环境空气综合质量指数，报告主要覆盖 $PM_{2.5}$、PM_{10}、二氧化氮、二氧化硫四项关键指标。2018 年 6 月起，城市空气质量报告公布范围由 74 个城市增至 169 个城市，具体包括京津冀及周边 55 个城市、长三角地区 41 个城市、汾渭平原 11 个城市、成渝地区 16 个城市、长江中游城市群 22 个城市、珠三角区域 9 个城市，以及其他省会城市和计划单列市 15 个城市，数据公布口径出现大幅调整。

　　本书选择 2013 年 1 月至 2017 年 12 月共计 60 个月的 74 个城市 $PM_{2.5}$ 月均浓度值作为重点分析对象。一是主要空气污染物浓度的数据公布口径于 2018 年 6 月出现大幅调整，考虑数据连续性、可比性等因素，同时衔接后续主要经济运行指标的发布频次，数据截至时间选为 2017 年末。二是由于 2018 年 5 月及之前报告中所选择的 74 个城市已完全覆盖我国各主要经济地区（见表 3-4），且数据规模具备显著统计学意义，因此可以将报告中所发布的各类空气污染物浓度值作为表征我国总体空气污染状况的合理指标。三是从统计学的角度来看，因变量数值出现较大变动时，其他各类随机因素相对于自变量的贡献偏小，对于回归方程拟合的干扰相对较弱，可在一定程度上提高回归方程估算的准确性、鲁棒性和可信度。事实上，2013～2017 年，我国 $PM_{2.5}$ 月均浓度值呈现较快下行态势，年均浓度值水平由 2013 年的 72.4 微克/立方米降至 2017 年的 47.3 微克/立方米，之后年份年均浓度值水平下行速度明显放缓，故选取该时段主要空气污染物浓度数据作为重点分析对象，可取得更为准确可信的拟合效果。

表 3-4　　　　　　　　　　《空气质量状况月报》所覆盖城市

序号	城市	序号	城市	序号	城市
1	北京	11	沧州	21	南京
2	天津	12	廊坊	22	无锡
3	石家庄	13	衡水	23	徐州
4	唐山	14	太原	24	常州
5	秦皇岛	15	呼和浩特	25	苏州
6	邯郸	16	沈阳	26	南通
7	邢台	17	大连	27	连云港
8	保定	18	长春	28	淮安
9	张家口	19	哈尔滨	29	盐城
10	承德	20	上海	30	扬州

序号	城市	序号	城市	序号	城市
31	镇江	46	福州	61	东莞
32	泰州	47	厦门	62	中山
33	宿迁	48	南昌	63	南宁
34	杭州	49	济南	64	海口
35	宁波	50	青岛	65	重庆
36	温州	51	郑州	66	成都
37	嘉兴	52	武汉	67	贵阳
38	湖州	53	长沙	68	昆明
39	绍兴	54	广州	69	拉萨
40	金华	55	深圳	70	西安
41	衢州	56	珠海	71	兰州
42	舟山	57	佛山	72	西宁
43	台州	58	江门	73	银川
44	丽水	59	肇庆	74	乌鲁木齐
45	合肥	60	惠州		

在对 2013 年 1 月至 2017 年 12 月所发布的全部《空气质量状况月报》进行整理和分析的基础之上，本书编制了我国 $PM_{2.5}$、PM_{10}、二氧化氮、二氧化硫四类主要空气污染物月均浓度值数据的汇总表格。表格中的相关数据将作为本书后续模型建立和结果分析的重要数据基础和参考标准，各类主要空气污染物的浓度值数据见表 3 - 5。

表 3 - 5　　　　我国 74 个城市 $PM_{2.5}$、PM_{10}、二氧化氮、
二氧化硫月均浓度值

单位：微克/立方米

时间	$PM_{2.5}$	PM_{10}	二氧化氮	二氧化硫
2013 年 1 月	130	178	63	81
2013 年 2 月	85	118	39	48
2013 年 3 月	72	137	47	44
2013 年 4 月	60	115	43	34
2013 年 5 月	55	101	37	29
2013 年 6 月	55	89	33	23

续表

时间	$PM_{2.5}$	PM_{10}	二氧化氮	二氧化硫
2013 年 7 月	40	74	30	20
2013 年 8 月	42	79	31	23
2013 年 9 月	52	91	37	27
2013 年 10 月	76	127	47	33
2013 年 11 月	79	136	53	48
2013 年 12 月	123	177	65	71
2014 年 1 月	108	157	58	64
2014 年 2 月	80	111	42	45
2014 年 3 月	69	119	48	39
2014 年 4 月	58	109	42	26
2014 年 5 月	54	109	38	24
2014 年 6 月	50	82	32	19
2014 年 7 月	46	78	30	17
2014 年 8 月	41	71	31	18
2014 年 9 月	41	71	32	18
2014 年 10 月	69	114	43	25
2014 年 11 月	72	114	49	37
2014 年 12 月	75	124	52	54
2015 年 1 月	88	133	55	52
2015 年 2 月	72	113	40	36
2015 年 3 月	55	103	41	28
2015 年 4 月	50	96	39	21
2015 年 5 月	43	82	33	18
2015 年 6 月	38	70	30	15
2015 年 7 月	38	67	28	14
2015 年 8 月	37	66	30	15
2015 年 9 月	36	64	33	16
2015 年 10 月	52	93	42	21
2015 年 11 月	62	93	45	27
2015 年 12 月	88	130	53	37
2016 年 1 月	71	106	48	35
2016 年 2 月	59	93	37	29

续表

时间	PM$_{2.5}$	PM$_{10}$	二氧化氮	二氧化硫
2016 年 3 月	60	110	47	26
2016 年 4 月	45	92	40	18
2016 年 5 月	39	78	33	16
2016 年 6 月	33	59	30	14
2016 年 7 月	33	57	26	12
2016 年 8 月	29	53	28	12
2016 年 9 月	38	68	35	15
2016 年 10 月	40	69	38	15
2016 年 11 月	63	106	51	26
2016 年 12 月	88	129	59	32
2017 年 1 月	81	119	49	30
2017 年 2 月	67	98	46	27
2017 年 3 月	51	86	46	20
2017 年 4 月	44	90	42	17
2017 年 5 月	40	93	35	15
2017 年 6 月	32	61	31	12
2017 年 7 月	30	56	28	11
2017 年 8 月	27	50	28	10
2017 年 9 月	34	65	35	13
2017 年 10 月	41	70	38	13
2017 年 11 月	53	93	50	18
2017 年 12 月	68	107	56	24

资料来源：生态环境部《城市空气质量状况月报》。

二、空气污染排放方程的构建

张仁健等（Zhang R. J. et al.，2013）、周嵚（2015）、曹军骥（2016）等人的研究结果表明，燃煤、工业（钢铁、重化工、建材和冶金等）、机动车及其他移动源、生物质燃烧和扬尘等污染源的高强度排放是当前中国大气污染的 5 类主要来源。其中"燃煤""工业""生物质燃烧"三项主要大气污染源基本都包含在国家统计局公布的《国民经济行业分类（GB/

T 4754—2011)》中的"工业行业"一项，具体对应于社会核算矩阵中的"采矿业"（部门2）、"制造业"（部门3）以及"电力、热力、燃气及水的生产和供应业"（部门4）。而另一重要空气污染物来源"机动车及其他移动源"则恰好对应于国家统计局所公布的，同时也是社会核算矩阵中所列出的"交通运输、仓储和邮政业"（部门7）。除此之外，其他类生产和生活活动同样会带来一定程度的空气污染，此类因素也需要纳入模型的考虑范畴。近些年来，第一产业在国民经济中的占比逐年下降，根据国家统计局公布的最新"三次产业构成"数据，2021年我国第一产业增加值占国内生产总值的比例仅为7.3%，与之相对应的第二产业和第三产业增加值的占比则分别达到了39.4%和53.3%，其中第三产业的比例高达五成以上，是国民经济的主体组成部分。为此本书将在引入"工业增加值"和"交通运输、仓储和邮政业增加值"的基础之上，选择除"交通运输、仓储和邮政业"以外的"第三产业增加值"作为衡量国民经济中其他全部生产和生活类因素的综合指标。本书中空气污染排放方程所选择的回归因子及各因子含义如表3-6所示。

表3-6　　　　　　　　空气污染排放方程回归因子及其含义

编号	回归因子	因子含义
1	工业增加值 （Industry）	包含"采矿业""制造业"以及"电力、热力、燃气及水的生产和供应业"； 衡量"燃煤""工业""生物质燃烧"三大类主要空气污染源的影响
2	交通运输、仓储和 邮政业增加值 （Transport）	包含"交通运输、仓储和邮政业"； 衡量"机动车及其他移动源"类空气污染源的影响
3	第三产业（不含交通运输、 仓储和邮政业）增加值 （Tertiary）	包含"批发和零售""住宿和餐饮""信息传输、软件和信息技术服务""金融""房地产"等13个产业部门； 衡量上述因子外其余各主要生产和生活类空气污染源的影响

自2013年1月至2017年12月我国共发布74个城市年均$PM_{2.5}$浓度值5次，依次是2013年、2014年、2015年、2016年及2017年，较小的样本数据量无法构建有效的回归方程，以建立$PM_{2.5}$浓度值和各类回归因子之间

的定量关系。与此同时，虽然截至 2017 年 12 月《空气质量状况月报》已连续发布 74 个城市月均 $PM_{2.5}$ 浓度值 60 次，此样本集规模具备显著的统计学意义，但与之相对应的月度经济数据不甚全面，并不包含足以衡量经济总体和分行业运行状况的全部信息，因此同样无法用来构建有效的回归方程。值得注意的是，季度污染物浓度和经济数据一方面具备较大的样本数据量（2013 年 1 月至 2017 年 12 月合计 20 个季度），同时季度经济数据的"国民经济核算"指标中包含三次产业增加值以及"农林牧渔业""工业""建筑业""批发和零售业""交通运输、仓储和邮政业""住宿和餐饮业""金融业""房地产业"以及"其他行业"的增加值数据，能够反映经济中各类主要空气污染源对于 $PM_{2.5}$ 浓度值的实际影响情况。综上所述，本书将选取季度空气污染物浓度和经济数据以建立相应的空气污染排放方程。

季度空气污染物浓度数据由月均浓度数据经平均后计算得到，"工业增加值"、"交通运输、仓储和邮政业增加值"以及剔除交通运输、仓储和邮政业后的"第三产业增加值"直接取自国家统计局季度数据中的"国内生产总值（现价）"项目下的相关指标。有关各类数据的具体情况见表 3-7。

表 3-7　　　　　　　$PM_{2.5}$ 季均浓度及各回归因子量值水平

时间	$PM_{2.5}$（微克/立方米）	工业增加值（亿元）	交通运输、仓储和邮政业增加值（亿元）	第三产业增加值（不含交通运输）（亿元）
2013 年 1 月	95.67	50128.5	5824.4	60890.6
2013 年 2 月	56.67	55267.2	6522.0	61471.4
2013 年 3 月	44.67	55883.3	6763.1	62799.2
2013 年 4 月	92.67	61058.6	6933.2	66755.3
2014 年 1 月	85.67	52797.1	6321.6	67583.4
2014 年 2 月	54.00	58607.6	7170.1	68096.7
2014 年 3 月	42.67	59061.7	7398.1	69613.5
2014 年 4 月	72.00	63389.9	7611.2	74264.1
2015 年 1 月	71.67	53796.7	6822.2	75669.4
2015 年 2 月	43.67	59734.4	7652.5	77216.4
2015 年 3 月	37.00	59362.5	7897.9	79059.0
2015 年 4 月	67.33	63612.6	8115.1	83716.5

续表

时间	PM$_{2.5}$ （微克/立方米）	工业增加值 （亿元）	交通运输、仓储 和邮政业增加值 （亿元）	第三产业增加值 （不含交通运输） （亿元）
2016 年 1 月	63.33	54118.4	7223.0	84045.1
2016 年 2 月	39.00	61494.5	8253.1	85337.1
2016 年 3 月	33.33	62512.6	8580.7	87573.2
2016 年 4 月	63.67	69752.2	9002.0	93350.8
2017 年 1 月	66.33	61928.6	7994.8	93652.1
2017 年 2 月	38.67	69371.0	9261.0	94836.1
2017 年 3 月	30.33	70492.1	9574.6	97545.9
2017 年 4 月	54.00	78205.3	9972.3	104194.7

资料来源：生态环境部《城市空气质量状况月报》、国家统计局。

利用上述数据构建PM$_{2.5}$浓度值与各主要影响因子之间的多元线性回归方程：

$$PM_{2.5} = \beta_0 + \beta_1 \times Industry + \beta_2 \times Transport + \beta_3 \times Tertiary \qquad (3-44)$$

其中，$PM_{2.5}$为空气污染物的季均浓度值，$Industry$为"当季工业增加值"，$Transport$为"当季交通运输、仓储和邮政业增加值"，$Tertiary$为剔除交通运输、仓储和邮政业以后的"第三产业增加值"，β_0、β_1、β_2、β_3为方程的回归系数。

经统计软件估算得到的回归方程如下所示：

$$PM_{2.5} = 51.8428 + 0.0059 \times Industry - 0.0707 \times Transport + 0.0024 \times Tertiary$$
$$(3-45)$$

式（3-45）即为 EEH-DCGE 基准模型空气污染排放方程的理论表达式。其中，"工业增加值"的单位增长将引起 0.0059 微克/立方米 PM$_{2.5}$ 浓度值的上升，这是由于"工业增加值"涵盖了"燃煤""工业""生物质燃烧"三大类主要空气污染源的影响，是造成空气污染物浓度上升最重要的因素。而"交通运输、仓储和邮政业增加值"的单位增长却会引起 0.0707 微克/立方米 PM$_{2.5}$ 浓度值的下降，导致上述结果的原因是：虽然"交通运输、仓储和邮政业增加值"这一指标衡量了"机动车及其他移动源"的影响,但与此同时,其同样表征了国民经济总体运行效率的提升以及以电子商务、大数据、云计算、共享经济等一系列领域为代表的"数字经济"的发展,而这些领域往往具备较高的运行效率且基本不排放相关空气污染物。两类因素相互叠加,且后者占据了主导位置,最终效果是"交通运输、仓储和邮政业增加值"的增长引起了 $PM_{2.5}$ 浓度值的下降。最后,剔除交通运输、仓储和邮政业以后的"第三产业增加值"衡量了上述两大类指标及其所覆盖行业以外的其他生产和生活类因素的影响,最终结果是单位"第三产业增加值"的增长将引起 0.0024 微克/立方米 $PM_{2.5}$ 浓度值的上升。

回归的各关键统计指标见表3-8。

表3-8　　　　　空气污染排放方程各项回归系数及相关统计变量

回归因子及统计变量	回归系数及统计变量数值
Intercept	51.8428 ** (2.7866)
Industry	0.0059 *** (6.7680)
Transport	-0.0707 *** (-8.6015)
Tertiary	0.0024 *** (5.7951)
R^2	0.8561
F	31.7198 ***

注:表中 ***、** 和 * 分别表示在1%、5%和10%的水平上显著,括号内为 t 值。

多元线性回归方程的各类统计变量均为显著。其中各项回归因子中除截距项外"工业增加值""交通运输、仓储和邮政业增加值"以及剔除交通运输、仓储和邮政业以后的"第三产业增加值"均通过了1%置信度的 t 检验。与此同时,回归方程整体上通过了1%置信度的 F 检验,方程对于 $PM_{2.5}$ 浓度变化的解释程度高达85.61%。综上所述,上述回归方程能够很好地反映各类空气污染源对于 $PM_{2.5}$ 浓度值的影响,故本书最终将其作为空气污染排放方程而引入 EEH-DCGE 基准模型之中。

在实际计算过程之中,各个行业的增加值具体包含:一是劳动要素,即劳动者报酬;二是要素—资本,固定资产折旧与营业盈余;三是生产税净额。与此同时，经济模块中动态 CGE 模型将输出国民经济中 19 个产业部门的各类经济数据，并以其计算空气污染排放方程中各个产业的增加值水平。最终，模型中空气污染排放方程的表达式如下：

$$PM_{2.5} = 51.84 + 0.0059 \times Value\_Industry - 0.0707 \times Value\_Transport$$
$$+ 0.0024 \times Value\_Tertiary \qquad (3-46)$$

其中，$Value\_Industry$、$Value\_Transport$ 及 $Value\_Tertiary$ 分别为经济模块中动态 CGE 模型输出并经转换后的季度"工业增加值""交通运输、仓储和邮政业增加值"以及剔除交通运输、仓储和邮政业以后的"第三产业增加值"。由于社会核算矩阵的单位为"万元"，而回归方程中各产业增加值的单位为"亿元"，故各个回归因子均除以 10000 以保持与回归方程的量纲一致。与此同时，空气污染排放方程根据季度污染物浓度和经济数据予以建立，而动态 CGE 模型中所输出的经济数据均为年度数据，因此各个回归因子均除以 4 以保证空气污染排放方程所计算的 $PM_{2.5}$ 数值为年均污染物浓度值。各个回归因子根据以下方程予以计算：

$$Value\_Industry = \sum_{a=2}^{4} (1 + tvat_a) \times (WL \times QLD_a + WK \times QKD_a)$$
$$(3-47)$$

$$Value\_Transport = (1 + tvat_{a=7}) \times (WL \times QLD_{a=7} + WK \times QKD_{a=7})$$
$$(3-48)$$

$$Value\_Tertiary = \sum_{a=6}^{19} (1 + tvat_a) \times (WL \times QLD_a + WK \times QKD_a)$$
$$- Value\_Transport \qquad (3-49)$$

第五节 健康模块：暴露—响应函数

一、暴露—响应函数的结构

空气污染与居民健康之间存在密切联系，国际国内卫生健康领域权威机构、知名学术期刊等均已开展大量系统严谨的研究工作以证明二者之间存在显著关系。2021 年世界卫生组织发布的最新版本《全球空气质量指南》中指出，空气污染增加心血管疾病、呼吸系统疾病、肺癌等致病率和死亡率，且越来越多证据显示其对于其他器官系统同样产生影响；考虑到空气污染对于疾病负担的显著影响，其已被认为是人类健康的最大单一环境威胁，且对于 $PM_{2.5}$、PM_{10} 等细颗粒物而言上述结论尤为明确。[1] 国家卫生健康委员会发布的《以 $PM_{2.5}$ 为首要污染物的重污染天气健康教育核心信息》中显示，以 $PM_{2.5}$ 为首要污染物的重污染天气对健康的危害包括急性和慢性两种，急性危害主要表现为短时间内吸入污染物引起的咳嗽、咽喉痛、眼部刺激等症状，重污染天气还可诱发支气管哮喘、慢性阻塞性肺疾病、心脑血管疾病等慢性疾病的急性发作或病情加重，必要时应及时就医；慢性危害主要包括对呼吸系统和心血管系统的影响，长期持续的重污染天气可增加哮喘、支气管炎、慢性阻塞性肺疾病、肺癌等呼吸系统疾病及高血压、冠心病、脑卒中等心血管疾病的发病和死亡风险，重污染天气也可影响人的情绪。[2] 中国疾病预防控制中心的研究表明，81% 的国人仍生活在 $PM_{2.5}$ 浓度超过 35 微克/立方米（世界卫生组织空气质量最宽松目标）的环境中，据估算 2017 年我国因空气污染死亡的人数达 124 万，其中 85.2 万人死于大气 $PM_{2.5}$ 污染，2017 年我国空气污染导致的年龄标化伤残调整寿命年率（DALY，伤残和过早死亡损伤的寿命年之和）为 1513.1/10 万，在因慢阻肺、下呼吸道感染、糖尿病、肺癌、缺血性心脏病、中风导致的 DALY 中，分别有 40%、35.6%、26.1%、25.8%、19.5%、12.8% 归因于空气污染。[3]

国内外大量卫生健康领域的研究均证实，颗粒物是对人体危害最大的大气污染物，暴露在颗粒物中会对人体呼吸系统和心血管系统造成损害（C. Arden Pope Ⅲ et al.，2002；Krewski D. et al.，2009）。其中，$PM_{2.5}$ 直径更小，表面可以吸附重金属和微生物，并且可以突破屏障进入细胞和血

---

[1] WHO global air quality guidelines: particulate matter ($PM_{2.5}$ and PM_{10}), ozone, nitrogen dioxide, sulfur dioxide and carbon monoxide, Geneva: World Health Organization, 2021, https://www.who.int/publications/i/item/9789240034228? ua = 1.

[2] 以 $PM_{2.5}$ 为首要污染物的重污染天气健康教育核心信息，中华人民共和国国家卫生健康委员会疾病预防控制局，2018，http://www.nhc.gov.cn/jkj/s5899tg/201811/850a8b8b66e841939e31733802e620ce.shtml。

[3] 我国空气污染相关死亡率降低 61%！柳叶刀子刊发表 CDC 周脉耕等研究，中国疾病预防控制中心，2020，https://www.chinacdc.cn/gwxx/202008/t20200824_218632.html。

液循环，对人体的危害更大（Oberdörster G. et al.，2005；Kan H. et al.，2008）。$PM_{2.5}$不仅会增加呼吸系统、心血管系统疾病的发病率和健康支出，严重的空气污染也会导致过早死亡（Hanna R. 和 Oliva P.，2015），其中年龄大于 15 岁而小于 65 岁的过早死亡会减少劳动力供给，并对经济增长产生不利影响。阿登·波普三世等（C. Arden Pope Ⅲ et al.，2002）、弗朗辛·拉登等（Francine Laden et al.，2006）、刘帅和宋国君（2016）、谢杨等（2016）的研究结果还表明：空气污染对于健康损害状况的评估，可通过建立空气污染物浓度与人群健康终点之间的"暴露—响应"函数予以研究。

"暴露—响应"函数一般采用半对数线性形式：

$$\ln(Y_0) = \alpha + \beta \times X_0 \qquad (3-50)$$

其中，Y_0 为 t_0 期死亡率或发病率，Y_0 代表三大类疾病（即心脑血管疾病、呼吸系统疾病、肺癌）各自的总体死亡率或发病率水平；X_0 代表 t_0 期污染物浓度（单位：微克/立方米）；α 代表非空气污染因素（如吸烟、酗酒、肥胖、高血压等）；β 为"暴露—响应"关系系数。t_1 期污染物浓度发生变化，"暴露—响应"函数调整为：

$$\ln(Y_1) = \alpha + \beta \times X_1$$

其中，Y_1 代表 t_1 期死亡率或发病率；X_1 代表 t_1 期污染物浓度（单位：微克/立方米），α、β 含义同前。两式相减，可计算污染物浓度变化一定水平后，人群死亡率或发病率相对于 t_0 期水平变化的百分比：

$$\ln(Y_1) - \ln(Y_0) = (\alpha + \beta \times X_1) - (\alpha + \beta \times X_0) \qquad (3-51)$$

$$\ln(Y_1) - \ln(Y_0) = \beta \times (X_1 - X_0) \qquad (3-52)$$

$$\ln(Y_1/Y_0) = \beta \times \Delta X \qquad (3-53)$$

其中，$\Delta X = X_1 - X_0$，代表污染物浓度的变化情况（单位：微克/立方米）；Y_1/Y_0 代表人群死亡率或发病率变化的百分比。值得指出的是，Y_0、Y_1 代表相关疾病的总体死亡率水平，其成因既包括空气污染因素 $\beta \times X_0$、$\beta \times X_1$，又包括非空气污染因素 α（如吸烟、酗酒、肥胖、高血压等）。然而，由于空气污染与 α 无关，因此在本书中两种空气污染浓度 X_0、X_1 下均为常数，两式相减后为 0，并以此估算空气污染物浓度的变化 $\beta \times \Delta X$ 所引发的总体死亡率或发病率水平的变化 $\ln(Y_1/Y_0)$ 。

二、数据来源与参数估算

流行病学的相关研究结果表明，空气污染与心脑血管疾病（心脏病和脑血管病）、呼吸系统疾病以及恶性肿瘤中的肺癌（肺癌占恶性肿瘤总死亡率的29%）之间存在着密切联系。表3－9整理了《中国卫生和计划生育统计年鉴（2013）》中城市居民和农村居民三大类疾病的死亡率状况及其构成，并以此计算了各类疾病的平均死亡率水平。

表3－9 2012年城市及农村居民主要疾病死亡率（1/10万）及死因构成

单位：%

疾病名称		城市居民		农村居民		平均	
		死亡率	构成	死亡率	构成	死亡率	
心脑血管疾病	心脏病	131.64	21.45	119.50	18.11	125.57	253.71
	脑血管病	120.33	19.61	135.95	20.61	128.14	
呼吸系统疾病		75.59	12.32	103.90	15.75	89.75	
恶性肿瘤		164.51	26.81	151.47	22.96	157.99	
合计		492.07	80.19	510.82	77.43	501.45	

资料来源：《中国卫生和计划生育统计年鉴（2013）》。

就城市居民而言，三大类疾病的总体死亡率达到了492.07人/10万人，占城市居民疾病死亡率的比例高达80.19%。其中心脑血管疾病、呼吸系统疾病及恶性肿瘤所导致的每10万人死亡率水平依次为251.97人、75.59人和164.51人，占全部死亡率的比重分别达到41.06%、12.32%和26.81%。就农村居民而言，三大类疾病的总体死亡率达到了510.82人/10万人，高于城市居民的总体水平，但其占全部疾病死亡率的比例则相对较低，为77.43%。其中，心脑血管疾病、呼吸系统疾病及恶性肿瘤所导致的每10万人死亡率水平依次为255.45人、103.90人及151.47人，占全部疾病死亡率的比重分别达到38.72%、15.75%和22.96%。

最终，根据城市和农村居民的统计数据，计算了全社会三大类疾病的平均死亡状况，心脑血管疾病、呼吸系统疾病及恶性肿瘤所导致的每10万人死亡率水平依次为 253.71 人、89.75 人和 157.99 人，并将其作为"暴露—响应"函数中各类疾病基准死亡率的参考数值。其中恶性肿瘤类疾病中仅有肺癌一项与空气污染之间存在着密切联系，而肺癌的死亡率占恶性肿瘤总死亡率的 29%。综上所述，"暴露—响应"函数中与空气污染密切相关的各类疾病的基准死亡率状况如表 3 – 10 所示。

表 3 – 10　　　　　　　　三大类主要疾病的基准死亡率状况

疾病名称	基准死亡率变量	基准死亡率水平（1/10 万）
心脑血管疾病	Mortality_XNXG_Base	253.71
呼吸系统疾病	Mortality_HXXT_Base	89.75
肺癌	Mortality_FA_Base	45.82

资料来源：《中国卫生和计划生育统计年鉴（2013）》。

三、暴露—响应函数的构建

根据"暴露—响应"函数的结构形式及各主要疾病的基准死亡率水平，通过下述方程计算心脑血管疾病、呼吸系统疾病及肺癌的 t 期死亡率状况：

$$Mortality\_XNXG_t = Mortality\_XNXG\_Base \times e^{beta\_XNXG \cdot (PM_{2.5t} - PM_{2.5}\_Base)}$$

$$(3 - 54)$$

$$Mortality\_HXXT_t = Mortality\_HXXT\_Base \times e^{beta\_HXXT \cdot (PM_{2.5t} - PM_{2.5}\_Base)}$$

$$(3 - 55)$$

$$Mortality\_FA_t = Mortality\_FA\_Base \times e^{beta\_FA \cdot (PM_{2.5t} - PM_{2.5}\_Base)} \quad (3 - 56)$$

其中，$Mortality\_XNXG_t$、$Mortality\_HXXT_t$、$Mortality\_FA_t$ 分别为心脑血管疾病、呼吸系统疾病及肺癌的 t 期死亡率，$Mortality\_XNXG\_Base$、$Mortality\_HXXT\_Base$、$Mortality\_FA\_Base$ 分别为三类疾病的基准死亡率水平，$beta\_XNXG$、$beta\_HXXT$、$beta\_FA$ 分别为三类疾病的"暴露—响应"关系系数，$PM_{2.5t}$ 为 t 期空气污染物浓度，$PM_{2.5}\_Base$ 为空气污染物的基准浓度。

上述方程中，$Mortality\_XNXG\_Base$、$Mortality\_HXXT\_Base$、$Mortality\_FA\_Base$ 三类疾病的基准死亡率水平已根据相关统计数据予以核算确定，

beta_XNXG、*beta_HXXT*、*beta_FA* 三类疾病的"暴露—响应"关系系数将根据流行病学领域的相关研究成果予以外生确定,空气污染物的基准值 $PM_{2.5}\_Base$ 将根据世界卫生组织的不同标准予以外生给定。因此,通过 EEH-DCGE 基准模型的经济模块首先计算各个产业部门的增加值水平,之后根据环境模块的"空气污染排放方程"计算各主要空气污染物的浓度值,本书中即为 $PM_{2.5}$ 的浓度水平,随后依据上述"暴露—响应"函数计算心脑血管疾病、呼吸系统疾病及肺癌的死亡率水平,超出基准死亡率的部分将引起劳动供给数量的减少,而空气质量的改善将导致因空气污染提早死亡人数的减少,并引发社会劳动供给的增加,最终对后续经济发展和环境状况产生持续影响。

本书中"暴露—响应"关系系数的确定主要参考流行病学领域的已有研究工作。通过对阿登·波普三世等(C. Arden Pope Ⅲ et al.,2002)、弗朗辛·拉登等(Francine Laden et al.,2006)的研究结果进行整理和归纳,最终选定本书中心脑血管疾病、呼吸系统疾病及肺癌的"暴露—响应"关系系数如表 3-11 所示。

表 3-11　　　　　三大类主要疾病的"暴露—响应"关系系数

疾病名称	"暴露—响应"关系系数名称	"暴露—响应"关系系数数值
心脑血管疾病	beta_XNXG	0.017
呼吸系统疾病	beta_HXXT	0.005
肺癌	beta_FA	0.0186

资料来源:C. Arden Pope Ⅲ et al.(2002)、Francine Laden et al.(2006)等。

世界卫生组织(WHO)于 2005 年发布的《空气质量准则》中对 $PM_{2.5}$ 和 PM_{10} 的年均及日均浓度值均设立了相关标准。标准共分为 4 个级别,其中准则值标准的要求最为严格,该标准要求 $PM_{2.5}$ 年均浓度值不超过 10 微克/立方米,日均浓度值不超过 25 微克/立方米,该标准表征了较为理想、健康危害较小的颗粒物浓度水平。与此同时,在此准则值基础之上,世界卫生组织设立了三个级别的过渡期目标值,相对于准则值的水平逐渐予以放松,以便于各个国家通过连续、持久的污染控制措施,逐步降低本国的污染物浓度水平并最终达到准则值的相关要求。事实上,分别以世界卫生组织设立的四种 $PM_{2.5}$ 标准值作为"暴露—响应"函数中空气污

染物基准浓度 $PM_{2.5}\_Base$ 的设定值，可考察不同空气质量标准下空气污染对于经济发展的影响程度。例如，若假设空气污染物基准浓度 $PM_{2.5}\_Base$ 为 35 微克/立方米时三大类主要疾病的死亡率为基准死亡率（即认为空气污染物浓度在此标准以下对于居民健康无任何不良影响，死亡率源于吸烟、酗酒、肥胖、高血压等非空气污染因素），则高于 35 微克/立方米的空气污染物浓度才会引发实际死亡率的上升。世界卫生组织所制定的 $PM_{2.5}$ 分类标准如表 3 – 12 所示。

表 3 – 12　　　　　　世界卫生组织 $PM_{2.5}$ 准则值及过渡期目标

项目	年均值	日均值
准则值	10 微克/立方米	25 微克/立方米
过渡期目标 1	35 微克/立方米	75 微克/立方米
过渡期目标 2	25 微克/立方米	50 微克/立方米
过渡期目标 3	15 微克/立方米	37.5 微克/立方米

资料来源：世界卫生组织《空气质量准则（2005）》。

综上所述，"健康模块"中所构建的"递归动态劳动供给函数"如下所示：

$$QLS_{t+1} = QLS_t \times (1 + pop_t - Mortality\_XNXG_t - Mortality\_HXXT_t$$
$$- Mortality\_FA_t + Mortality\_XNXG\_Base + Mortality\_HXXT\_Base$$
$$+ Mortality\_FA\_Base) \qquad (3-57)$$

第六节　空气污染各类影响的量化评估：基于 EEH-DCGE 基准模型

通过经济模块、环境模块及健康模块的设计和引入，本书已完成 EEH-DCGE 基准模型的构建。基于 EEH-DCGE 基准模型，将对空气污染的各类影响展开定量的分析及评估。一方面可以初步反映经济—环境—健康耦合架构下空气污染对于经济系统影响的各个方面；另一方面基准模型中仅考虑了"空气质量改善→因空气污染提早死亡人数减少→全社会劳动供给增加→经济发展加快"这一基准影响途径，事实上空气污染还可以通过影响有效劳动供给时间、劳动生产率、居民效用函数等方式对经济的发展及其结构产生影响，而此类可能影响机制的作用及其评估需要选取一定的基准模型作为参考标准，以反映各类影响机制的边际贡献，EEH-DCGE 基准模型便承担了这一角色。

本书针对空气污染的影响及各类治理政策的评估体系主要包含以下两大类评估标准。

第一类，一维评估标准：社会福利水平。社会福利水平往往被选作评估某一经济冲击或相关政策整体影响效果的一维指标。其在全社会效用水平及幸福感层面对于某一经济冲击或相关政策的综合影响进行了适度的抽象，一般被认为是经济发展以及各类政策制定的出发点和最终落脚点。本节中将首先在福利影响部分介绍空气污染对于社会总体福利水平的具体影响效果。

第二类，多维评估标准：经济、环境、健康指标。事实上，无论是空气污染本身，还是针对空气污染问题所制定的各类治理政策，对于经济系统的影响都是多方面的。单一的评估指标往往无法考察上述冲击或政策影响的各类细节，因此需要引入多维的评估标准予以进一步的分析和考察。为此，我们分别在经济、环境及健康三个层面设计了相关评估指标，以考察空气污染的各类影响。

经济影响方面主要考察了空气污染对于 GDP 的具体影响效果，表征了整个经济系统的总体响应状况。环境影响方面主要考察了空气污染物浓度的变化情况，以反映在现有空气污染治理政策及空气污染与经济系统之间交互影响的作用之下空气污染物浓度的量值水平。健康影响方面主要考察了与空气污染密切相关的心脑血管疾病、呼吸系统疾病及肺癌的死亡率状况，从而量化评估了空气污染对于人群健康的危害程度。

需要专门指出的是，本节中所选择的评估指标相对简单且不甚全面，主要针对空气污染的相关影响展开初步的分析和评估，并以此为基础考察多种可能影响机制的边际贡献，以便于构建最终的 EEH-DCGE 综合模型。而有关空气污染对于整个经济系统所产生的宏观及微观、总量及结构、长期及短期等各个层面影响的量化评估工作，将在 EEH-DCGE 综合模型构建完成后给出详细的分析和说明。本章及后续章节中我国社会福利水平、

GDP、空气污染物浓度、死亡率、致病率等数据，如无特殊说明均基于模型预测结果。

一、福利影响：社会福利水平

图 3 - 2 中给出了 2012~2030 年中国社会福利水平的变化情况，其中虚线表征理想状况下未考虑空气污染影响时 DCGE 模型的福利水平，柱形图反映了空气污染物不同基准浓度下的社会福利状况。总体而言，无论是DCGE 模型还是 EEH-DCGE 基准模型的福利水平均呈现了显著的增长态势，DCGE 模型的初期社会福利水平仅为 198536.8 亿元，模型预测结果显示 2030 年这一数值已经达到了 694671.1 亿元，18 年期间增长了约3.5 倍，年均复合增长率达到了 7.21%，高于同期的名义 GDP 增速。相对于 DCGE 模型而言，EEH-DCGE 基准模型由于引入了空气污染的影响，导致了整体社会福利水平的下降，意味着若空气质量提升则经济增长有望恢复至理想状况下的潜在增长水平。以 10 微克/立方米的空气污染物

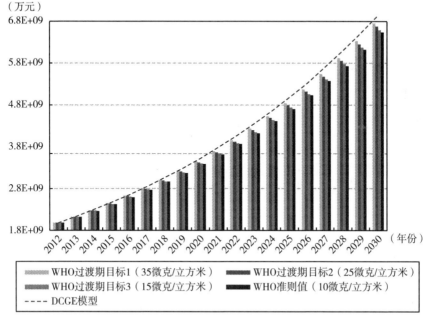

图 3 - 2　2012~2030 年中国社会福利水平变化情况

资料来源：各年度数据均基于模型预测结果，下同。

基准浓度为例，模型预测结果显示 2030 年 DCGE 模型与 EEH-DCGE 基准模型二者之间的社会福利水平差值高达 40903.4 亿元，占当年社会总体福利水平的比值竟达到了 5.89%，是同期名义 GDP 占比的 2.20 倍，表明空气质量改善对于社会总体福利水平的正面影响显著高于其对于经济增长的单独影响，空气质量的改善对于人民生活幸福程度的提升更为明显。

为了更为清晰直观地考察空气质量改善对于社会总体福利正面影响的量值水平，图 3-3 中给出了 2012~2030 年 DCGE 模型与 EEH-DCGE 基准模型之间居民效用水平差值的变化情况。模型的输出结果呈现出了两个清晰的特征。一方面，空气质量改善对于社会总体福利水平的影响存在着显著的"累积效应"，即随着时间的推移空气质量改善所造成的福利增加量值逐年加大，且福利增量的增长程度相对于名义 GDP 增加的变化更为显著，其在各个年份占社会总体福利水平的比重均大于名义 GDP 中空气质量改善所致增长的占比。另一方面，空气质量改善所导致的社会总体福利水

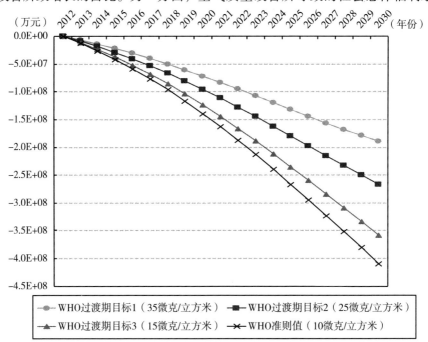

图 3-3　2012~2030 年 EEH-DCGE 基准模型
与 DCGE 模型社会福利差值的变化情况

平的上升同样与空气污染物基准浓度的选择密切相关，模型预测结果显示
2030 年 35 微克/立方米、25 微克/立方米、15 微克/立方米及 10 微克/立
方米四种基准浓度下的福利增量水平依次为 18888.6 亿元、26668.3 亿元、
35780.6 亿元及 40903.4 亿元，占当年社会总体福利水平的比重分别达到
了 2.72%、3.84%、5.15% 及 5.89%，各种基准浓度标准之下的占比均显
著高于同期名义 GDP 增量的占比。

二、经济影响：GDP

图 3-4 中给出了 DCGE 及 EEH-DCGE 基准模型中 2012～2030 年中
国名义 GDP 的变化情况。虚线反映了理想状况下未考虑空气污染内生
化、动态化影响效果时的名义 GDP 变化情况，柱形图分别表示空气污染
物的基准浓度依次为 35 微克/立方米、25 微克/立方米、15 微克/立方米
及 10 微克/立方米时的名义 GDP 水平。2012～2016 年 EEH-DCGE 基准
模型输出的名义 GDP 水平依次为 539584.1 亿元、574894.0 亿元、611495.9
亿元、649482.5 亿元及 689350.5 亿元，同期国家统计局公布的名义 GDP

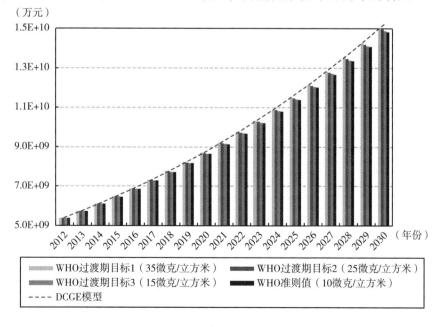

图 3-4　2012～2030 年中国名义 GDP 变化情况

水平依次为 540367.4 亿元、595244.4 亿元、643974.0 亿元、689052.1 亿元及 743585.5 亿元，表明 EEH-DCGE 基准模型能够较好地模拟出真实经济的总体变化趋势和量值水平，因此基于该模型所开展的相关分析和研究工作具有较高的可信度及实际参考价值。

DCGE 模型的输出结果显示，初期 2012 年我国名义 GDP 的水平为 539584.1 亿元，预测至 2030 年名义 GDP 数值将突破 150 万亿元大关，达到 1523429.3 亿元，18 年时间增长了 2.8 倍，年均复合增长率达到了 5.94%。与此同时，EEH-DCGE 基准模型中名义 GDP 变化的整体趋势与未考虑环境因素影响的 DCGE 模型基本一致，但实际量值水平有所降低，意味着若空气质量提升则经济增长有望达到更好水平。EEH-DCGE 基准模型初期 2012 年名义 GDP 水平与 DCGE 模型一致，同为 539584.1 亿元，但预测至 2030 年空气污染物四种基准浓度标准下这一数值仅分别达到了 1504577.5 亿元、1496812.8 亿元、1487718.3 亿元、1482605.5 亿元，相对于 DCGE 模型而言均有不同程度的降低。这一结果表明，在"空气质量改善→因空气污染提早死亡人数减少→全社会劳动供给增加→经济发展加快"这一基准影响途径的作用之下，空气质量改善会对实际经济增长带来正面影响，同时这一影响会根据空气污染物基准浓度选择的不同而有所差异。

为了进一步衡量环境因素对于经济系统所造成影响的具体量值水平，图 3-5 中给出了 DCGE 模型与 EEH-DCGE 基准模型名义 GDP 差值的变化情况。首先，可以看到环境质量改善对于经济增长的正面影响具有"累积效应"，即随着时间的推移空气质量改善所导致的 GDP 增量呈现逐年递增的态势，且计算结果表明该增量占名义 GDP 的比重同样实现了逐年增长。初期二者之间的差值为 0，模型预测结果显示 2030 年以 10 微克/立方米作为基准浓度的差值水平最多可以达到 40823.8 亿元，占当年名义 GDP 的比重高达 2.68%。其次，随着空气污染物基准浓度标准选取的不同，空气质量改善对于经济增长的正面影响同样呈现出一定差异。空气污染物的基准浓度衡量了各类严格级别下空气污染所致危害起始标准的选择，世界卫生组织的研究结果表明，$PM_{2.5}$ 年均浓度值不超过 10 微克/立方米的标准表征了较为理想、健康危害较小的颗粒物浓度水平，在此浓度水平之下 PM$_{2.5}$对于人类健康的危害可以基本忽略不计，然而现阶段世界上绝大多数国家均无法实现这一标准，因此专门设立了 15 微克/立方米、25 微克/立方米、35 微克/立方米三个过渡期目标以逐渐推动环境治理水平的不断提升。空气污染物基准浓度作为"暴露—响应"函数中的参照标准，表征了模型所设定的对人类健康不造成危害的污染物浓度水平，因此更为严格的目标将导致既定浓度水平下空气污染对于人类健康的负面影响也更为严重，并最终导致死亡率的上升和跨期劳动供给的减少。初期 2012 年四种污染物基准浓度标准下空气质量改善所造成的名义 GDP 增量均为 0，之后四者之间的差距不断扩大，模型预测结果显示 2030 年 35 微克/立方米、25 微克/立方米、15 微克/立方米及 10 微克/立方米基准浓度水平之下的名义 GDP 增量依次为 18851.8 亿元、26616.5 亿元、35711.0 亿元及 40823.8 亿元，占当年名义 GDP 的比值分别达到了 1.24%、1.75%、2.34%及 2.68%。

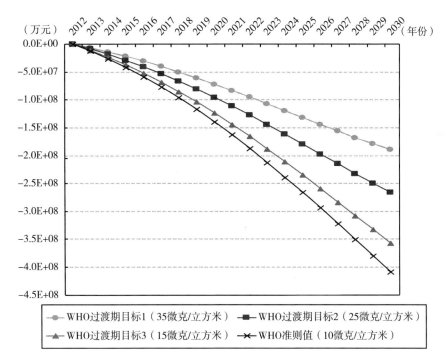

图 3 - 5　2012～2030 年 EEH-DCGE 基准模型与
DCGE 模型名义 GDP 差值的变化情况

三、环境影响：空气污染物浓度

EEH-DCGE 基准模型中，经济模块、环境模块、健康模块之间通过经济变量、污染物浓度及死亡率等数据的相互传递实现了耦合架构的整体构建，各个模块之间相互影响、协同调整，并最终实现了经济系统的整体平衡。在此过程之中，随着现有空气污染政策的持续作用及宏观经济系统的自身调节，空气污染物浓度也随之产生变化。图 3 - 6 中给出了 2012 ~ 2030 年四种基准浓度下 $PM_{2.5}$ 年均浓度的变化情况。可以清晰地看到，总体而言四种基准浓度下 $PM_{2.5}$ 的年均浓度水平均呈现出了明显的下降趋势，但不同基准浓度下污染物浓度的变化规律存在着一定程度的差异。以 10 微克/立方米的基准浓度水平为例，初期 2012 年模型输出的 $PM_{2.5}$ 浓度水平为84.98 微克/立方米，之后开始逐年下降，且下降速度逐渐增加，模型预测结果显示 2030 年 $PM_{2.5}$ 的年均浓度值达到了 31.47 微克/立方米，污染物浓度下降了 62.97%。与此同时，随着空气污染物基准浓度选择标准的不同，

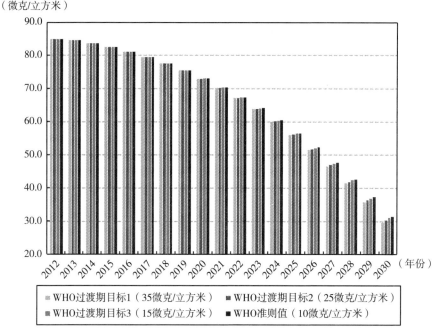

图 3 - 6　2012 ~ 2030 年四种基准浓度下的中国 $PM_{2.5}$ 年均浓度值变化情况

PM$_{2.5}$下降的幅度亦有所差异。35 微克/立方米、25 微克/立方米、15 微克/立方米及 10 微克/立方米四种基准浓度下的 2030 年 PM$_{2.5}$年均浓度值相对于初期 2012 年而言依次下降了 55.27 微克/立方米、54.64 微克/立方米、53.93 微克/立方米及 53.51 微克/立方米，下降的浓度值占初期浓度值的比重分别达到了 64.04%、64.31%、63.45% 及 62.97%。

四、健康影响：空气污染相关疾病死亡率

事实上，在 EEH-DCGE 基准模型之中，空气污染对于经济系统的影响，是通过改变与空气污染密切相关的各类疾病的死亡率水平，进而影响跨期劳动供给予以实现的，因此随着时间的推移及模型中空气污染物浓度的变化，空气污染各相关疾病的死亡率状况亦在发生相应的调整。

在空气污染所导致的各类疾病之中，心脑血管类疾病所引起的死亡损失最为显著。图 3 - 7 中给出了考虑空气污染影响的 EEH-DCGE 基准模型之中 2012 ~ 2030 年我国心脑血管类疾病死亡率的变化情况，其中虚线表征 2012 年我国此类疾病的基准死亡率状况，曲线表征不同空气污染物基准浓度标准下的死亡率变化情况。首先，可以清晰地看到，四种基准浓度标准下的心脑血管疾病死亡率均呈现出显著的下降趋势，这与空气污染物浓度的整体下降密切相关。以初期死亡率水平最高的 10 微克/立方米基准浓度为例，2012 年其死亡率水平高达 907.7 人/10 万人，之后开始逐年下降，模型预测结果显示 2030 年这一死亡率水平仅为 365.5 人/10 万人，下降幅度高达 59.7%。其次，随着空气污染物基准浓度选择标准的不同，心脑血管类疾病的死亡率水平同样存在着系统性差异。总体而言，空气污染物基准浓度的选择标准越严格，心脑血管类疾病的死亡率水平也相对越高，但是各个基准浓度标准之间的死亡率差异却随着时间的推移而逐渐减小。2012 年 35 微克/立方米、25 微克/立方米、15 微克/立方米及 10 微克/立方米四种基准浓度下的心脑血管疾病死亡率依次为 593.4 人/10 万人、703.4 人/10 万人、833.7 人/10 万人及 907.7 人/10 万人，而到了 2030 年这一死亡率水平依次下降到了 231.9 人/10 万人、277.8 人/10 万人、333.3 人/10 万人及 365.5 人/10 万人，下降幅度分别达到了 60.9%、60.5%、

60.0% 及 59.7%，其中 35 微克/立方米基准浓度标准下的死亡率水平甚至已低于 2012 年的基准浓度值水平。

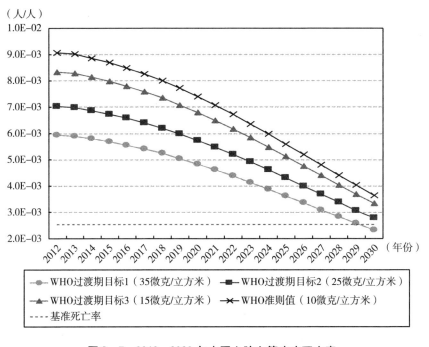

图 3 – 7　2012 ~ 2030 年中国心脑血管疾病死亡率

　　呼吸系统类疾病与空气污染之间的关系最为直接，图 3 – 8 中给出了四种污染物基准浓度标准下 2012 ~ 2030 年我国呼吸系统类疾病的死亡率变化情况。首先，随着 $PM_{2.5}$ 浓度的逐年下降，呼吸系统疾病死亡率的水平亦随之逐年降低，以 10 微克/立方米的基准浓度为例，初期 2012 年我国呼吸系统疾病的死亡率水平高达 130.6 人/10 万人，之后开始逐年下降，模型预测结果显示，2030 年这一数值仅为 99.9 人/10 万人，下降幅度达到了 23.5%，显著低于同期心脑血管类疾病死亡率水平的下降幅度。其次，随着空气污染物基准浓度标准选择的不同，各个标准下的死亡率水平亦呈现出了系统性偏差，整体而言空气污染物基准浓度选择的标准越严格，呼吸系统类疾病的死亡率水平也相对越高，但是随着时间的推移，各种标准下死亡率的差异变化并不明显。初期 2012 年 35 微克/立方米、25 微克/立方米、15 微克/立方米及 10 微克/立方米四种基准浓度下的呼吸系统疾病死亡率依次为 115.2 人/10 万人、121.1 人/10 万人、127.4 人/10 万人及 130.6 人/10 万人，之后逐年下降，截至 2030 年该数值依次减少至 87.4 人/10 万人、92.2 人/10 万人、97.3 人/10 万人及 99.9 人/10 万人，下降幅度分别达到了 24.1%、23.9%、23.6% 及 23.5%。

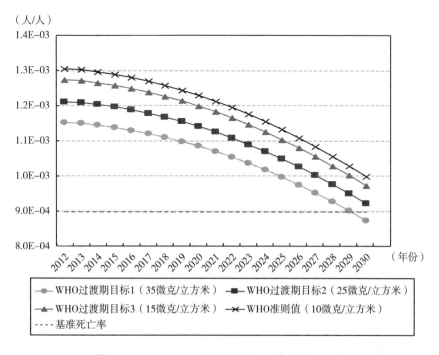

图 3-8　2012~2030 年中国呼吸系统疾病死亡率

　　最后，空气污染与恶性肿瘤中的肺癌之间亦存在着密切的联系，图 3-9 中给出了四种空气污染物基准浓度选择标准下的我国肺癌死亡率的变化情况。可以看到，虽然相对于心脑血管类疾病而言肺癌的死亡率水平仅是其约 1/5 的水平，但相对于呼吸系统类疾病而言由其所导致的死亡数量却相对较多。首先，整体而言随着空气污染物浓度的下降，肺癌的死亡率水平也随之减少，且这种下降呈现出了一定的加速趋势。以初期死亡率水平最高的 10 微克/立方米基准浓度为例，2012 年该疾病的死亡率水平为 184.8 人/10 万人，到了 2030 年这一数值下降到了 68.3 人/10 万人，下降幅度高达63.0%，在三类疾病中下降幅度最为显著。其次，和其他两类疾病一致，随着空气污染物基准浓度标准选择的不同，各标准下的肺癌死亡率存在着系统性差异，但随着时间的推移，各类标准下肺癌死亡率之间差距的缩小趋势最为明显。2012 年四种标准下的肺癌死亡率水平依次为 116.1 人/10 万人、139.8 人/10 万人、168.4 人/10 万人及 184.8 人/10 万人，2030 年这一数值分别下降到了 41.5 人/10 万人、50.6 人/10 万人、61.8 人/10 万人及 68.3 人/10 万人，下降幅度依次达到了 64.2%、63.8%、63.3% 及 63.0%。

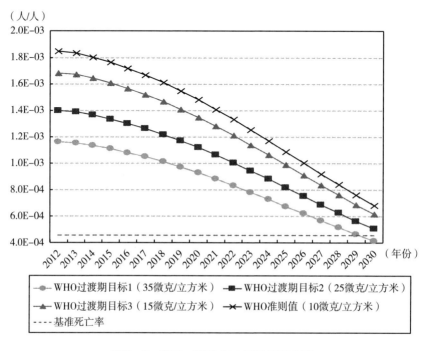

图 3 − 9　2012 ~ 2030 年中国肺癌死亡率

第七节　本章小结

　　空气污染与经济系统之间内生化、动态化关系的建立，是本书的重要创新点之一。本章在传统 CGE 模型的基础之上，一方面通过引入环境模块及健康模块，实现了空气污染与经济系统之间作用机制的双向化、内生化，另一方面通过建立空气污染与跨期劳动供给之间的递归动态关系，丰富了传统动态 CGE 模型的跨期传导机制，实现了空气污染对于经济系统影响的动态化、长期化。

在参考前人研究工作的基础之上，首先以最新的 2012 年 "中国 42 部门投入产出表" "全国公共预算、决算收支总表" 以及 "国际收支平衡表" 为主要数据来源，编制完成了我国 2012 年的宏观社会核算矩阵（SAM）。本章内的社会核算矩阵表中共设置了商品、活动、要素—劳动、要素—资本、居民、企业、政府、国外及投资储蓄合计 9 个账户，反映了经济系统中各类商品和服务、生产要素、决策主体之间的资金流动状况。与此同时，在不影响微观分析的基础之上，本章根据国家统计局《三次产业划分规定》及《国民经济行业分类》（GB/T 4754—2011）的相关分类标准，将包含 42 部门的原始投入产出表合并为了 19 部门的社会核算矩阵表，以便于对各细分行业的具体结构特征和响应状况开展进一步的分析和研究工作。

通过各个模块及跨期递归动态关系的设置，完成了 EEH-DCGE 基准模型整体结构的设计。模型主要由经济模块、环境模块及健康模块三部分组成，各个模块之间通过经济、环境及健康变量的传递实现了耦合架构的构建。有关 EEH-DCGE 基准模型的结构示意图及相关细节详见图 3 - 1。

第三节中对经济模块进行了详细的介绍。经济模块由生产模块、国外模块、家庭模块、企业模块、政府模块、投资储蓄模块、宏观闭合模块、递归动态模块合计 8 个子模块构成。其中，生产模块采用双层嵌套的结构设计，国外模块的进口及出口部分分别采用了 Arminton 条件及 CET 函数的设置方式，家庭、企业、政府、投资储蓄模块反映了各个账户之间的勾稽关系，宏观闭合模块描述了商品及服务、劳动要素、资本要素、外汇市场及投资储蓄的均衡，同时给出了真实及名义 GDP 的表达方程，递归动态模块给出了劳动供给、资本供给、财政赤字、政府消费、商品和服务的投资需求以及国外储蓄的递归动态关系。

第四节中对环境模块进行了详细的介绍。环境模块以空气污染排放方程为主体，选择 $PM_{2.5}$ 浓度值作为衡量空气污染的关键指标。首先，根据环境保护部环境监测总站公开发布的《空气质量状况月报》收集整理了 2013 年 1 月至 2017 年 12 月连续 60 个月的 $PM_{2.5}$、PM_{10}、二氧化氮、二氧化硫四项污染物的月均浓度水平。其次，针对前人研究工作中指出的燃煤、工业（钢铁、重化工、建材和冶金等）、机动车及其他移动源、生物质燃烧和扬尘等污染源的高强度排放这 5 类大气污染的主要来源，本章设计了"工业增加值""交通运输、仓储和邮政业增加值"以及剔除交通运输、仓储和邮政业后的"第三产业增加值"三项指标作为污染排放因子，建立了 $PM_{2.5}$ 浓度值与上述各因子间的多元线性回归方程，并取得了十分出色的拟合效果（$R^2 = 0.8561$）。最后，空气污染排放方程的结果表明，"工业增加值""第三产业增加值"两项指标对于污染物浓度水平的提高具有促进作用，"交通运输、仓储和邮政业增加值"对其具有抑制作用，各因子的具体作用效果详见文中所示。

第五节中对健康模块进行了详细的介绍。健康模块以"暴露—响应"函数为主体，通过半对数线性形式的"暴露—响应"方程建立了 $PM_{2.5}$ 浓度值与死亡率之间的递归动态关系，从而影响了最终的跨期劳动供给，将空气污染的影响内生进了经济系统之中，最终完成了 EEH-DCGE 基准模型的构建。

第六节中利用构建完成的 EEH-DCGE 基准模型对我国空气污染所造成的各类影响进行了初步的分析及评估。福利影响和经济影响方面，本书分别选择了社会福利水平及 GDP 两项总量指标。结果表明，空气质量改善将对社会福利及 GDP 产生持续的正面影响，且这一影响具有显著的"累积效应"，即随着时间的不断推移增量的规模日趋增加，模型预测结果显示 2030 年空气质量改善对于社会福利及名义 GDP 所带来的增量最多可以达到 40903.4 亿元和 40823.8 亿元，占当年总体社会福利水平及名义 GDP 的比重分别高达 5.89% 和 2.68%，相对于单纯的经济冲击，空气质量改善对于社会福利的提升更为显著。环境影响方面，选择了空气污染物的浓度值水平这一指标。结果表明，随着时间的推移，四种基准浓度下 $PM_{2.5}$ 的年均浓度水平均呈现出了明显的下降趋势，且下降的速度逐渐增加，基准浓度标准的选择对于污染物浓度下降的影响并不明显。健康影响方面，选择了与空气污染密切相关的心脑血管疾病、呼吸系统疾病及肺癌的死亡率三项指标。结果表明，初期由于污染物的浓度水平较高，三类疾病的死亡率水平均显著高于同期的基准死亡率水平，之后随着污染物浓度的不断下降，各类疾病的死亡率水平也随之向下调整，模型预测结果显示 2030 年各基准浓度标准下的死亡率水平已基本回归至基准死亡率水平。

第四章

空气污染多种可能影响机制的
设计、引入及评估

在 EEH-DCGE 基准模型的基础之上，通过引入多种可能的空气污染影响机制，对原有模型予以完善和丰富，使其能够反映出"经济—环境—健康"耦合架构系统中的各类影响方式和途径，从而更为全面、准确地评估空气污染对于经济系统所造成的各类影响，并最终为各类空气污染治理政策的设计和评估打下坚实基础。与此同时，通过将各类可能影响机制引入后的模型输出结果与 EEH-DCGE 基准模型的相关结果进行比较分析，本章还将评估各类可能影响机制对于经济、环境及健康领域所造成的边际影响效果。

第一节　空气质量改善影响有效劳动供给时间

一、"有效劳动供给时间"影响机制的设计及引入

EEH-DCGE 基准模型中已通过"暴露—响应"函数的形式将空气质量改善对于因空气污染提早死亡人数减少的影响纳入模型的考察范畴。事实上，"暴露—响应"函数不仅能够反映空气污染对于死亡率的影响效果，

其还可以表征空气污染对于住院率的影响程度，并最终影响到经济系统中的有效劳动供给时间。首先，空气污染物浓度与住院率之间的理论函数关系如下所示：

$$ln(Y_1/Y_0) = \beta \times \Delta X \qquad (4-1)$$

其中，Y_1 和 Y_0 分别代表 t_1 期和 t_0 期的住院率水平，$\Delta X = X_1 - X_0$ 为 t_1 期与 t_0 期空气污染物浓度之间的差值（单位：微克/立方米），β 为"暴露—响应"关系系数。根据上述函数形式，模型中空气污染物浓度与住院率之间的具体函数表达式如下所示：

$$Morbidity\_XNXG_t = Morbidity\_XNXG\_Base \times e^{beta\_XNXG\_LS \cdot (PM_{2.5t} - PM_{2.5}\_Base)}$$

$$(4-2)$$

$$Morbidity\_HXXT_t = Morbidity\_HXXT\_Base \times e^{beta\_HXXT\_LS \cdot (PM_{2.5t} - PM_{2.5}\_Base)}$$

$$(4-3)$$

其中，$Morbidity\_XNXG_t$、$Morbidity\_HXXT$ 为心脑血管疾病和呼吸系统疾病的 t 期住院率，$Morbidity\_XNXG\_Base$、$Morbidity\_HXXT\_Base$ 为两类疾病的基准住院率水平，$beta\_XNXG\_LS$、$beta\_HXXT\_LS$ 为两类疾病住院率的"暴露—响应"关系系数，$PM_{2.5t}$ 为 t 期空气污染物浓度，$PM_{2.5}\_Base$ 为空气污染物的基准浓度。

在完成 t 期住院率水平的测算之后，下面将进一步考察空气污染对于有效劳动供给时间的影响。与死亡率不同的是，当居民因患有心脑血管或呼吸系统疾病而住院治疗之后，其并非完全退出劳动力市场，而是在完成治疗后重新返回工作岗位以继续参加生产活动。因此，需将住院率数据与平均住院时间相乘，以反映空气质量改善对于有效劳动供给时间所带来的实际提升状况。一般而言，不同类型的疾病入院治疗所需的时间长短并不相同，故需要针对各类疾病设置相应的平均住院天数指标，并结合年平均工作天数，以计算与空气污染密切相关的各类疾病所导致的误工损失对于总体劳动供给的影响。综上所述，本书涉及的心脑血管疾病和呼吸系统疾病所带来的有效劳动供给提升如下所示：

$$(Morbidity\_XNXG\_Base - Morbidity\_XNXG_t) \times \frac{Days\_XNXG}{Days\_Annual} \qquad (4-4)$$

$$\left(Morbidity\_HXXT\_Base - Morbidity\_HXXT_t\right) \times \frac{Days\_HXXT}{Days\_Annual} \qquad (4-5)$$

其中，$Days\_XNXG$、$Days\_HXXT$ 为心脑血管和呼吸系统疾病的平均住院天数，$Days\_Annual$ 为年平均工作天数，其余各变量的含义如前所述。引入空气污染对于有效劳动供给时间的影响后，该机制将与"空气质量改善→因空气污染提早死亡人数减少→全社会劳动供给增加→经济发展加快"机制一道对经济系统中的劳动供给水平产生影响，并最终影响到经济发展及其结构特征中的各个方面。最终，引入"有效劳动供给时间"机制后的 EEH-DCGE 模型中劳动供给的表达式如下所示：

$$\begin{aligned} QLS_{t+1} = QLS_t \times \Big[& 1 + pop_t - MortalitY_{XNXG\,t} - MortalitY_{HXXT\,t} \\ & - MortalitY_{FA\,t} + Mortality\_XNXG\_Base \\ & + Mortality\_HXXT\_Base + Mortality\_FA\_Base \\ & + \left(Morbidity\_XNXG\_Base - Morbidity\_XNXG_t\right) \times \frac{Days\_XNXG}{Days\_Annual} \\ & + \left(Morbidity\_HXXT\_Base - Morbidity\_HXXT_t\right) \times \frac{Days\_HXXT}{Days\_Annual} \Big] \end{aligned}$$

$$(4-6)$$

其中，QLS_{t+1}、QLS_t 分别为 $t+1$ 和 t 期的劳动供给水平，pop_t 为 t 期人口增长速度，其余各变量的含义如前所述。劳动力供给的变化主要由三部分组成：第一部分为外生的人口增长率，从联合国经济与社会事务部人口署发布的《世界人口展望（2017）》中直接获得；第二部分为空气质量提升所导致的因空气污染提早死亡人数减少而引起的劳动供给数量的增加；第三部分为空气质量提升所导致的住院率减少而引起的有效劳动供给时间的增加，即为本节中所引入的"有效劳动供给时间"机制。QLS_{t+1}、QLS_t 变量由模型动态计算，pop_t 变量由模型外生给定，死亡率相关数据已在 EEH-DCGE 基准模型部分予以介绍，而关于本节中"有效劳动供给时间"的 $Morbidity\_XNXG_t$、$Morbidity\_HXXT$ 变量经由"暴露—响应"函数予以计算，其中 beta_XNXG_LS、beta_HXXT_LS 参数取自流行病学领域的相关研究工作，$Morbidity\_XNXG\_Base$、$Morbidity\_HXXT\_Base$、$Days\_XNXG$、$Days\_HXXT$ 及 $Days\_Annual$ 等变量将通过《中国卫生和计划生育统计年鉴》《中国统计年鉴》等相关数据集资料整理和计算得到，关于上述各类变量和数据的详细来源及估算方法将在下一节中予以介绍。

二、数据来源与参数估算

本书中"暴露—响应"关系系数的确定主要参考流行病学领域的已有研究工作。通过对穆尔加夫卡尔（Moolgavkar，2000）、谢泼德（Sheppard，2003）、巴宾等（Babin et al.，2007）、贝尔等（Bell et al.，2008）、萨诺贝蒂等（Zanobetti et al.，2009）、罗杰·彭等（Peng et al.，2009）的研究结果进行整理和归纳，最终选定本书中心脑血管疾病、呼吸系统疾病住院率的"暴露—响应"关系系数见表4-1。

表4-1　　　心脑血管及呼吸系统疾病住院率的"暴露—响应"关系系数

疾病名称	"暴露—响应"关系系数名称	"暴露—响应"关系系数数值
心脑血管疾病	beta_XNXG_LS	0.0014
呼吸系统疾病	beta_HXXT_LS	0.00185

资料来源：穆尔加夫卡尔（2000）、谢泼德（2003）等。

有关与空气污染密切相关的心脑血管及呼吸系统疾病的基准住院率数据取自《中国卫生和计划生育统计年鉴（2014）》。该年鉴中截至目前已通过多阶段分层整群抽样法调查了我国1993年、1998年、2003年、2008年、2013年的国家卫生服务状况，并发布了调查地区居民疾病别的住院率数据。本书选取与模型起始运行时间最为接近的2013年相关数据，作为EEH-DCGE模型中衡量心脑血管与呼吸系统疾病基准住院率水平的指标，各指标的名称及数值见表4-2。

表4-2　　　心脑血管及呼吸系统疾病的基准住院率状况

疾病名称	基准住院率变量	基准住院率水平（‰）
心脑血管疾病	Morbidity_XNXG_Base	20.4
呼吸系统疾病	Morbidity_HXXT_Base	13.3

资料来源：《中国卫生和计划生育统计年鉴（2014）》。

"有效劳动供给时间"的计算需要将因空气质量改善所导致的住院率

数据转化为实际生产过程中的劳动增加天数，这一指标的计算与各类疾病的平均住院天数密切相关。表 4 – 3 中给出了心脑血管及呼吸系统疾病的平均住院天数数据，该数据取自《中国卫生和计划生育统计年鉴（2013）》中的 "2012 年医院出院病人疾病归转情况" 下的 "平均住院日（日）" 一项。其中，由 $Days\_XNXG$ 表征的心脑血管类疾病的平均住院天数为 11.2 日，而由 $Days\_HXXT$ 表征的呼吸系统类疾病的平均住院天数则相对较少，具体数值为 8.3 日。

表 4 – 3　　　　　　心脑血管及呼吸系统疾病的平均住院天数

疾病名称	平均住院天数变量	平均住院天数水平（日）
心脑血管疾病	$Days\_XNXG$	11.2
呼吸系统疾病	$Days\_HXXT$	8.3

资料来源：《中国卫生和计划生育统计年鉴（2013）》

在完成心脑血管与呼吸系统类疾病平均住院天数的统计之后，需通过除以年平均工作天数的方式以计算其对于经济系统中实际劳动供给的影响。平均而言，全年共计 365 天，其中包含 52 个星期的公休日 104 天，以及法定节假日 11 天，因此法定平均工作时长合计为 250 天，并以其作为 $Days\_Annual$ 参数的合理估计。

三、空气质量改善各类影响的量化评估：引入 "有效劳动供给时间" 影响机制

综上所述，前面已完成 "有效劳动供给时间" 影响机制的设计及引入，同时依据相关统计年鉴和数据集确定了模型中所涉及的各项参数。本节将在引入 "有效劳动供给时间" 影响机制的 EEH-DCGE 模型的基础之上，考察空气质量改善对于福利、经济、环境、健康等多个领域的具体影响状况，同时通过与 EEH-DCGE 基准模型进行比较分析，探究此机制的边际影响效果和独立作用方式。

（一）福利影响：社会福利水平

图 4 – 1 中给出了引入 "有效劳动供给时间" 影响机制的 EEH-DCGE

模型与理想状况下未考虑空气污染影响的 DCGE 模型中我国 2012～2030 年的社会总体福利水平的变化情况。总体而言，当引入"有效劳动供给时间"影响机制之后，社会总体福利水平依然保持了快速增长的态势，但相对于 EEH-DCGE 基准模型而言，这一增长幅度略有放缓，意味着若空气质量提升则社会福利有望达到更高水平。四种空气污染物基准浓度下的初期社会福利水平均为 198536.8 亿元，之后便开始逐年上涨，模型预测结果显示 2030 年 35 微克/立方米、25 微克/立方米、15 微克/立方米及 10 微克/立方米四种标准下的社会福利水平依次达到了 675271.7 亿元、667335.1 亿元、658067.4 亿元及 652867.8 亿元，相对于 2012 年分别增长了 2.40 倍、2.36 倍、2.31 倍和 2.29 倍。

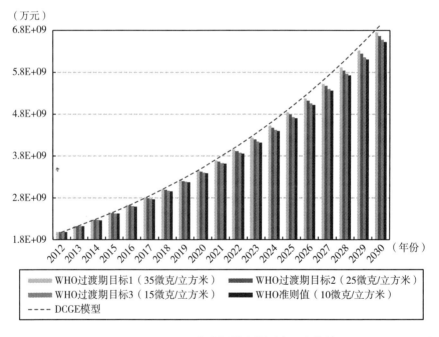

图 4-1　2012～2030 年中国社会福利水平变化情况

为了进一步考察"有效劳动供给时间"影响机制对于社会福利水平增量的边际贡献，图 4-2 中给出了 2012～2030 年引入"有效劳动供给时间"影响机制的 EEH-DCGE 模型与 EEH-DCGE 基准模型之间社会福利水平差值的变化情况。由图 4-2 可以清晰地看到，整体而言"有效劳动供给时间"影响机制的引入使空气质量获得改善情况下，社会福利水平相对于 EEH-DCGE 基准模型而言出现了进一步的提升，提升幅度依据空气污染物基准浓度的选择标准而呈现出一定的差异。2012 年四种空气污染物基准浓度之下的社会福利差值水平均为 0，之后开始不断下降，同时各个标准之间的差距亦有所扩张，模型预测结果显示 2030 年 35 微克/立方米、25 微克/立方米、15 微克/立方米及 10 微克/立方米四种标准下的差值水平分别达到了 – 510. 8 亿元、– 667. 8 亿元、– 823. 1 亿元及 – 899. 9 亿元，各自占全部社会福利水平的比重依次为 – 0. 076%、– 0. 10%、– 0. 12% 及 – 0. 14%。

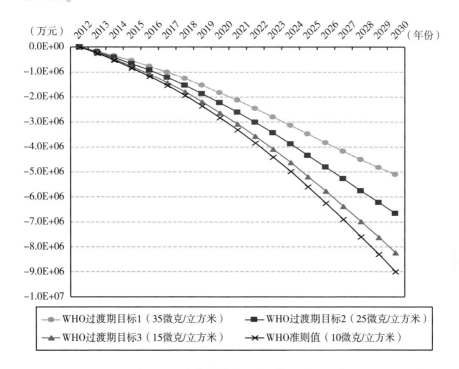

图 4 – 2　2012 ~ 2030 年引入"有效劳动供给时间"影响机制的 EEH-DCGE 模型与 EEH-DCGE 基准模型社会福利水平差值的变化情况

（二）经济影响：GDP

图 4 – 3 中给出了 DCGE 模型及引入"有效劳动供给时间"影响机制的 EEH-DCGE 模型中 2012 ~ 2030 年中国名义 GDP 的变化情况。虚线反映了理想状况下未考虑空气污染对于死亡率、有效劳动供给时间等影响下的

DCGE 模型的名义 GDP 变化情况，柱形图分别表示空气污染物的基准浓度依次为 35 微克/立方米、25 微克/立方米、15 微克/立方米及 10 微克/立方米时引入"有效劳动供给时间"影响机制的 EEH-DCGE 模型的名义 GDP 水平。首先，空气质量改善对于有效劳动供给时间的影响并没有改变名义 GDP 快速增长的总体趋势，但相对于单纯考虑空气质量改善对于因空气污染提早死亡减少影响作用的 EEH-DCGE 基准模型的输出结果而言，其对于DCGE 模型的偏差更为明显。初期 2012 年四种基准浓度下的名义 GDP 水平均为 539584.1 亿元，模型预测结果显示 2030 年 35 微克/立方米、25 微克/立方米、15 微克/立方米及 10 微克/立方米标准下的名义 GDP 水平依次达到了 1504067.7 亿元、1496146.4 亿元、1486896.6 亿元及 1481707.3 亿元，相对于 2012 年分别增长了 1.79 倍、1.77 倍、1.76 倍及 1.75 倍，2012~2030 年 18 个年份的年均复合增长率水平分别为 5.86%、5.83%、5.79% 及 5.77%。这一增长速度相对于 DCGE 模型和 EEH-DCGE 基准模型而言均有不同程度的降低，表明"有效劳动供给时间"作为空气质量改善影响经济发展的有效机制之一，直接造成了经济增速的提升。

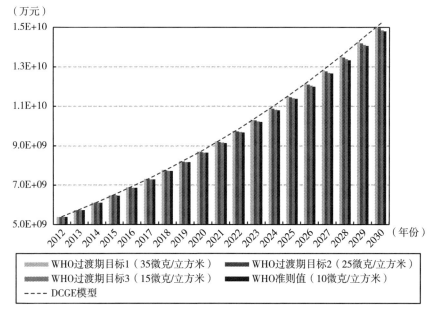

图 4-3　2012~2030 年中国名义 GDP 变化情况

为了进一步考察"有效劳动供给时间"影响机制对于经济增长所致正面效应的边际贡献，图 4 - 4 中给出了 2012 ~ 2030 年引入"有效劳动供给时间"影响机制的 EEH-DCGE 模型与 EEH-DCGE 基准模型之间名义 GDP 差值的变化情况。由图中可以清晰地看到，整体而言空气质量改善所致"有效劳动供给时间"的增加将使 GDP 进一步上升，上升幅度根据空气污染物基准浓度的不同而有所差异。以 10 微克/立方米的世界卫生组织准则值为例，初期 2012 年其相对于 EEH-DCGE 基准模型的差值为 0，之后这一差值不断扩大，且计算结果显示其在名义 GDP 中的占比同样逐年增加，表明空气质量改善所致有效劳动供给时间的提升所造成的 GDP 影响具有"累积效应"。模型预测结果显示 2030 年该差值已经达到了 898.1 亿元，相对于同期"空气质量改善减少提早死亡人数"机制的 40823.8 亿元而言明显偏小，但其作为空气污染影响经济系统的重要途径之一，对于衡量空气污染的各类可能影响效果同样具有重要的作用和意义。

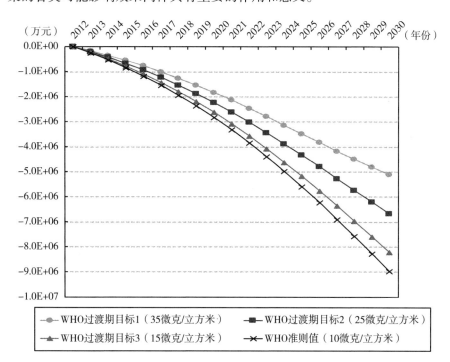

图 4 - 4　2012 ~ 2030 年引入"有效劳动供给时间"影响机制的 EEH-DCGE 模型
与 EEH-DCGE 基准模型名义 GDP 差值的变化情况

与此同时，我们看到空气污染物基准浓度的选择对于"有效劳动供给时间"影响机制的作用效果会产生一定程度的影响，总体而言空气污染物基准浓度的选择标准越为严格，由于空气污染所导致的有效劳动时间损失越多，而由此所引发的 GDP 减少便越为明显，同时意味着空气质量改善对于经济的提振作用越为明显。初期各个空气污染物基准浓度下的名义 GDP 增量均为 0，之后便开始不断增加，同时各个基准浓度之间的差距亦逐年扩张，模型预测结果显示 2030 年 35 微克/立方米、25 微克/立方米、15 微克/立方米及 10 微克/立方米标准下的名义 GDP 增量分别达到了 509.8 亿元、666.4 亿元、821.5 亿元及 898.1 亿元，各自占当年全部名义 GDP 的比重分别为 0.034%、0.045%、0.055% 及 0.061%。

(三) 环境影响：空气污染物浓度

图 4-5 中给出了 2012~2030 年四种空气污染物基准浓度下我国 $PM_{2.5}$ 年均浓度值的变化情况。可以看到，在引入"有效劳动供给时间"影响机制后，$PM_{2.5}$ 年均浓度值的下降趋势并没有改变，下降幅度和下降速度也与 EEH-DCGE 基准模型基本保持一致。初期 2012 年四种标准下的 $PM_{2.5}$ 浓度水平均为 84.98 微克/立方米，之后便开始逐年下降，模型预测结果显示 2030 年 35 微克/立方米、25 微克/立方米、15 微克/立方米及 10 微克/立方米四种标准下的 $PM_{2.5}$ 年均浓度值分别达到了 29.75 微克/立方米、30.38 微克/立方米、31.13 微克/立方米及 31.54 微克/立方米，相对于 2012 年分别下降了 64.99%、64.25%、63.37% 及 62.88%。与此同时，本书同样分析了引入"有效劳动供给时间"影响机制后的 EEH-DCGE 模型与 EEH-DCGE 基准模型之间在空气污染物浓度输出结果上的差异。二者之间的差值显示，引入"有效劳动供给时间"影响机制后空气污染物的浓度变化并不显著，二者之间的差值水平在 2012~2030 年期间最多不超过 0.1 微克/立方米，相对于各自的基准浓度水平而言基本可以忽略不计。这一结果可能与"有效劳动供给时间"影响机制所引起的经济总量和结构变化并不明显有关，同时经济系统自身通过各个产业部门和生产要素之间的替代和调节，也在一定程度上弱化了有效劳动供给时间损失所带来的各项影响。

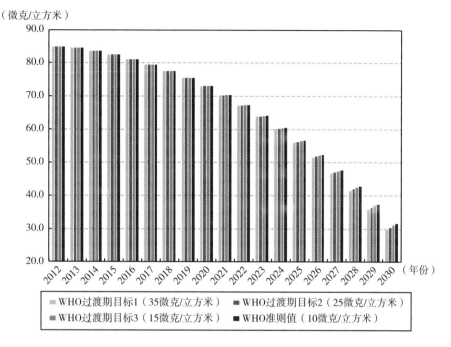

图 4 − 5　2012 ～ 2030 年四种基准浓度下的中国 PM$_{2.5}$年均浓度值变化情况

（四）健康影响：空气污染相关疾病住院率

本节中，空气污染通过改变与其密切相关的心脑血管和呼吸系统类疾病的住院率水平影响经济系统中的有效劳动供给时间，为此在健康模块之中，我们将考察空气污染物浓度的变动对于这两个指标的具体影响效果。图 4 − 6 首先给出了引入"有效劳动供给时间"影响机制的 EEH-DCGE 模型中 2012 ～ 2030 年我国心脑血管类疾病的住院率水平。首先，可以看到随着空气污染物浓度的不断下降，心脑血管类疾病的住院率水平也随之调整。2012 年 35 微克/立方米、25 微克/立方米、15 微克/立方米及 10 微克/立方米四种标准下的心脑血管疾病的住院率水平依次为 0.0219、0.0222、0.0225 及 0.0227，之后开始逐年下降，模型预测结果显示 2030 年四种标准下的住院率水平分别下降到了 0.0203、0.0206、0.0209 及 0.0210，其中 35 微克/立方米空气污染物基准浓度下的住院率水平已降至基准住院率水平 0.0204 之下，表明空气污染状况的持续改善将能够较好地降低与空气污染密切相关的各类疾病的住院率状况，提高人民的健康水平。其次，各个空气污染物基准浓度之下的住院率水平存在着一定程度的系统性差异，但与心脑血管类疾病死亡率数据不同的是，随着时间的推移各个标准之下住院率水平之间的差异变化并不明显，各个空气污染物基准浓度下的住院率水平的下降幅度和下降速度均基本保持一致。

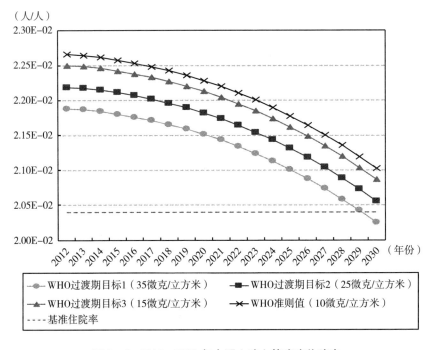

图4-6　2012~2030年中国心脑血管疾病住院率

图4-7中首先给出了引入"有效劳动供给时间"影响机制的EEH-DCGE模型中2012~2030年我国呼吸系统类疾病的住院率水平。与心脑血管类疾病住院率水平相一致的是，随着空气污染物浓度的不断下降，呼吸系统类疾病的住院率水平也呈现出显著的下降趋势。2012年35微克/立方米、25微克/立方米、15微克/立方米及10微克/立方米四种标准下的呼吸系统疾病的住院率水平依次为0.0146、0.0149、0.0151及0.0153，之后便开始加速下降，模型预测结果显示2030年四种标准下的住院率水平分别调整到了0.0132、0.0134、0.0137及0.0138，其中35微克/立方米标准下住院率水平已低于模型中所给出的基准住院率水平0.0133。与此同时，可以

看到四种空气污染物基准浓度下的住院率水平存在着一定的系统性差异，和心脑血管类疾病的住院率水平变化相一致，此类差异随着时间的推移变化并不显著，下降幅度和速度均保持了较为一致的水平。

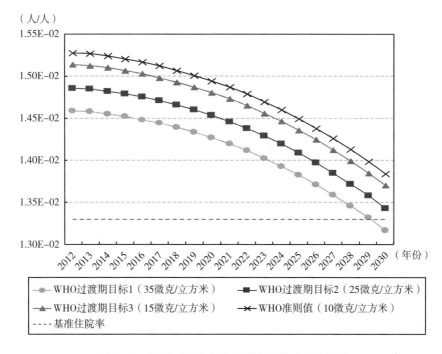

图 4 - 7　2012 ~ 2030 年中国呼吸系统疾病住院率

第二节　空气质量改善影响劳动生产率

一、"劳动生产率"影响机制的设计及引入

　　空气质量改善对于经济系统的影响方式不仅局限于通过"暴露—响应"函数影响相关疾病的死亡率和住院率水平，从而增加经济中的总体劳动供给。事实上，克莱等（Clay et al.，2010）、格拉夫和内德尔（Graff and Neidell，2011）、杨俊和盛鹏飞（2012）、徐鸿翔和张文彬（2017）等人的研究结果均表明，空气污染可以在不直接影响劳动力供给的前提下对

劳动生产率产生影响。本节在这一前提假设下，考虑空气污染对于劳动生产率的直接影响效果，进而决定经济中的有效劳动供给水平。

徐鸿翔和张文彬（2017）的研究中通过建立劳动生产率与空气污染物浓度之间的计量方程组，考察了剔除产业结构、技术水平、城市化水平、教育水平、老龄化趋势等因素影响后，空气污染对于劳动生产率的直接影响效果。该研究的结果表明，空气污染每增加1%，将导致全国平均的生产率水平下降0.057%。本书选择该参数，作为衡量空气污染对于劳动生产率影响的关系系数，考察模型输出的不同空气污染物浓度水平下模型中劳动生产率的变动情况，最终反映在经济中有效劳动供给规模这一指标之上。引入"劳动生产率"影响机制后的劳动供给方程如下所示：

$$
\begin{aligned}
QLS_{t+1} = QLS_t \times (\,&1 + pop_t - Mortality\_XNXG_t - Mortality\_HXXT_t \\
&- Mortality\_FA_t + Mortality\_XNXG\_Base + Mortality\_HXXT\_Base \\
&+ Mortality\_FA\_Base\,) \times \Big[\,1 + bata\_Labor\_Productivity \\
&\times \Big(\frac{PM_{2.5}\_d\_EEH_t}{PM_{2.5}\_d\_EEH_{t-1}} - 1\Big)\,\Big]
\end{aligned}
\tag{4-7}
$$

其中，QLS_{t+1}、QLS_t 分别表征 $t+1$ 和 t 期的劳动供给水平，pop_t 为外生人口增长速度，$Mortality\_XNXG_t$、$Mortality\_HXXT_t$、$Mortality\_FA_t$ 分别为 t 期心脑血管疾病、呼吸系统疾病及肺癌的死亡率水平，$Mortality\_XNXG\_Base$、$Mortality\_HXXT\_Base$、$Mortality\_FA\_Base$ 为上述三类疾病的基准死亡率水平，以上指标的含义与 EEH-DCGE 基准模型的各项指标含义一致。

"劳动生产率"影响机制将直接作用于 EEH-DCGE 基准模型 t 期的总体劳动供给水平之上，通过改变 t 期的劳动生产率状况，使得经济中的有效劳动供给发生调整。其中，$bata\_Labor\_Productivity$ 表征单位空气污染物浓度的改变所导致的劳动生产率的调整幅度，其具体数值即为上面所给出的 -0.057。$PM_{2.5}\_d\_EEH_t$、$PM_{2.5}\_d\_EEH_{t-1}$ 分别表示 t 期和 $t-1$ 期的空气污染物浓度水平，括号中的内容即为 t 期空气污染物浓度变化的百分比。

至此，本节中已完成了"劳动生产率"影响机制的设计及引入，在 EEH-DCGE 基准模型的基础之上，将空气污染对于劳动生产率的直接影响效果纳入模型的考察范畴之内。通过分析社会福利水平、名义 GDP、空气污染物浓度、劳动供给等经济、环境和健康指标，考察引入"劳动生产率"影响机制的 EEH-DCGE 模型对于空气污染各类影响的量值水平，与此同时，通过与 EEH-DCGE 基准模型进行比较分析，探究"劳动生产率"影响机制对于空气污染各类影响的边际贡献。

二、空气质量改善各类影响的量化评估：引入"劳动生产率"影响机制

（一）福利影响：社会福利水平

图 4-8 中给出了 2012～2030 年引入"劳动生产率"影响机制的 EEH-DCGE 模型与理想状况下未考虑空气污染影响的 DCGE 模型中社会福利水平的变化情况。其总体特征与名义 GDP 指标的变化情况基本一致。首先，各个空气污染物基准浓度下的社会福利水平均实现了较快的增长。2012 年 35 微克/立方米、25 微克/立方米、15 微克/立方米及 10 微克/立方米四种

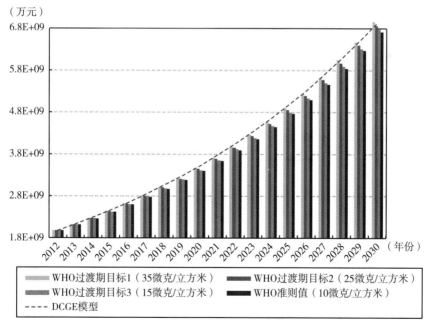

图 4-8　2012～2030 年中国社会福利水平变化情况

标准下的社会福利水平均为198536.8亿元，之后总体福利水平便出现了快速的上涨，模型预测结果显示2030年四种标准下的社会福利水平已分别达到了695766.0亿元、687447.9亿元、677716.7亿元及672251.4亿元，相对于初期分别增长了2.50倍、2.46倍、2.41倍及2.39倍，年均复合增长率分别达到了7.22%、7.14%、7.06%及7.01%，高于同期的名义GDP增速。其次，福利水平相对于未考虑空气污染影响的DCGE模型而言虽略有偏低，但相对于EEH-DCGE基准模型而言则出现了明显增加，其中35微克/立方米空气污染物基准浓度下的社会福利水平甚至超过了同期DCGE模型的输出结果。

图4-9中给出了2012~2030年引入"劳动生产率"影响机制的EEH-DCGE模型与EEH-DCGE基准模型之间社会福利水平差值的变化情况，以反映"劳动生产率"影响机制对于社会福利状况的边际贡献。可以看到，"劳动生产率"影响机制使社会福利水平相对于EEH-DCGE基准模型而言出现了正向偏移，即将空气污染对于劳动生产率的影响作用引入到模型之

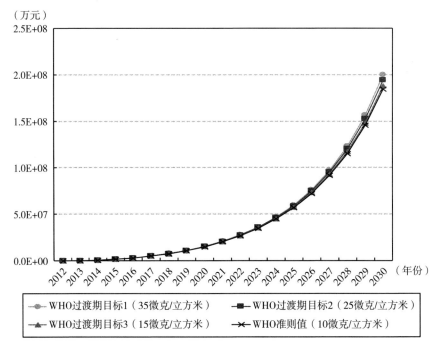

图4-9 2012~2030年引入"劳动生产率"影响机制的EEH-DCGE模型
与EEH-DCGE基准模型社会福利水平差值的变化情况

中后，其将导致社会福利水平的增长，同时这一增长逐年上升并加速发展。相对于 EEH-DCGE 基准模型的正向偏移最多可以达到 19983.5 亿元，高于"有效劳动供给时间"影响机制约 2 个量级，与基准模型中的空气质量改善减少提早死亡人数影响机制的量级水平保持一致。与此同时，各种空气污染物基准浓度之间的差距并不明显，模型预测结果显示 2030 年 35 微克/立方米、25 微克/立方米、15 微克/立方米及 10 微克/立方米四种标准下的差值水平分别达到了 19983.5 亿元、19445.1 亿元、18826.2 亿元及 18483.7 亿元，各个标准之间的差异水平不超过 1000 亿元。

（二）经济影响：GDP

图 4-10 中给出了引入"劳动生产率"影响机制的 EEH-DCGE 模型与理想状况下未考虑空气污染影响的 DCGE 模型中 2012~2030 年我国名义 GDP 的变化情况。可以看到，模型中名义 GDP 的水平同样呈现了快速增长的态势。2012 年 35 微克/立方米、25 微克/立方米、15 微克/立方米及 10 微克/立方米四种标准下的名义 GDP 数值均为 539584.1 亿元，之后便开始了逐年增长，模型预测结果显示 2030 年四种标准下的名义 GDP 水平分别达到了 1524527.4 亿元、1516224.9 亿元、1506512.1 亿元及 1501057.1 亿元，增长幅度依次为 2.83 倍、2.81 倍、2.79 倍及 2.78 倍，年均复合增长率分别为 5.94%、5.91%、5.87% 及 5.85%。值得注意的是，无论是"空气质量改善减少提早死亡人数"影响机制还是"有效劳动供给时间"影响机制，考虑空气污染影响后的 EEH-DCGE 模型的输出结果均小于同一时期的 DCGE 模型，这主要是由于上述两类影响机制均造成了经济中劳动供给的减少并最终反映到了经济的总体增速之中。然而，"劳动生产率"影响机制的引入却使得有效劳动供给的水平得以大幅度提升，在 35 微克/立方米的空气污染物基准浓度之下其甚至超过了未考虑空气污染影响的 DCGE 模型，这一结果主要得益于空气质量的不断改善所引起的劳动效率的提升，从而抵消了上述两类机制中空气污染对于经济中有效劳动供给水平的负面影响。

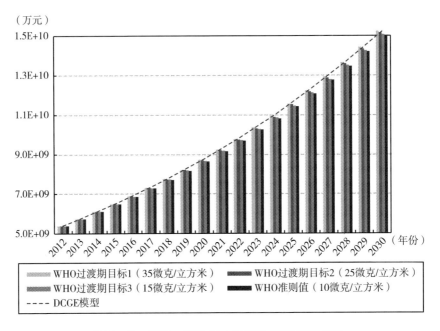

图 4 - 10　2012～2030 年中国名义 GDP 变化情况

图 4 - 11 中给出了 2012～2030 年引入 "劳动生产率" 影响机制的 EEH-DCGE 模型与 EEH-DCGE 基准模型之间名义 GDP 差值的变化情况，以反映 "劳动生产率" 影响机制对于经济增长的边际贡献。首先，"劳动生产率" 影响机制使得名义 GDP 相对于 EEH-DCGE 基准模型而言出现了正向的影响，即将空气污染对于劳动生产率的影响效果纳入模型的考察范围后，其将导致名义 GDP 的增长，同时这一增长随着时间的推移不断扩大且呈现加速的态势。相对于 EEH-DCGE 基准模型的正向影响最多可以达到 19949.9 亿元，显著高于 "有效劳动供给时间" 影响机制，与基准模型中的 "空气质量改善减少提早死亡人数" 影响机制达到同一量级。之所以出现这一结果，是由于这一阶段空气污染物的浓度水平不断下降，并由此引发了全社会劳动生产率水平的不断提高，最终反映到了有效劳动供给和经济的增长速度之中。其次，各种空气污染物基准浓度之间 "劳动生产率" 影响机制对于名义 GDP 影响的差距并不显著，这是因为该机制主要与空气污染物浓度的总体水平相关，而与各种空气污染物基准浓度的选择之间并无直接联系，各个标准之间的差异主要是在经济发展的过程之中通过 "空

气质量改善减少提早死亡人数"机制的影响予以间接体现的,因此量值上的差值相对于基准水平而言基本可以忽略不计。

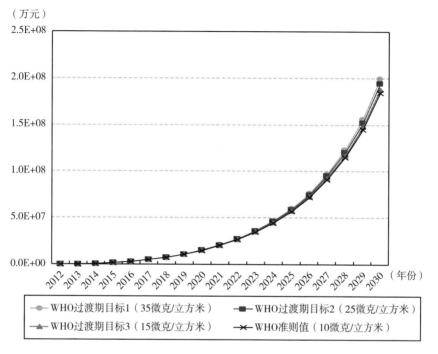

图 4 – 11　2012～2030 年引入"劳动生产率"影响机制的 EEH-DCGE 模型
与 EEH-DCGE 基准模型名义 GDP 差值的变化情况

(三) 环境影响:空气污染物浓度

图 4 – 12 中给出了引入"劳动生产率"影响机制后 2012～2030 年四种空气污染物基准浓度下我国 $PM_{2.5}$ 年均浓度值的变化情况。首先,相对于 EEH-DCGE 基准模型而言,$PM_{2.5}$ 年均浓度值的总体下降趋势并没有发生改变,且下降幅度和速度也基本保持一致。2012 年 35 微克/立方米、25 微克/立方米、15 微克/立方米及 10 微克/立方米四种标准下的 $PM_{2.5}$ 浓度水平均为 84.98 微克/立方米,之后逐年减少,模型预测结果显示 2030 年四种标准下的 $PM_{2.5}$ 年均浓度值分别达到了 28.14 微克/立方米、28.79 微克/立方米、29.55 微克/立方米及 29.99 微克/立方米,相对于初期 2012 年依次下降了 66.89%、66.13%、65.23% 及 64.72%。其次,引入"劳动生产

率"影响机制后的 EEH-DCGE 模型与 EEH-DCGE 基准模型之间差值的量值水平相对较小，2012～2030 年最多不超过 1.6 微克/立方米，相对于各自的原始浓度水平而言基本可以忽略不计。

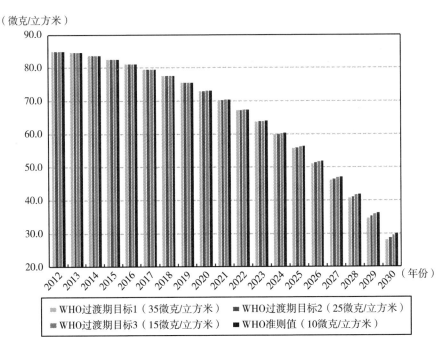

（微克/立方米）

图 4-12　2012～2030 年四种基准浓度下的中国 $PM_{2.5}$ 年均浓度值变化情况

（四）健康影响：劳动供给

由于"劳动生产率"影响机制主要通过改变经济中各类生产活动的运作效率，从而影响到全社会有效劳动供给水平的方式，对经济系统的总体增长和结构特征产生影响，因此该机制下的健康影响主要通过模型中最终的劳动供给水平予以体现。图 4-13 中给出了 2012～2030 年引入"劳动生产率"影响机制的 EEH-DCGE 模型与同期 EEH-DCGE 基准模型中的劳动供给状况，虚线表征 EEH-DCGE 基准模型劳动供给水平的变化情况，实线则衡量了引入"劳动生产率"影响机制后 EEH-DCGE 模型的输出结果。

首先，可以清晰地看到，EEH-DCGE 基准模型中的劳动供给水平总体上呈现逐年下降的趋势。2012 年 35 微克/立方米、25 微克/立方米、15 微克/

立方米及 10 微克/立方米四种标准下的劳动供给水平均为 264134.1 亿元，之后便开始逐年减少，模型预测结果显示 2030 年四种标准下的劳动供给水平已分别下降至 264042.3 亿元、258933.7 亿元、253000.2 亿元及 249688.2 亿元，相对于初期分别下降了 91.8 亿元、5200.4 亿元、11133.9 亿元及 14445.9 亿元。其次，在引入"劳动生产率"影响机制后，劳动供给的变化呈现出了完全不同的景象。初期 25 微克/立方米、15 微克/立方米及 10 微克/立方米三种标准下的劳动供给水平开始逐渐下降，之后伴随着空气质量的改善以及由此所引起的劳动生产率的提升，有效劳动供给水平开始转降为升，模型预测结果显示 2030 年 25 微克/立方米、15 微克/立方米两种标准下的劳动供给水平已分别达到了 271759.7 亿元、265303.2 亿元，均超过了 2012 年的初期水平。值得注意的是，由于 35 微克/立方米标准下的"空气质量改善减少提早死亡人数"影响机制相对较弱，在"劳动生产率"影响机制的作用之下，2012年之后便开始逐年上涨，模型预测结果显示 2030 年该标准下的劳动供给水平已达到 277326.9 亿元，相较初期劳动供给存在着明显的提升。

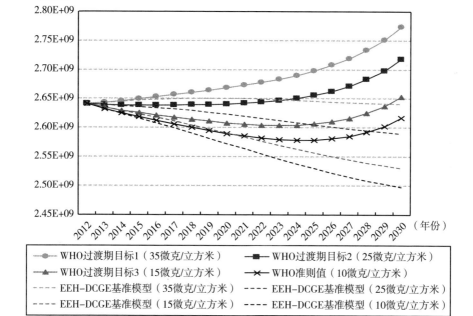

图 4-13　2012~2030 年引入"劳动生产率"影响机制的 EEH-DCGE 模型
与 EEH-DCGE 基准模型劳动供给水平的变化情况

　　为了进一步看清"劳动生产率"影响机制对于劳动供给的实际拉动作用，图 4 - 14 中给出了 2012 ~ 2030 年引入"劳动生产率"影响机制的 EEH-DCGE 模型与 EEH-DCGE 基准模型之间劳动供给水平差值的变化情况。由图 4 - 14 可以清晰地看到，"劳动生产率"影响机制对于全社会的劳动供给水平具有显著的促进作用。初期 2012 年 35 微克/立方米、25 微克/立方米、15 微克/立方米及 10 微克/立方米四种标准下的劳动供给水平差值均为 0，之后便开始快速上升，模型预测结果显示 2030 年四种标准下引入"劳动生产率"影响机制的 EEH-DCGE 模型与 EEH-DCGE 基准模型之间劳动供给水平的差值已分别达到了 13284.7 亿元、12826.0 亿元、12303.0 亿元和 12015.7 亿元，占同标准下 EEH-DCGE 基准模型总体劳动供给水平的比例依次为 5.03%、4.95%、4.86% 和 4.81%。

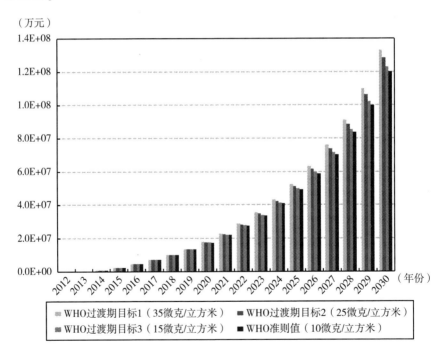

图 4 - 14 2012 ~ 2030 年引入"劳动生产率"影响机制的 EEH-DCGE 模型
与 EEH-DCGE 基准模型劳动供给水平差值的变化情况

第三节　空气质量改善影响居民效用函数

一、"居民效用函数"影响机制的设计及引入

事实上，空气质量改善对于经济系统所产生的影响，不仅包含已经建立的"空气质量改善减少提早死亡人数""有效劳动供给时间"及"劳动生产率"这三类影响机制，同时其还能够直接对居民的效用函数产生正面影响，进而改变居民的决策行为、福利水平和各项经济指标。

空气质量改善对于居民效用函数的影响程度主要通过居民对于空气污染治理的支付意愿予以衡量。一般而言，空气污染物浓度水平较高时，居民愿意为治理空气污染支付更多的费用，而一旦空气污染物浓度降低到合理水平后，居民便没有激励再为此支付额外的费用。不同空气污染物浓度下的居民支付意愿虽然表征了居民实际效用水平的减少，但由于一般均衡理论中的效用函数为"序数效用"水平，故在原有居民效用中减去特定浓度下的常数值并不能改变一般均衡模型最优解的数值。为此，本书中将居民支付意愿的数值从居民总收入中予以扣除，并以此衡量空气质量改善对于居民福利水平所产生的正面影响，这一影响主要是通过改变居民的可支配收入予以实现的。

为了将"居民效用函数"影响机制引入到 EEH-DCGE 模型之中，首先需要计算全社会对于特定空气污染物浓度的支付水平。这一计算需要考虑各个年份的人口总数、家庭规模、户均支付水平等变量。关于社会总体支付水平的计算方程如下所示：

$$
\begin{aligned}
Population\_Base \times (\,&1 + pop_t - Mortality\_XNXG_t - Mortality\_HXXT_t \\
&- Mortality\_FA_t + Mortality\_XNXG\_Base + Mortality\_HXXT\_Base \\
&+ Mortality\_FA\_Base\,) \times \frac{WTP}{Size\_Family}
\end{aligned} \qquad (4-8)
$$

其中，pop_t 为外生人口增长速度，$Mortality\_XNXG_t$、$Mortality\_HXXT_t$、$Mortality\_FA_t$ 分别为 t 期心脑血管疾病、呼吸系统疾病及肺癌的死亡率水平，

Mortality_XNXG_Base、*Mortality_HXXT_Base*、*Mortality_FA_Base* 为上述三类疾病的基准死亡率水平，以上指标的含义与 EEH-DCGE 基准模型的各项指标含义一致，表征了考虑"空气质量改善减少提早死亡人数"基准影响机制下的人口增长速度。与此同时，*Population_Base* 为基期 2012 年的总体人口数量，*Size_Family* 为我国家庭的户均人口规模，支付意愿（Willingness to Pay，*WTP*）表征了每户家庭对于空气污染物治理的支付意愿水平。

在计算了全社会特定空气污染物浓度水平下的整体支付意愿后，需要将上述支付意愿与空气污染物的浓度水平之间建立合理关系。总体而言，污染物浓度水平越高，居民对于空气污染治理的意愿则越为强烈，反之亦然。为此，可首先计算单位空气污染物浓度下的支付意愿水平，再与各个年份的空气污染物浓度相乘，即可得到不同年份居民部门对于空气污染治理的总体支付意愿。故应在所计算的社会总体支付水平的基础之上，乘以下述关系式：

$$\frac{PM_{2.5t} - PM_{2.5}\_Base\_CN}{PM_{2.5}\_Survey - PM_{2.5}\_Base\_CN} \qquad (4-9)$$

其中，$PM_{2.5t}$ 为 t 期空气污染物的浓度水平，$PM_{2.5}\_Survey$ 为问卷调查年份的 $PM_{2.5}$ 浓度值，$PM_{2.5}\_Base\_CN$ 为我国所制定的 $PM_{2.5}$ 准则值，在此标准之下居民便不再有意愿支付相关减排费用。最终得到的居民部门对于各个年份空气污染治理的支付意愿表达式如下所示：

$$
\begin{aligned}
YH\_Pollution_t = {} & Population\_Base \times (1 + pop_t - Mortality\_XNXG_t \\
& - Mortality\_HXXT_t - Mortality\_FA_t \\
& + Mortality\_XNXG\_Base + Mortality\_HXXT\_Base \\
& + Mortality\_FA\_Base) \\
& \times \frac{WTP}{Size\_Family} \times \frac{PM_{2.5t} - PM_{2.5}\_Base\_CN}{PM_{2.5}\_Survey - PM_{2.5}\_Base\_CN} \quad (4-10)
\end{aligned}
$$

其中，$YH\_Pollution_t$ 为 t 期居民部门对于空气污染治理的总体支付意愿，其余各变量的含义如前所示。上述方程中的部分变量已在 EEH-DCGE 基准模型中的数据来源及估算部分予以介绍，而有关"居民效用函数"影响机制所全新引入的各变量数值及其估算方法将在下一节予以详述。

二、数据来源与参数估算

在引入"居民效用函数"影响机制的 EEH-DCGE 模型之中，有关居民部门对于各个年份空气污染治理总体支付意愿的计算方程，$Population\_Base$、$Size\_Family$、WTP、$PM_{2.5}\_Survey$、$PM_{2.5}\_Base\_CN$ 等参数的数值尚未确定，需通过各类统计数据和已有研究工作，确定并计算上述全部参数的具体数值。

表 4-4 全国总人口数及家庭规模

参数名称	参数含义	参数数值
Population_Base	全国总人口数（2012 年，万人）	135404
Size_Family	家庭规模（第六次人口普查，人/户）	3.1

资料来源：国家统计局。

表 4-4 中给出了 2012 年全国总人口数及第六次人口普查中我国的家庭规模数据。其中，"全国总人口数"来自国家统计局公布的年度数据中的"总人口"指标，EEH-DCGE 模型以 2012 年为基期开始迭代，故将 2012 年的全国总人口数据作为计算后续人口数量和家庭个数的基础数据。"家庭规模"指标直接取自 2010 年所开展的第六次人口普查数据，截至目前我国分别在 1953 年、1964 年、1982 年、1990 年、2000 年、2010 年和 2020 年共开展过七次人口普查工作，本书选择距模型基期年份最近的 2010 年数据作为衡量经济中家庭规模的参考指标。

居民对于空气污染治理的支付意愿（WTP）直接取自邹燚（2015）的相关研究工作。此项研究工作中，作者通过设计调查问卷的方式，直接询问被调查者由于雾霾所带来的各类经济损失，具体包括：疾病所带来的额外医药费用支出、应对雾霾所采取防护措施所带来的额外支出、航班和车辆出行等交通不便所带来的额外损失以及因雾霾而造成车祸所带来的额外损失等多个方面。该项调查中共面向全国发放了 3000 份问卷，受访区域覆盖了我国 32 个省、自治区和直辖市，剔除回答不完整、拒绝回答和抗议性问卷之后，回收的有效问卷为 2049 份。此次问卷调查的覆盖区域广、样本数量大，对于评估居民部门针对空气污染治理的支付意愿具有重要的参考价值。该项研究的结果表明，从支付意愿来看，全国家庭未来 5 年每年愿意支付的治理费用为 480.88 元/户。因此，本书将这一数值作为 EEH-DCGE 模型中衡量居民支付意愿水平的定量指标。

表 4 – 5   问卷调查年份 PM$_{2.5}$ 浓度值及中国 PM$_{2.5}$ 准则值

参数名称	参数含义	参数数值（微克/立方米）
PM25_Survey	问卷调查年份的 PM$_{2.5}$ 浓度值	84.98
PM25_Base_CN	中国 PM$_{2.5}$ 准则值	35

资料来源：邹骁（2015）、环境空气质量标准（GB3095—2012）。

表 4 – 5 中给出了问卷调查年份的 PM$_{2.5}$ 浓度值及我国的 PM$_{2.5}$ 准则值。首先，此次问卷调查工作在 2013 年 1 ~ 2 月期间展开，因此被调查者关于雾霾相关问题的看法和评价主要基于其 2012 年的观察和体验，故选择 2012 年 EEH-DCGE 基准模型的 PM$_{2.5}$ 浓度值作为参数 PM25_Survey 的实际数值。其次，自 2016 年 1 月 1 日起，我国开始执行新的环境空气质量标准（GB 3095—2012），在该标准中所给出的 PM$_{2.5}$ 浓度限值中，一类区的年均浓度限值为 15 微克/立方米，二类区的年均浓度限值为 35 微克/立方米，其中一类区为自然保护区、风景名胜区和其他需要特殊保护的区域，二类区为居住区、商业交通居民混合区、文化区、工业区和农村地区，故本书选择二类区的 35 微克/立方米作为模型的 PM$_{2.5}$ 准则值。

三、空气质量改善各类影响的量化评估：引入"居民效用函数"影响机制

（一）福利影响：社会福利水平

图 4 – 15 中给出了 2012 ~ 2030 年引入"居民效用函数"影响机制的 EEH-DCGE 模型与未考虑空气污染影响的 DCGE 模型中社会福利水平的变化情况。其总体特征与名义 GDP 指标的变化情况基本一致。首先，各个空气污染物基准浓度下的社会福利水平均呈现了总体增长的态势。2012 年 35 微克/立方米、25 微克/立方米、15 微克/立方米及 10 微克/立方米四种标准下的社会福利水平均为 198536.8 亿元，之后总体福利水平便开始逐年增

加，模型预测结果显示 2030 年四种标准下的社会福利水平已分别达到了
675772.9 亿元、667984.1 亿元、658861.0 亿元及 653732.0 亿元，相对于
初期分别增长了 2.40 倍、2.36 倍、2.32 倍及 2.29 倍，年均复合增长率分
别达到了 7.04%、6.97%、6.89% 及 6.84%，高于同一时期的名义 GDP
增速。其次，福利水平相对于理想状况下未考虑空气污染影响的 DCGE 模
型而言有所降低，且偏低的幅度相对于 EEH-DCGE 基准模型而言有所扩
大，意味着空气质量改善通过"居民效用函数"影响机制同样可进一步提
升社会总体福利水平。

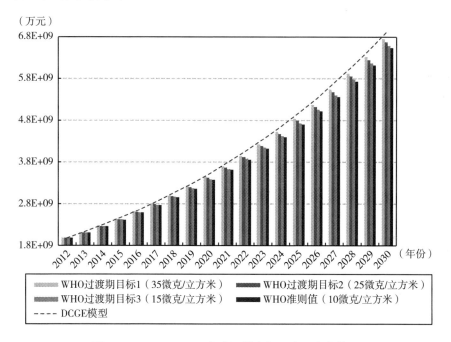

图 4 – 15 2012 ~ 2030 年中国社会福利水平变化情况

图 4 – 16 中给出了 2013 ~ 2030 年引入"居民效用函数"影响机制的
EEH-DCGE 模型与 EEH-DCGE 基准模型之间社会福利水平差值的变化情
况，以反映"居民效用函数"影响机制对于社会福利状况的边际贡献。由
图 4 – 16 可以看到，引入"居民效用函数"影响机制后，社会福利水平相
较于 EEH-DCGE 基准模型而言有所减少。2013 年初期 35 微克/立方米、25
微克/立方米、15 微克/立方米及 10 微克/立方米四种标准下的差值水平分别
为 – 1110.9 亿元、– 1109.5 亿元、– 1107.8 亿元及 – 1106.8 亿元，之后差

值开始逐年缩小，模型预测结果显示2030年四种标准下的差值水平分别达到了 -9.6 亿元、-18.7 亿元、-29.5 亿元及 -35.7 亿元，使得该年份引入"居民效用函数"影响机制的 EEH-DCGE 模型与 EEH-DCGE 基准模型之间社会的总体福利水平基本持平。值得注意的是，"居民效用函数"影响机制对于社会福利影响的量值水平与"有效劳动供给时间"影响机制基本相仿，均显著低于"空气质量改善减少提早死亡人数"及"劳动生产率"两类机制的影响效果。与此同时，各种空气污染物基准浓度之间的差距并不明显。

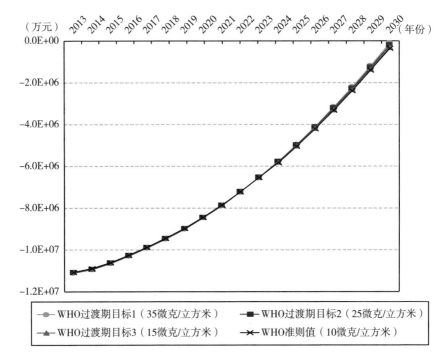

图 4-16　2013～2030 年引入"居民效用函数"影响机制的 EEH-DCGE 模型与 EEH-DCGE 基准模型社会福利水平差值的变化情况

（二）经济影响：GDP

图 4-17 中给出了 2012～2030 年引入"居民效用函数"影响机制的 EEH-DCGE 模型与理想状况下未考虑空气污染影响的 DCGE 模型中我国名义 GDP 的变化情况。首先，由图 4-17 可以清晰地看到，模型中名义 GDP 的水平总体上呈现了逐年增长的态势。2012 年 35 微克/立方米、25 微克/

立方米、15 微克/立方米及 10 微克/立方米四种标准下的名义 GDP 数值均为 539584.1 亿元，之后逐年上升，模型预测结果显示 2030 年四种标准下的名义 GDP 水平分别达到了 1504568.1 亿元、1496794.4 亿元、1487689.0 亿元及 1482570.0 亿元，增长幅度依次为 1.79 倍、1.77 倍、1.76 倍及 1.75 倍，年均复合增长率分别为 5.86%、5.83%、5.80% 及 5.78%。可以发现，初期引入"居民效用函数"影响机制的 EEH-DCGE 模型与 DCGE 模型之间的差距相较 EEH-DCGE 基准模型而言略有增加。这一影响主要是由于初期空气污染物浓度较高时，居民对于空气污染治理的支付意愿也相对较高，从而压缩了其用于购买和享受其他商品和服务的可支配收入水平。其次，随着空气污染物基准浓度选择标准的不同，各标准之间的名义 GDP 水平存在着一定的差异，但是这种差异并不显著。

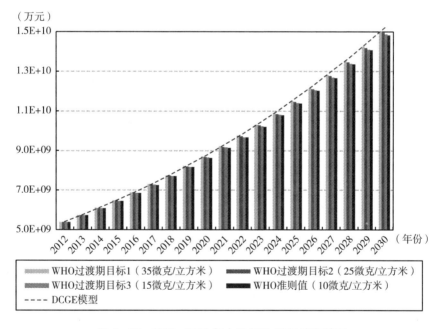

图 4 - 17　2012 ~ 2030 年中国名义 GDP 变化情况

图 4 - 18 中给出了 2013 ~ 2030 年引入"居民效用函数"影响机制的 EEH-DCGE 模型与 EEH-DCGE 基准模型之间名义 GDP 差值的变化情况，以反映"居民效用函数"影响机制对于经济增长的边际贡献。可以看到，引入"居民效用函数"影响机制之后，名义 GDP 水平较 EEH-DCGE 基准

模型而言出现了负向的偏差。这一偏差于初期 2013 年最为显著，之后逐年下降，这与初期空气污染物浓度较高时居民支付意愿水平相对较高，之后随着空气污染物浓度水平的不断下降居民支付意愿也随之调整密切相关。2013 年 35 微克/立方米、25 微克/立方米、15 微克/立方米及 10 微克/立方米四种标准下这一差值的水平依次为 −1111.1 亿元、−1109.7 亿元、−1108.0 亿元及 −1107.0 亿元，之后该差值逐年缩小，模型预测结果显示 2030 年分别达到了 −9.4 亿元、−18.5 亿元、−29.3 亿元及 −35.4 亿元，导致 2030 年引入"居民效用函数"影响机制的 EEH-DCGE 模型与 EEH-DCGE 基准模型的输出结果基本保持一致。该影响机制的量值水平与"有效劳动供给时间"的影响幅度基本相似，均显著低于"空气质量改善减少提早死亡人数"和"劳动生产率"两类影响机制的贡献。与此同时，我们还可以看到，各种空气污染物基准浓度之间虽然存在着一定的差异，但是这种差异均不显著，这是由于"居民效用函数"影响机制主要作用于居民的总体收入和支出水平，与基准浓度选择标准之间并不存在直接关系。

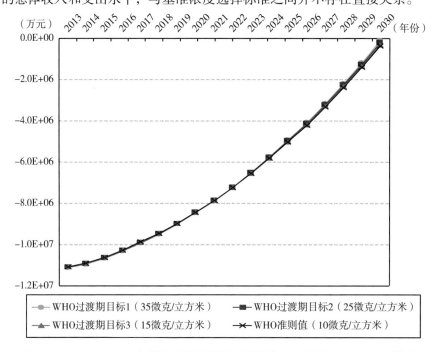

图 4 − 18　2013 ~ 2030 年引入"居民效用函数"影响机制的 EEH-DCGE 模型
与 EEH-DCGE 基准模型名义 GDP 差值的变化情况

（三）环境影响：空气污染物浓度

图 4 – 19 中给出了 2012 ～ 2030 年引入"居民效用函数"影响机制后四种空气污染物基准浓度下我国 $PM_{2.5}$ 年均浓度值的变化情况。首先，由图 4 – 19 可以看到，相对于 EEH-DCGE 基准模型而言，$PM_{2.5}$ 年均浓度值依然保持了总体下降的趋势，同时下降的幅度及速度也基本持平。2012 年 35 微克/立方米、25 微克/立方米、15 微克/立方米及 10 微克/立方米四种标准下的 $PM_{2.5}$ 浓度水平均为 84.98 微克/立方米，之后便开始逐年递减，模型预测结果显示 2030 年四种标准下的 $PM_{2.5}$ 年均浓度值分别达到了 29.71 微克/立方米、30.33 微克/立方米、31.06 微克/立方米及 31.47 微克/立方米，相对于初期 2012 年依次下降了 65.04%、64.31%、63.45% 及 62.97%。其次，引入"居民效用函数"影响机制后的 EEH-DCGE 模型与 EEH-DCGE 基准模型之间在空气污染物浓度方面相差无几，2012 ～ 2030 年的差值水平最多不超过 0.1 微克/立方米。

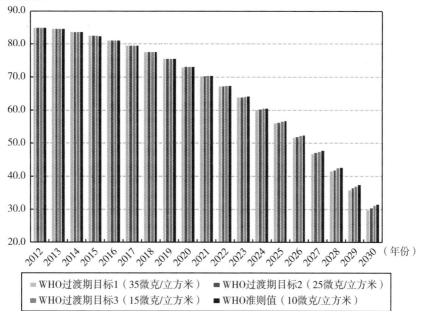

图 4 – 19　2012 ～ 2030 年四种基准浓度下的中国 $PM_{2.5}$ 年均浓度值变化情况

（四）健康影响：空气污染治理支付意愿

事实上，空气污染对于经济系统的作用主要通过影响和改变居民的健康状况和福利水平予以实现，而有关福利水平损失的衡量主要通过居民对于空气污染治理的支付意愿予以体现。穆泉和张世秋（2013）、邹嵚（2015）等的研究工作中均表明，在雾霾所带来的各项损失之中，疾病所造成的损失贡献最大，同时在全部支付意愿中占比也最高。因此本节中将根据居民对于空气污染治理的支付意愿来衡量空气污染对于健康领域所造成的影响程度。

图 4 - 20 中给出了 2013～2030 年四种空气污染物基准浓度下居民对于空气污染治理支付意愿的变化情况。由图 4 - 20 可以清晰地看到，总体而言居民对于空气污染治理的支付意愿呈现逐年下降的趋势。2013 年 35 微克/立方米、25 微克/立方米、15 微克/立方米及 10 微克/立方米四种标准下的支付意愿水平依次为 2101.8 亿元、2098.9 亿元、2095.4 亿元及 2093.4 亿元，之后开始逐年下降，模型预测结果显示 2030 年四种标准下

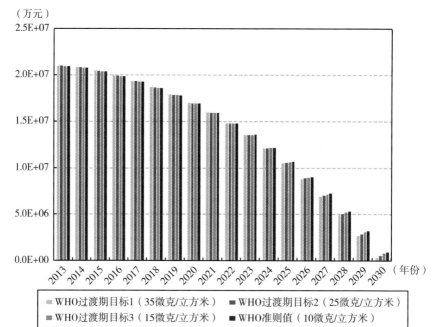

图 4 - 20　2013～2030 年四种基准浓度下空气污染治理支付意愿的变化情况

的居民支付意愿已分别降至 33.9、55.6、81.2 及 95.6 亿元，下降幅度分别达到了 98.4%、97.4%、96.1% 及 95.4%。居民对于空气污染治理的支付意愿之所以产生如此大幅度的下降，主要得益于这一阶段空气污染物浓度水平的显著降低。与此同时，还可以看到，各个标准下的支付意愿水平存在着一定程度的差异，但是这一差异的量值水平相对于总体福利状况和收入水平而言基本可以忽略不计。

第四节　本章小结

　　本章通过"空气质量改善减少提早死亡人数"影响机制的有效引入，完成了 EEH-DCGE 基准模型的构建，从而建立起了空气污染对于经济系统内生化、动态化的影响途径。事实上，空气污染对于经济系统的影响机制不仅局限于上述单一途径，其还可以通过改变有效劳动供给时间、劳动生产率、居民效用函数等方式对经济的总体发展及其结构特征产生相应影响。即在 EEH-DCGE 基准模型的基础之上，通过引入多种可能的空气污染影响机制，对原有模型进行了完善和丰富。与此同时，通过将各类可能影响机制引入后的模型输出结果与 EEH-DCGE 基准模型的相关结果进行比较分析，本章中系统评估了各类可能影响机制对于福利、经济、环境及健康领域所造成的边际影响效果。

　　第一节中完成了"有效劳动供给时间"影响机制的设计及引入。通过"暴露—响应"函数建立起了污染物浓度值与空气污染密切相关的心脑血管和呼吸系统疾病住院率之间的定量关系，同时结合各类疾病的平均住院天数和年平均工作天数，最终完成了空气污染物对于社会有效劳动供给时间影响机制的构建。通过与 EEH-DCGE 基准模型进行差值比较，本书对"有效劳动供给时间"影响机制的边际贡献进行了评估。在福利影响和经济影响方面，"有效劳动供给时间"影响机制的引入进一步加速了空气质量改善对于社会福利水平及 GDP 的正面影响，且该加速同样具有"累积效应"，但该机制对于二者正面影响的量值水平最多仅达到 899.9 亿元和898.1 亿元，占各自总量的比例分别为 0.14% 和 0.061%，远低于"空气质量改善减少提早死亡人数"影响机制的贡献。在环境影响方面,"有效劳动供给时间"影响机制的引入并没有对空气污染物的浓度水平造成显著影响,二者之间的差值水平在 2012~2030 年最多不超过 0.1 微克/立方米,相较于各自的基准浓度水平而言基本可以忽略不计。在健康影响方面,初期由于污染物的浓度水平较高,两类疾病的住院率水平均显著高于同期的基准住院率水平,之后随着污染物浓度的不断下降,各类疾病的住院率水平也随之向下调整,模型预测结果显示 2030 年各基准浓度标准下的住院率水平已基本回归至基准住院率水平。

第二节中完成了"劳动生产率"影响机制的设计及引入。通过环境经济领域的已有研究工作,建立起了空气污染物浓度与劳动生产率之间的定量关系,并最终影响了经济系统之中的有效劳动供给水平。通过与 EEH-DCGE 基准模型进行差值比较,对"劳动生产率"影响机制的边际贡献进行了评估。在福利影响和经济影响方面,"劳动生产率"影响机制的引入与前两种影响方式取得了截然不同的效果,该机制使得社会福利水平和 GDP 实现了持续增长,且这一增长随着时间的推移不断扩大并呈现出加速态势,社会福利水平及名义 GDP 相对于 EEH-DCGE 基准模型的正向偏差最多可以达到 19983.5 亿元和 19949.9 亿元,显著高于"有效劳动供给时间"影响机制,与基准模型中的"空气质量改善减少提早死亡人数"影响机制达到同一量级。在环境影响方面,引入"劳动生产率"影响机制后的 EEH-DCGE 模型与 EEH-DCGE 基准模型之间差值的量值水平相对较小,2012~2030 年最多不超过 1.6 微克/立方米,相较于各自的原始浓度水平而言基本可以忽略不计。在健康影响方面,"劳动生产率"影响机制对于全社会的劳动供给水平具有显著的促进作用,其与 EEH-DCGE 基准模型之间的差值随着时间的推移不断增加且呈现加速趋势,存在着显著的"累积效应"。

第三节中完成了"居民效用函数"影响机制的设计及引入。以居民对于空气污染治理的支付意愿衡量空气污染对于居民效用函数的影响程度,而居民支付意愿的调整又进一步影响了家庭部门的可支配收入水平,并最终对整个经济系统产生一系列影响。通过与 EEH-DCGE 基准模型进行差值比较,本书对"居民效用函数"影响机制的边际贡献进行了评估。在福利影响和经济影响方面，引入"居民效用函数"影响机制之后，社会福利水平及 GDP 较 EEH-DCGE 基准模型而言出现了负向偏差，且这种偏差与"空气质量改善减少提早死亡人数"和"有效劳动供给时间"两种负向影响机制的变化特征有所差异，该机制在初期所造成的负向影响最为显著，之后随着空气污染物浓度的不断下降，居民对于空气污染治理的支付意愿也随之下降。其对于名义社会福利水平及 GDP 所造成的负向偏差最多可以达到 1110.9 亿元和 1111.1 亿元，与"有效劳动供给时间"的影响幅度基本相似，均显著低于"空气质量改善减少提早死亡人数"和"劳动生产率"两类影响机制的贡献。在环境影响方面，引入"居民效用函数"影响机制后的 EEH-DCGE 模型与 EEH-DCGE 基准模型之间在空气污染物浓度方面相差无几，2012～2030 年的差值水平最多不超过 0.1 微克/立方米。在健康影响方面，随着时间的推移空气污染物的浓度水平不断下降，由此引发了居民对于空气污染治理的支付意愿产生了最多高达 98.4% 的大幅度下降。

至此，本书中目前已相继设计并引入了"空气质量改善减少提早死亡人数""有效劳动供给时间""劳动生产率"及"居民效用函数"四类影响机制，描述了空气质量改善对于经济系统影响的多种方式及途径。根据本章分析可以看到，四种影响机制的作用效果和影响的具体量值水平均存在一定差异。总体而言，"空气质量改善减少提早死亡人数""有效劳动供给时间"及"居民效用函数"三类影响机制下空气质量改善对于社会福利水平和经济总量均产生了正面影响，而"劳动生产率"机制下空气质量改善同样引起了上述两类总量指标的增加。有关四类影响机制的详细对比及分析将在第五章中进行，并通过四类影响机制的引入，在 EEH-DCGE 基准模型的基础之上完成 EEH-DCGE 综合模型的构建，同时利用该模型对我国空气污染所产生的各类影响进行系统性的分析和评估。

中国空气污染经济影响的量化评估：基于 EEH-DCGE 综合模型

第一节　EEH-DCGE 综合模型的构建

一、空气污染四类影响机制的分析和比较

截至目前，本书已完成 EEH-DCGE 基准模型的构建，基准模型共包含经济模块、环境模块和健康模块三个部分，通过"空气质量改善→因空气污染提早死亡人数减少→全社会劳动供给增加→经济发展加快"这一基准影响途径，实现了空气污染与经济系统之间作用机制的内生化、动态化，使定量评估空气污染对于我国经济系统所造成的各方面影响成为可能。

不仅如此，在 EEH-DCGE 基准模型的基础之上，本书通过逐一引入"有效劳动供给时间""劳动生产率"和"居民效用函数"三类影响机制，极大地丰富和完善了空气污染对于经济系统影响的多种作用方式和渠道，使模型在刻画空气污染与经济发展之间的耦合作用关系方面变得更为准确和全面。

如前所述，本书目前已设计并依次单独引入了"空气质量改善减少提早死亡人数""有效劳动供给时间""劳动生产率"和"居民效用函数"

四类影响机制，并依次针对四类影响机制对于经济系统的边际作用效果进行了分析和评估。评估的结果表明，四类机制对于经济系统的影响方式和量值水平均存在着显著差异，分别衡量了不同作用方式及渠道在经济与环境两种模块之间的实际传导机制和影响程度。

事实上，系统评估空气污染对于经济宏观及微观影响的各个方面，不能仅考虑某一机制的作用及影响，需要将各类影响机制全部纳入模型的考察范畴之内。为此，需要将每一影响机制的作用效果和量值水平进行横向比较及分析，从而总结出各类影响机制的作用特征与相对重要程度，为构建涵盖全部四类影响机制的 EEH-DCGE 综合模型打下坚实基础，并最终利用这一模型系统的评估和分析空气污染对于我国经济影响的各个方面。

表 5 - 1 中梳理了"空气质量改善减少提早死亡人数""有效劳动供给时间""劳动生产率"及"居民效用函数"四类影响机制对于福利、经济、环境及健康领域独立的、边际的影响效果。其中，福利影响和经济影响方面主要考察了社会福利水平及 GDP 两项总量指标，环境影响方面则重点关注了 $PM_{2.5}$ 浓度值的变化情况，健康影响方面根据各类机制作用方式和渠道的不同分别选择了死亡率、住院率、劳动供给及空气污染治理支付意愿四类指标。有关各个指标的基准水平和模型的具体响应结果详见表 5 - 1。

表 5 - 1　　　　空气污染四类影响机制的分析和对比

编号	影响机制	福利影响	经济影响	环境影响	健康影响
		社会福利水平（DCGE：6.95 E +09）	GDP（DCGE：1.52 E +10）	$PM_{2.5}$浓度（微克/立方米）	
1	空气质量改善减少提早死亡人数	- 4.09 E +08	- 4.08 E +08	31.47	心脑血管疾病：907.7（基准：253.7/10 万人）呼吸系统疾病：130.6（基准：89.8/10 万人）肺癌：184.8（基准：45.8/10 万人）

续表

编号	影响机制	福利影响	经济影响	环境影响	健康影响
		社会福利水平 （DCGE： 6.95 E+09）	GDP （DCGE： 1.52 E+10）	PM$_{2.5}$浓度 （微克/立方米）	
2	有效劳动供给时间	-9.00 E+06	-8.98 E+06	31.54	心脑血管疾病：0.0227 （基准：0.0204） 呼吸系统疾病：0.0153 （基准：0.0133）
3	劳动生产率	+2.00 E+08	+1.99 E+08	29.99	劳动供给： +1.20 E+08 （基准模型：2.50 E+09）
4	居民效用函数	-1.11 E+07	-1.11 E+07	31.47	空气污染治理支付意愿： 2.10 E+07

根据表5-1的相关数据，可以看到："空气质量改善减少提早死亡人数""有效劳动供给时间""劳动生产率"和"居民效用函数"四类影响机制之中，"空气质量改善减少提早死亡人数""有效劳动供给时间"和"居民效用函数"三类机制下空气污染对于总量指标社会福利水平和GDP均起到了负向的影响作用，意味着空气质量改善对于上述指标将起到正向提振作用，而"劳动生产率"机制由于直接与空气质量改善相关，对于上述两项指标存在着正向的影响效果。

其中，理想状况下未考虑空气污染影响的DCGE模型所模拟的2030年名义GDP规模为1.52×10^{10}万元，而"空气质量改善减少提早死亡人数""有效劳动供给时间"和"居民效用函数"三类机制下空气质量改善所导致名义GDP增量的最大值分别为4.08×10^8万元、8.98×10^6万元及1.11×10^7万元，占2030年名义GDP基准规模的比例依次为2.68%、0.059%和0.073%。可以看到，空气质量改善的正向影响之中"空气质量改善减少提早死亡人数"机制占据了绝对的主导地位，相较于其余两类影响机制而言高出了1~2个量级的水平。

与此同时，空气质量改善各类正向影响机制对于社会福利水平所带来的提升比例更为显著。2030年理想状况下未考虑空气污染影响的DCGE模型所模拟的社会福利水平为 6.95×10^9 万元，而由于"空气质量改善减少提早死亡人数""有效劳动供给时间"及"居民效用函数"三类机制作用下空气质量改善所导致的社会福利增加的最大值依次达到了 4.09×10^8 万元、9.00×10^6 万元及 1.11×10^7 万元，占 2030 年基准福利水平的比例分别为 5.88%、0.13% 及 0.16%。

在四类影响机制之中，"劳动生产率"机制由于直接与空气质量的改善相关，对总量经济指标存在着明显的正向影响，且其影响的量值水平与上述影响机制中占据主导地位的"空气质量改善减少提早死亡人数"机制达到了相同的量级。2030 年由"劳动生产率"机制所引发的名义 GDP 和社会福利水平的增加量分别为 1.99×10^8 万元和 2.00×10^8 万元，占各自 2030 年基准水平的比例依次为 1.31% 和 2.88%。

值得注意的是，"空气质量改善减少提早死亡人数""有效劳动供给时间""劳动生产率"三类影响机制存在着明显的"累积效应"，即随着时间的不断推移，三类机制所导致的经济偏差将逐年增加，并将于 2030 年达到最大。与之相反的是，"居民效用函数"影响机制由于与空气污染物浓度密切相关，因此在初期 2012 年时所造成的负面损失最为显著，之后随着环境的不断改善以及空气污染物浓度的逐年下降，由该机制所导致的负向偏差将不断缩小，至 2030 年将达到最小。了解各类影响机制所致偏差随时间的变化规律，将在后续利用 EEH-DCGE 综合模型系统分析及评估空气污染对于经济领域所致各类影响的变化特征方面起到重要作用。

还可以看到，各类影响机制对于环境领域 $PM_{2.5}$ 浓度的影响并不显著。四类机制下 $PM_{2.5}$ 浓度值依次为 31.47 微克/立方米、31.54 微克/立方米、29.99 微克/立方米、31.47 微克/立方米，四者之间的差值最多不超过 2 微克/立方米，占四者浓度的比值均在 6% 以内。健康领域中，随着各类影响机制的作用方式不同，所选取的相关健康指标亦有所差异，模型响应结果相对于基准水平而言均有不同程度的偏差，并最终体现在了各类经济指标的变化之中。

二、EEH-DCGE 综合模型的结构设计

通过已经引入的"空气质量改善减少提早死亡人数""有效劳动供给

时间"、"劳动生产率"和"居民效用函数"四类影响机制进行分析及对比，梳理了各类影响机制的作用效果和量值水平。本节中将把四类空气污染对于经济系统的影响机制统一纳入到模型的考察范畴之中，在 EEH-DCGE 基准模型的基础之上，完成 EEH-DCGE 综合模型的构建，并将其作为本书系统评估我国空气污染对于经济各方面影响的数量工具，同时将其应用到后续各类空气污染治理政策的分析和评估工作之中。

图 5－1 中给出了 EEH-DCGE 综合模型的结构示意图。初期利用 2012 年中国宏观社会核算矩阵（SAM）对经济模块中 DCGE 模型内的各项参数和经济变量进行校准，从而为后续模型的构建和运行提供相应的数据基础。经济模块中的 DCGE 模型经运行后将各个行业的产出水平和增加值数据传递给环境模块，环境模块中的空气污染排放方程在得到相关经济数据后计算得到环境中的污染物浓度值。环境模块中计算得到的空气污染物浓度将主要通过四种途径影响下一期的相关经济变量，并最终对宏、微观经济产生内生的、动态的影响效果。

首先，空气质量改善将通过"暴露—响应"函数影响下一期的死亡率水平，并进一步影响下一期的劳动供给，此为上面所提到的第一类影响机制，即"空气质量改善减少提早死亡人数"机制。其次，空气污染还能够通过"暴露—响应"函数影响下一期的住院率水平，从而改变经济系统中的有效劳动供给时间，并再次影响到下一期的实际劳动供给，此为上文中所提到的第二类影响机制，即"有效劳动供给时间"机制。再次，空气污染将通过生产率关系式，影响下一期的劳动生产率水平，并最终决定全社会的实际有效劳动供给状况，此为第三类影响机制，即"劳动生产率"机制。最后，环境污染还能够改变居民对于空气污染治理的支付意愿，并进一步影响到居民部门的可支配收入水平，此为上面所提到的第四类影响机制，即"居民效用函数"机制。

通过上述四类机制，上一期的空气污染物浓度水平将影响到下一期的劳动供给和居民的可支配收入，并作为重要的经济指标参与到下一期经济模块 DCGE 模型的计算之中。下一期 DCGE 模型输出的相关经济变量又作为影响因子参与到环境模块内空气污染排放方程的计算之中，并以此类推。通过上述结构设计，空气污染与经济系统之间的作用方式不再是外生

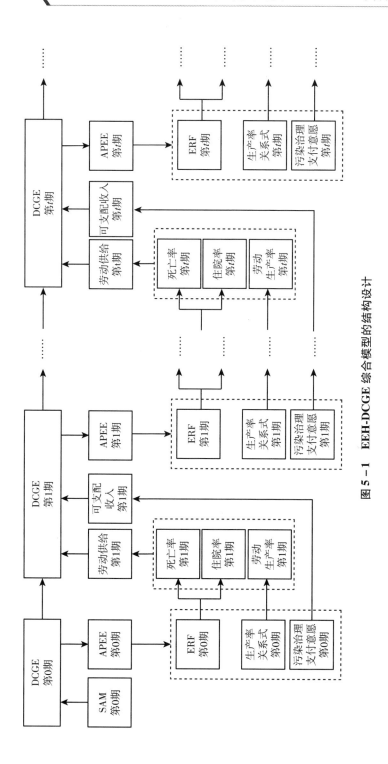

图 5 – 1 **EEH-DCGE** 综合模型的结构设计

的、静态的直接响应,而变成了内生的、动态的耦合架构,因此对于二者之间关系的描述和刻画更为准确及全面,以此作为数量模型所开展的相关分析和评估工作也具备更高的可信度及参考价值。

至此,本书已完成了 EEH-DCGE 综合模型的整体构建工作。接下来,利用这一模型,系统地评估和分析空气污染在福利、经济、环境和健康层面对于我国的具体影响效果和量值水平,并在最后两章开展相关治理政策的分析和评估工作。

第二节　空气质量改善对于社会福利的影响

社会福利水平表征了经济发展所带来的总体效用状况,是衡量经济发展水平的关键性指标之一,其重点关注了经济发展对于一国居民幸福程度和真实感受的提升,因此需分析空气污染对于社会福利水平所带来的相关影响。图 5-2 中给出了 2012~2030 年 EEH-DCGE 综合模型与理想状况下未考虑空气污染影响的 DCGE 模型中我国社会福利水平的变化情况。模型中的社会福利水平处于逐年增长的状态,且这种增长有逐渐加速的趋势。初期 2012 年 35 微克/立方米、25 微克/立方米、15 微克/立方米及 10 微克/立方米四种标准下的社会福利水平均为 198536.8 亿元,随后逐年上升,模型预测结果显示 2030 年四种标准下的社会福利水平分别达到了 695227.3 亿元、686732.1 亿元、676824.1 亿元及 671270.8 亿元,增长幅度依次为 2.50 倍、2.46 倍、2.41 倍及 2.38 倍,年均复合增长率分别为 7.21%、7.14%、7.05% 及 7.00%,高于同期名义 GDP 的增长速度。相对于未考虑环境因素的 DCGE 模型而言,将四类空气污染的影响机制纳入到模型的考察范畴之后,EEH-DCGE 综合模型的模拟结果整体上略有偏低,意味着空气质量的改善将使社会福利升至更好水平,且这种偏低的程度随着空气污染物基准浓度选择标准的不同而有所差异,整体特征与名义 GDP 指标的相关影响相似,但是其偏离幅度和占比均高于同期名义 GDP 的变化水平。

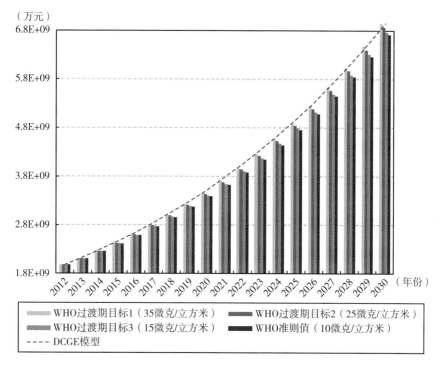

图 5 - 2　2012 ~ 2030 年中国社会福利水平变化情况

为了进一步考察空气质量改善对于社会福利水平所造成影响的变化情况，图 5 - 3 中给出了 2012 ~ 2030 年 EEH-DCGE 综合模型与理想状况下未考虑空气污染影响的 DCGE 模型之间社会福利水平差值的变化情况。结果显示，将空气质量改善的各类影响机制纳入模型的考察范畴之后，社会福利水平出现了与名义 GDP 相似的变化规律。初期社会福利的增量不断扩大，而后相继出现了差值的拐点，之后空气质量改善所带来的福利增量便开始不断收缩。2012 年 35 微克/立方米、25 微克/立方米、15 微克/立方米及 10 微克/立方米四种标准下的差值水平均为 0，随后差值逐年扩大，并分别于 2024 年、2026 年、2028 年和 2028 年达到了各自的极小值水平 - 8206.3 亿元、- 13155.0 亿元、- 20123.5 亿元和 - 24640.9 亿元，而后增量逐年缩减，2030 年各标准下的增量水平依次达到了 556.2 亿元、- 7939.1 亿元、- 17847.0 亿元和 - 23400.3 亿元，其中增量最大的 10 微克/立方米标准下的量值水平占到了当年社会总体福利水平的 3.37%，显著高于同期名义 GDP 的增量程度。这一结果表明，空气质量改善对于社会所造成的正面影响不仅局限于经济总量这一单一指标，其将通过各类机制和渠道对于社会的总体福利水平造成更为明显的提振。四支曲线之间的差异表明，空气污染物基准浓度的选择对于模型的响应结果存在着显著的影响，在最为严格的 10 微克/立方米标准之下，模型预测结果显示 2030 年福利的总体损失高达 23400.3 亿元，而同一时间 35 微克/立方米标准下的影响却使其增长了556.2 亿元，二者之间的差距极为明显。

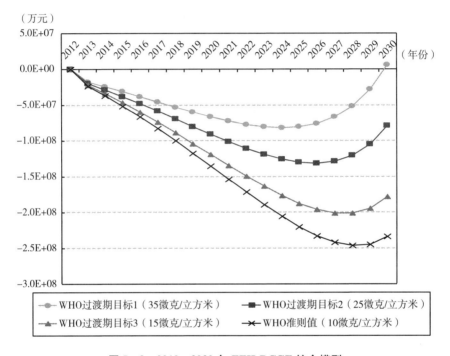

图 5 – 3　2012 ~ 2030 年 EEH-DCGE 综合模型
与 DCGE 模型社会福利水平差值的变化情况

第三节　空气质量改善对于经济领域的影响

一、GDP

GDP 作为衡量经济总体发展水平最为重要的指标之一，表征了某一时段一国范围内生产的所有最终产品和服务的市场价值，为此本书首先开展了空气质量改善对于 GDP 影响的相关分析工作。图 5 - 4 中给出了 2012 ~ 2030 年 EEH-DCGE 综合模型与理想状况下未考虑空气污染影响的 DCGE 模型中我国名义 GDP 水平的变化情况。模型中的名义 GDP 水平总体上呈现了逐年增长的态势。初期 2012 年 35 微克/立方米、25 微克/立方米、15 微克/立方米及 10 微克/立方米四种标准下的名义 GDP 数值均为 539584.1 亿元，之后便开始逐年上升，模型预测结果显示 2030 年四种标准下的名义 GDP 水平分别达到了 1523990.0 亿元、1515510.6 亿元、1505621.4 亿元和 1500078.7 亿元，增长幅度依次为 1.82 倍、1.81 倍、1.79 倍和 1.78 倍，年均复合增长率分别为 5.94%、5.91%、5.87% 和 5.85%。相对于未考虑环境因素的 DCGE 模型而言，将四类空气污染的影响机制纳入模型的考察范畴之后，EEH-DCGE 综合模型的模拟结果整体上略有偏低，意味着空气质量改善将使得 GDP 升至更高水平，且这种偏低的程度随着空气污染物基准浓度选择标准的不同而有所差异，标准的选择越为严格，偏低的幅度也越为明显，当选择标准逐渐放松之后，由于空气质量改善所带来的 GDP 增量也开始逐渐减小，有关这一变化的详细分析将在图 5 - 5 中予以详述。

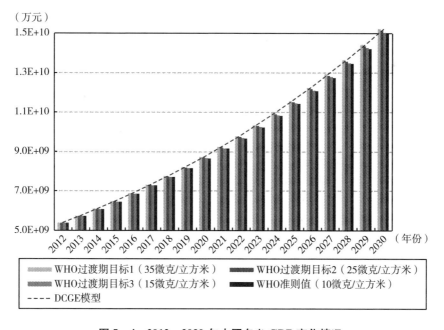

图 5 - 4   2012 ~ 2030 年中国名义 GDP 变化情况

　　图 5 - 5 中给出了 2012 ~ 2030 年 EEH-DCGE 综合模型与理想状况下未考虑空气污染影响的 DCGE 模型之间名义 GDP 差值的变化情况,以反映引入空气质量改善各类影响机制之后,经济总量增加状况的变化情况。由图中可以清晰地看到,将空气质量改善的各类影响机制纳入模型的考察范围之后,名义 GDP 水平较 DCGE 模型而言,初期出现了增量的不断扩大,而后分别于 2024 ~ 2028 年依次出现了差值的拐点,之后由于空气污染所造成的经济增量开始逐年减少。2012 年 35 微克/立方米、25 微克/立方米、15 微克/立方米及 10 微克/立方米四种标准下这一差值的水平均为 0,之后该差值便开始逐年扩大,并分别于 2024 年、2026 年、2028 年及 2028 年达到了各自的极小值水平 - 8193. 4 亿元、- 13131. 7 亿元、- 20084. 6 亿元及 -24593. 8 亿元,随后各个标准下的差值便开始逐年缩小,最终于 2030 年依次达到了 560. 7 亿元、- 7918. 7 亿元、- 17807. 9 亿元及 - 23350. 7 亿元,其中增量最大的 10 微克/立方米标准下的量值水平占到了当年全部 GDP 的比例达到了 1. 53% 。与此同时,我们还可以看到,空气污染物基准

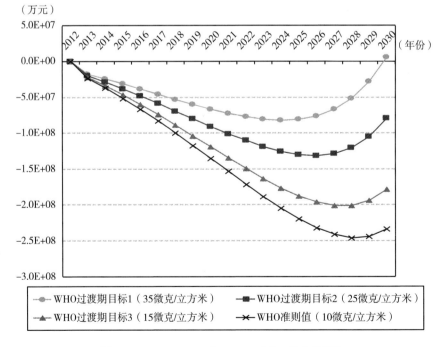

图 5 - 5　2012 ~ 2030 年 EEH-DCGE 综合模型与
DCGE 模型名义 GDP 差值的变化情况

浓度的选择对于结果存在着显著的影响，在最为严格的 10 微克/立方米标准之下，预测结果显示 2030 年这一增量超过 2 万亿元，而同一时间 35 微克/立方米标准下的影响甚至已由负转正，两者之间的差距高达 23911.3 亿元。

二、居民收入

居民收入表征了经济系统中居民部门的总体收入状况，是反映经济总量规模和居民生活质量的重要经济指标，居民通过劳动、资本收入，以及企业和政府的转移支付等渠道获取收入，并将其用于消费、纳税、储蓄等领域，在一定程度上反映了全社会的总体需求状况，具有重要参考价值。为此本书将在第二节中分析空气污染对于居民总体收入水平所带来的相关影响。图 5 - 6 中给出了 2012 ~ 2030 年 EEH-DCGE 综合模型与理想状况下未考虑空气污染影响的 DCGE 模型中我国居民收入水平的变化情况。结果表明，居民收入水平实现了逐年增长，且其增速随时间推移而有所增加。初期 2012 年 35 微克/立方米、25 微克/立方米、15 微克/立方米及 10 微克/立方米四种标准下的居民总体收入均为 335171.7 亿元，随后开始逐年攀升，模型预测结果显示 2030 年四种标准下的居民收入水平依次达到了 1173689.3 亿元、1159347.5 亿元、1142620.8 亿元及 1133245.7 亿元，增长幅度与社会福利水平基本一致，分别为 2.50 倍、2.46 倍、2.41 倍及 2.38 倍，高于同期名义 GDP 的增长速度。相对于未考虑环境因素的 DCGE 模型而言，将四类空气污染的影响机制纳入模型的考察范畴之后，EEH-DCGE 综合模型中出现了居民收入水平的下降，意味着空气质量的改善将提高居民整体收入水平，下降的水平与空气污染物基准浓度的选择标准密切相关，提升的幅度与社会福利水平基本一致，均高于同期名义 GDP 的增量比例。

为了进一步考察空气质量改善对于居民收入水平所造成的影响，图 5 - 7 中给出了 2012 ~ 2030 年 EEH-DCGE 综合模型与理想状况下未考虑空气污染影响的 DCGE 模型之间居民收入水平差值的变化情况。由图 5 - 7 中可以清晰地看到，将空气质量改善的各类影响机制纳入模型的考察范畴之后，

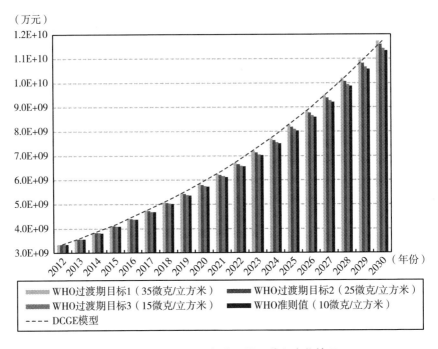

图 5 - 6　2012～2030 年中国居民收入变化情况

居民收入水平出现了与名义 GDP 和社会福利水平相似的变化规律。初期居民收入的增加不断提升，而后分别于 2024～2028 年依次出现了差值的拐点，居民收入的增加程度也逐渐出现了改善。2012 年 35 微克/立方米、25 微克/立方米、15 微克/立方米和 10 微克/立方米四种标准下的差值水平均为 0，随后居民收入的减少一直持续，并分别于 2024 年、2026 年、2028 年和 2028 年达到了各自的极小值水平 - 13854.0 亿元、- 22208.3 亿元、- 33972.7 亿元和 - 41598.9 亿元，而后各个差值水平开始逐渐缩小，2030 年各标准下的损失水平依次达到了 939.0 亿元、- 13402.8 亿元、- 30129.5亿元和 - 39594.6 亿元，其中增量最大的 10 微克/立方米标准下的量值水平占到了当年居民总体收入水平的 3.37%，与社会福利水平的增量比例基本持平，显著高于同期名义 GDP 的增加程度。由图 5 - 7 可以看到，各支曲线的形态与空气污染物基准浓度的选择之间存在着明显的关联，总体而言选择的标准越为严格，由于空气污染所造成的收入减少越为明显，在最为严格的 10 微克/立方米标准之下，2030 年居民收入的总体损失高达 39594.6 亿元，而同一时间 35 微克/立方米标准下的影响反而使其增长了 939.0 亿元，二者之间相差了 40443.6 亿元。

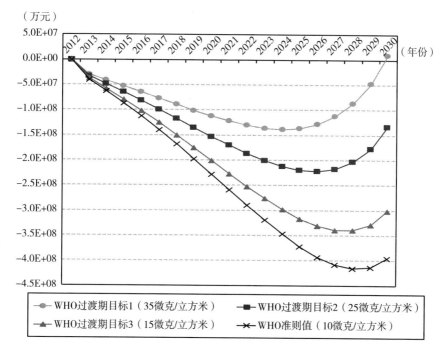

**图 5-7　2012～2030 年 EEH-DCGE 综合模型与
DCGE 模型居民收入差值的变化情况**

三、分行业产出状况

在考察了空气污染对于总体经济变量社会福利水平 GDP、及居民收入三项关键指标的影响之后，本书将利用 EEH-DCGE 综合模型考察空气污染对于产业结构的具体影响效果，即各不同行业产出水平的变化状况。相较于传统宏观计量模型而言，CGE 模型不仅能够考察各类经济变量及政策的变化对于总体经济的影响效果，其还能够探究各个行业产出和价格水平的变化情况，从而为更为准确地分析和评估各类因素变化的具体传导路径和作用方式提供重要参考价值。

表 5-2 中给出了 2015 年、2020 年、2025 年和 2030 年四个关键年份

EEH-DCGE 综合模型（10 微克/立方米）与未考虑空气污染影响的 DCGE 模型 19 个行业总体产出水平差值的变化情况。由表 5 - 2 中可以清晰地看到，四类空气污染影响机制的引入使得几乎全部行业均出现了产出水平的下降，意味着空气质量的提升将提振各个行业的产出水平，且空气污染对于各个行业的影响效果不尽相同。模型预测结果显示 2030 年空气污染对于"住宿和餐饮业""房地产业""居民服务、修理和其他服务业""教育""卫生和社会工作"以及"文化、体育和娱乐业"的影响最为显著，使行业的总体产出水平相对于未考虑空气污染影响的 DCGE 模型而言，下降的幅度均超过了 2%，其中对于"卫生和社会工作"的影响最为显著，损失比例高达 2.58%。与之相反的是，空气污染对于"建筑业""科学研究和技术服务业""水利、环境和公共设施管理业"以及"公共管理、社会保障和社会组织"的影响则要小得多，上述行业产出水平的下降幅度均不足 1%，其中空气污染对于建筑业的影响最不明显，对其产出水平所造成的损失仅为 0.07%。

表 5 - 2 　　　　EEH-DCGE 综合模型（10 微克/立方米）与
DCGE 模型分行业产出差值的变化情况　　　　单位：%

编号	行业名称	2015 年	2020 年	2025 年	2030 年
1	农、林、牧、渔业	- 0.98	- 1.85	- 2.22	- 1.77
2	采矿业	- 0.69	- 1.30	- 1.56	- 1.24
3	制造业	- 0.68	- 1.30	- 1.59	- 1.30
4	电力、热力、燃气及水的生产和供应业	- 0.88	- 1.67	- 2.01	- 1.62
5	建筑业	- 0.03	- 0.06	- 0.08	- 0.07
6	批发和零售业	- 0.89	- 1.68	- 2.00	- 1.59
7	交通运输、仓储和邮政业	- 0.74	- 1.42	- 1.73	- 1.40
8	住宿和餐饮业	- 1.37	- 2.60	- 3.11	- 2.46
9	信息传输、软件和信息技术服务业	- 0.77	- 1.48	- 1.81	- 1.47
10	金融业	- 0.96	- 1.84	- 2.23	- 1.80
11	房地产业	- 1.31	- 2.48	- 2.95	- 2.34
12	租赁和商务服务业	- 0.84	- 1.61	- 1.97	- 1.61
13	科学研究和技术服务业	- 0.28	- 0.56	- 0.74	- 0.64
14	水利、环境和公共设施管理业	- 0.32	- 0.71	- 0.99	- 0.90

续表

编号	行业名称	2015 年	2020 年	2025 年	2030 年
15	居民服务、修理和其他服务业	− 1.35	− 2.55	− 3.04	− 2.40
16	教育	− 0.82	− 1.89	− 2.59	− 2.25
17	卫生和社会工作	− 1.18	− 2.46	− 3.14	− 2.58
18	文化、体育和娱乐业	− 1.06	− 2.09	− 2.55	− 2.04
19	公共管理、社会保障和社会组织	− 0.09	− 0.24	− 0.38	− 0.38

资料来源：各年度数据均基于模型预测结果，下同。

为了更为清晰直观地考察空气质量改善对经济中各个行业产出水平的影响效果，图 5 − 8 中绘制了 EEH-DCGE 综合模型（10 微克/立方米）与理想状况下未考虑空气污染影响的 DCGE 模型 19 个行业总体产出水平差值的雷达图。由图 5 − 8 中可以清晰地看到，初期 2015 年空气污染对于各个行业所产生的负面冲击相对较小，之后随着时间的推移，空气污染的影响不断加剧，2020 年相较于 2015 年在各个行业的产出水平损失上存在着明显的扩大趋势，之后于 2025 年将进一步扩大，但这一阶段的增长幅度相较

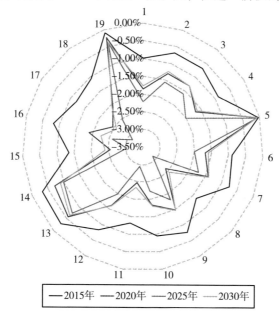

图 5 − 8　WHO 准则值（10 微克/立方米）标准下 EEH-DCGE
综合模型与 DCGE 模型分行业产出差值的变化情况

于之前已有显著回落，预测 2025 年之后产出水平的损失没有出现进一步扩大，反而有所收窄，与 2020 年基本达到了相似的水平，总体上与各总量经济指标一致，呈现出了先扩张后收缩的形态。与此同时，空气污染所造成影响的相对强弱也能够在图形中得以充分的体现，这一分布与表 5 - 2 中的结果相一致，故不再赘述。

四、商品及要素价格

事实上，空气质量改善不仅对经济中各个行业的总体产出水平产生影响，其同样能够通过供求关系的变化以及成本的调整影响经济中各类产品和要素的价格水平。表 5 - 3 中给出了 2015 年、2020 年、2025 年及 2030 年四个关键年份 EEH-DCGE 综合模型（10 微克/立方米）与理想状况下未考虑空气污染影响的 DCGE 模型 19 种商品及劳动、资本要素价格水平差值的变化情况。表 5 - 3 中的数据显示，与分行业总体产出水平不同的是，初期 2015 年各种商品及要素价格变化的方向和幅度均存在着较大差异，其中"农、林、牧、渔业""建筑业""住宿和餐饮业""水利、环境和公共设施管理业""居民服务、修理和其他服务业""教育""卫生和社会工作""公共管理、社会保障和社会组织"以及"要素—劳动"为正向的变化，即相对于 DCGE 模型而言价格有所上升，其余各个行业产品的价格则出现了不同程度的下降。随后各类商品及要素的价格出现了进一步的调整，模型预测结果显示 2030 年"农、林、牧、渔业""教育""公共管理、社会保障和社会组织"和"要素—劳动"的价格出现了较大幅度的上升，上升的比例依次为 0.96%、0.45%、0.35% 和 1.81%，其中劳动要素价格的上升幅度最为明显，这主要与纳入空气污染因素之后劳动力供给的不断损失密切相关。与此同时，预测 2030 年"批发和零售业""信息传输、软件和信息技术服务业""金融业""房地产业"和"要素—资本"的价格水平则出现了较大幅度的下降，下降的比例分别为 0.72%、0.57%、0.65%、0.95% 和 1.27%，其中资本要素价格的下降幅度最大，表明在生产过程之中资本要素的相对过剩使得其价格出现了较大幅度的调整。

表5–3　　　EEH-DCGE 综合模型（10 微克/立方米）与 DCGE
模型商品及要素价格差值的变化情况　　　单位：%

编号	行业名称	2015 年	2020 年	2025 年	2030 年
1	农、林、牧、渔业	0.30	0.69	1.01	0.96
2	采矿业	−0.03	−0.03	−0.01	0.02
3	制造业	−0.03	−0.02	0.03	0.07
4	电力、热力、燃气及水的生产和供应业	−0.11	−0.21	−0.24	−0.19
5	建筑业	0.02	0.07	0.12	0.13
6	批发和零售业	−0.18	−0.47	−0.73	−0.72
7	交通运输、仓储和邮政业	−0.08	−0.21	−0.33	−0.33
8	住宿和餐饮业	0.08	0.15	0.18	0.14
9	信息传输、软件和信息技术服务业	−0.19	−0.44	−0.62	−0.57
10	金融业	−0.20	−0.48	−0.69	−0.65
11	房地产业	−0.38	−0.80	−1.07	−0.95
12	租赁和商务服务业	−0.05	−0.15	−0.24	−0.24
13	科学研究和技术服务业	−0.03	−0.10	−0.19	−0.21
14	水利、环境和公共设施管理业	0.00	−0.04	−0.09	−0.12
15	居民服务、修理和其他服务业	0.06	0.08	0.03	−0.04
16	教育	0.24	0.49	0.60	0.45
17	卫生和社会工作	0.11	0.23	0.28	0.21
18	文化、体育和娱乐业	−0.02	−0.10	−0.20	−0.23
19	公共管理、社会保障和社会组织	0.19	0.39	0.47	0.35
20	要素—劳动	0.54	1.28	1.89	1.81
21	要素—资本	−0.60	−1.18	−1.49	−1.27

　　为了更为清晰直观地考察空气质量改善对于经济中各类商品和要素价格的影响效果，图5–9中绘制了EEH-DCGE综合模型（10微克/立方米）与理想状况下未考虑空气污染影响的DCGE模型19个行业商品及劳动、资本要素价格水平差值的雷达图。与分行业总体产出水平不同的是，各类商品的价格水平随着时间的推移并没有出现大幅度的调整，除少数商品和服务存在一定程度的变化之外，大多数商品各期的价格水平基本保持稳定。值得注意的是，劳动和资本要素的价格在四个时间点上却存在着显著的变化，劳动要素的价格在初期快速增加，2025~2030年则基本维持在高位，

与之恰好相反的是，资本要素的价格初期快速下降，而后始终在低位运行。之所以出现这一结果，主要是由于空气污染通过影响经济系统中的劳动供给水平对各个经济变量产生后续影响，而劳动供给水平初期的快速下降使得劳动力市场供求关系出现调整，并最终引起了劳动要素价格的不断上升，后续劳动供给损失的放缓也使得劳动要素价格的上升幅度有所下降，与之相伴随的资本要素也同样经历了类似的调整。

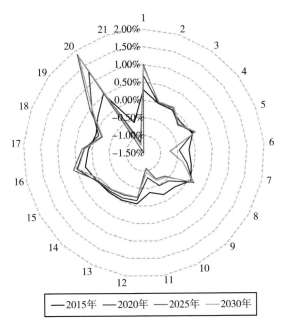

图 5 – 9　WHO 准则值（10 微克/立方米）标准下 EEH-DCGE
综合模型与 DCGE 模型商品及要素价格差值的变化情况

第四节　空气质量改善对于环境领域的影响

一、空气污染物总体浓度水平

随着各种现有环境保护政策的不断实施以及经济系统自身的调整，空气污染物的浓度水平将会随之产生相应变化。图 5 – 10 给出了 2012 ~

2030 年四种基准浓度水平下我国 PM$_{2.5}$年均浓度值的变化情况。由图
5－10可以看到，整体而言空气污染物的浓度值水平呈现出了逐年下降
的趋势，且这一下降速度随着时间的推移有所增加。2012 年 35 微克/
立方米、25 微克/立方米、15 微克/立方米及 10 微克/立方米四种标准
下的 PM$_{2.5}$浓度值均为 84.98 微克/立方米，之后便开始逐年下降，模
型预测结果显示 2030 年四种标准下的浓度值水平分别下降至 28.18 微
克/立方米、28.84 微克/立方米、29.62 微克/立方米及 30.06 微克/立
方米，下降的幅度依次为 66.84%、66.06%、65.14% 及 64.62%。
空气污染物的浓度值水平之所以出现这样的调整，与空气污染排放方
程中各项因子的变化趋势和幅度密切相关，为了进一步探究 PM$_{2.5}$浓度
值不断下降的原因，第五节将对空气污染排放方程的各项进行分解，
从而考察在空气污染物浓度值下降的过程之中各个因素的相对贡献
情况。

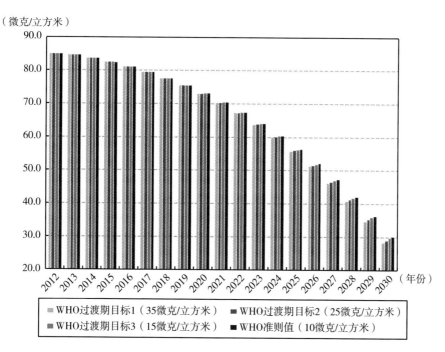

（微克/立方米）

图 5－10　2012～2030 年四种基准浓度下的中国 PM$_{2.5}$年均浓度值变化情况

二、空气污染物分行业贡献

前面通过绘制各个年份$PM_{2.5}$浓度值的输出结果，显示随着时间的推移空气污染物的浓度呈现出了逐年下降的趋势，本节将通过对EEH-DCGE综合模型之中的空气污染排放方程进行逐项分解，以考察各类因素对于$PM_{2.5}$浓度值下降的贡献程度。表5-4中给出了10微克/立方米基准空气污染物浓度标准下的EEH-DCGE综合模型中空气污染排放方程的各项贡献值的大小。由表5-4中可以清晰地看到，对于$PM_{2.5}$最终浓度水平造成影响的三项因子之中，"工业增加值"和"第三产业（不含交通运输、仓储和邮政业）增加值"两项将导致$PM_{2.5}$浓度值的上升，其表征了"燃煤""工业""生物质燃烧"和"其他各类因素"对于污染物浓度的影响；与此同时，"交通运输、仓储和邮政业增加值"将导致$PM_{2.5}$浓度值的下降，其一方面衡量了"机动车及其他移动源"的影响，另一方面其同样表征了国民经济总体运行效率的提升以及以电子商务、大数据、云计算、共享经济等一系列领域为代表的"互联网经济"的发展，而这些领域往往具备较高的运行效率且基本不排放相关空气污染物，显然后者占据了主导地位并最终导致了污染物浓度水平的下降。

初期2012年"工业增加值""交通运输、仓储和邮政业增加值"和"第三产业增加值"三项贡献的污染物浓度值依次为308.22微克/立方米、-405.25微克/立方米及130.17微克/立方米，最终计算得到的当年$PM_{2.5}$浓度值水平为84.98微克/立方米。之后三项的绝对值水平均开始不断增大，但在此过程之中对于空气污染物浓度水平起到负向作用的"交通运输、仓储和邮政业增加值"相较于其他两项的增速更为迅速，最终导致了$PM_{2.5}$总体浓度值的下降。模型预测结果显示2030年，三项的数值依次达到了744.38微克/立方米、-1125.89微克/立方米及359.73微克/立方米，而通过空气污染排放方程计算得到的当年$PM_{2.5}$浓度值水平已下降至30.06微克/立方米，总体空气污染状况得到了显著改善。上述结果表明，治理空气污染本身不一定需要限制所有产业的发展，通过合理的产业规划和政策支持，使得部分科技含量高、环境污染少的行业快速健康发展，能在很大程度上避免由于高污染、高能耗经济发展模式所造成的环境恶化。

表5-4　　　　EEH-DCGE 综合模型（10 微克/立方米）中空气
污染排放方程各项贡献的分解　　　　单位：微克/立方米

年份	工业增加值贡献	交通运输、仓储和邮政业增加值贡献	第三产业（不含交通运输、仓储和邮政业）增加值贡献	PM$_{2.5}$浓度
2012	308.22	-405.25	130.17	84.98
2013	326.04	-431.10	137.77	84.56
2014	344.86	-459.12	146.03	83.61
2015	364.07	-488.16	154.67	82.42
2016	383.96	-518.56	163.78	81.01
2017	405.34	-551.33	173.59	79.45
2018	426.82	-584.86	183.77	77.58
2019	448.97	-619.86	194.49	75.45
2020	472.01	-656.63	205.82	73.04
2021	495.69	-694.93	217.74	70.35
2022	520.00	-734.77	230.27	67.35
2023	545.19	-776.52	243.51	64.02
2024	571.27	-820.27	257.52	60.36
2025	597.99	-865.73	272.25	56.35
2026	625.61	-913.33	287.83	51.96
2027	653.85	-962.75	304.23	47.18
2028	683.02	-1014.52	321.61	41.96
2029	713.18	-1068.82	340.07	36.27
2030	744.38	-1125.89	359.73	30.06

第五节　空气质量改善对于健康领域的影响

一、空气污染相关疾病死亡率

上面已完成空气污染对于经济领域和环境领域各类影响的评估工作。

事实上，EEH-DCGE 综合模型中，健康模块作为连接经济和环境之间的桥梁，起到了十分重要的作用，目前已通过各类方法相继引入了"空气质量改善减少提早死亡人数""有效劳动供给时间""劳动生产率"和"居民效用函数"四类影响机制，本节中将对各类影响机制所涉及的关键指标进行分析和研究，以评估空气污染对于健康领域所带来各类影响的实际效果和具体量值水平。

针对"空气质量改善减少提早死亡人数"影响机制，本书选择了与空气污染密切相关的心脑血管疾病、呼吸系统疾病及肺癌的死亡率水平作为重点分析指标。图 5 - 11 中给出了 2012 ～2030 年我国上述三类疾病死亡率的变化情况，虚线表征 2012 年的基准死亡率水平，四支曲线分别代表 35 微克/立方米、25 微克/立方米、15 微克/立方米和 10 微克/立方米四种标准下的死亡率状况。由图 5 - 11 可以看到，初期三类疾病的死亡率水平相对于基准死亡率而言均有较大幅度的增加。2012 年心脑血管疾病、呼吸系统疾病及肺癌在 10 微克/立方米标准下的死亡率水平依次为 0.0091、0.0013 及 0.0018，而同期的基准死亡率水平分别为 0.0025、0.00090 及 0.00046，将空气污染纳入模型的考察范畴后，三类疾病的死亡率水平相对于基准浓度分别偏高了 3.58 倍、1.45 倍及 4.03 倍。之后随着空气污染物浓度水平的不断下降，三类疾病的死亡率水平也随之调整。模型预测结果显示，2030 年心脑血管疾病、呼吸系统疾病及肺癌在 10 微克/立方米标准下的死亡率水平依次达到了 0.0036、0.00099 及 0.00067，相对于初期的下降幅度分别为 60.69%、24.01% 及 64.00%，而 35 微克/立方米标准下的死亡率水平均达到了基准死亡率水平以下。与此同时，可以看到，死亡率水平的高低与空气污染物基准浓度的选择之间存在着密切的联系，整体而言基准浓度的选择越为严格，死亡率的水平也相对越高，当基准浓度的选择放松后，死亡率的水平也会随之下降，存在明显的正相关关系。

二、空气污染相关疾病住院率

针对"有效劳动供给时间"影响机制，本书选择了与空气污染密切相关的心脑血管及呼吸系统疾病的住院率水平作为重点分析指标。图 5 - 12

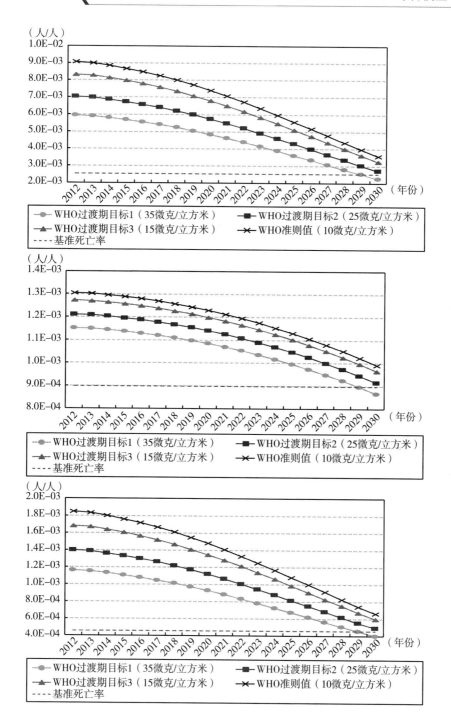

图 5-11　2012~2030 年中国心脑血管疾病、呼吸系统疾病及肺癌死亡率

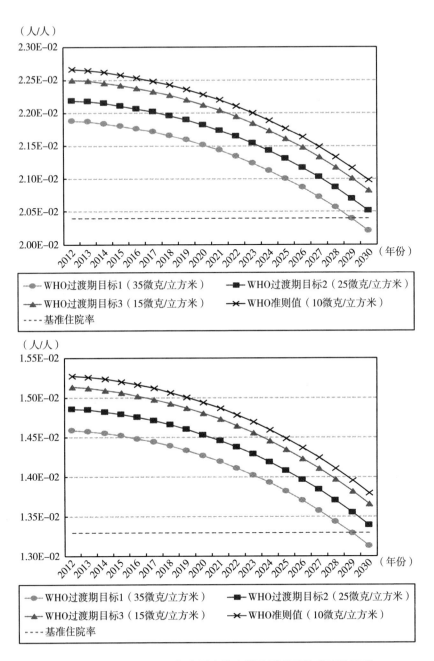

图 5-12　2012~2030 年中国心脑血管及呼吸系统疾病住院率

中给出了 2012~2030 年我国上述两类疾病住院率的变化情况，虚线表征 2012 年的基准住院率水平，四支曲线分别代表 35 微克/立方米、25 微克/

立方米、15 微克/立方米及 10 微克/立方米四种标准下的住院率状况。结
果表明，与"空气质量改善减少提早死亡人数"机制的情况一致，住院率
水平呈现出了逐年下降的趋势，且初期相对于基准值的变化最为显著。
2012 年心脑血管及呼吸系统疾病在 10 微克/立方米标准下的住院率水平分
别为 0.0227 及 0.0153，而同期的基准住院率水平分别为 0.0204 笔
0.0133，各自达到了基准值的 1.11 倍和 1.15 倍。随后各个基准浓度下的
住院率水平开始逐渐下降，模型预测结果显示 2030 年 10 微克/立方米标准
下的住院率水平分别达到了 0.0210 和 0.0138，下降的幅度依次为 7.4% 和
9.7%，显著小于同期死亡率的变化情况。

三、有效劳动供给水平

针对"劳动生产率"影响机制，本书选择了模型的劳动供给水平作为
重点分析指标。图 5 - 13 中给出了 2012 ~ 2030 年我国总体劳动供给水平的
变化情况，虚线表征理想状况下未考虑空气污染影响的 DCGE 模型的劳动
供给水平，四支曲线分别代表 35 微克/立方米、25 微克/立方米、15 微克/
立方米和 10 微克/立方米四种标准下 EEH-DCGE 综合模型的劳动供给状
况。由图 5 - 13 中可以清晰地看到，当未考虑空气污染的影响时，DCGE
模型中的劳动供给水平始终处于上升态势，但上升的速度随着时间的推移
而逐年减少。与之形成鲜明对比的是，当将空气污染的各类影响机制纳入
到模型的考察范围后，总体劳动供给呈现出了完全不同的变化趋势。对于
35 微克/立方米的基准浓度水平而言，其劳动供给水平始终呈现上升的态
势，且上升的速度逐年增加；对于 25 微克/立方米的基准浓度水平而言，
其初期的劳动供给水平一直处于较为平稳的阶段，并于 2021 年附近开始了
加速上升的过程；而对于 15 微克/立方米及 10 微克/立方米两种基准浓度
水平而言，初期其总体劳动供给水平不断下降，之后相继于 2023 年和
2024 年达到了各自的极小值水平，随后便开始逐年增加。之所以出现上述
结果，是由于影响模型总体劳动供给的三类机制中，初期"空气质量改善
减少提早死亡人数""有效劳动供给时间"和"居民效用函数"此类空气
污染的负向影响机制占据了主导地位，之后随着空气污染物浓度的不断下

降，上述三类机制的贡献开始逐渐减弱，而"劳动生产率"这一正向影响机制逐渐占据了上风并最终引起了劳动供给损失的减少。

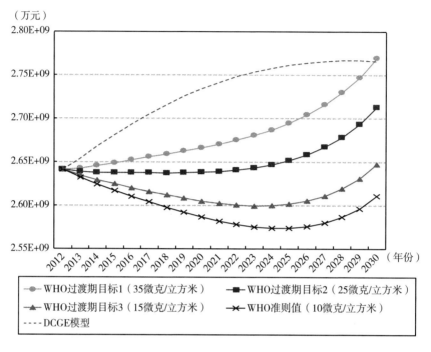

图 5－13　2012～2030 年 EEH-DCGE 综合模型与
DCGE 模型劳动供给水平的变化情况

为了更进一步考察空气污染对于模型中总体劳动供给水平的影响效果及其量值水平，图 5－14 中给出了 2012～2030 年 EEH-DCGE 综合模型与未考虑空气污染影响的 DCGE 模型劳动供给水平差值的变化情况。由图 5－14 可以看到，相对于 DCGE 模型而言，35 微克/立方米、25 微克/立方米、15 微克/立方米及 10 微克/立方米四种基准浓度下的各类空气污染影响机制均会造成总体劳动供给水平的损失，且这一损失初期随着时间的推移逐年扩大，而后在相继达到各自的极小值之后损失幅度逐年收窄。值得注意的是，一方面随着基准浓度选择标准的越发严格，由于空气污染所造成的劳动供给损失也越为严重，另一方面各类基准浓度下损失拐点的到来也与选择标准之间存在着密切的联系，总体上选择的标准越为严格，这一拐点到来的时间点也越为靠后。上述结果也在一定程度上印证了前后两个阶段主导作用机制的转换，最终导致了经济中的劳动供给水平呈现出了"微笑曲线"式的特征。

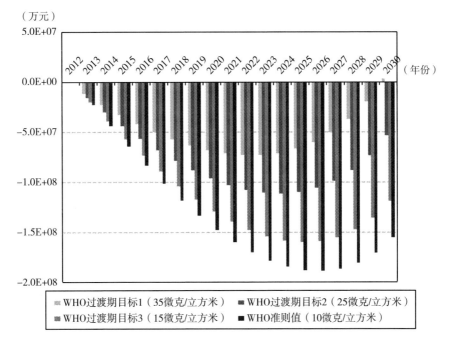

图 5 – 14　2012 ~ 2030 年 EEH-DCGE 综合模型与
DCGE 模型劳动供给水平差值的变化情况

四、空气污染治理支付意愿

针对"居民效用函数"影响机制，本书选择了模型的空气污染治理支付意愿作为重点分析指标。图 5 – 15 中给出了 2012 ~ 2030 年我国 35 微克/立方米、25 微克/立方米、15 微克/立方米和 10 微克/立方米四种基准浓度标准下居民部门对于治理空气污染支付意愿的变化情况。由图 5 – 15 可以看到，总体而言随着空气污染物浓度水平的不断下降，居民对于空气污染治理的支付意愿也随之逐年减小。初期 2012 年四种标准下的空气污染治理支付意愿 依次为 2101. 8 亿元、2098. 9 亿元、2095. 4 亿元及 2093. 4 亿元，之后便开始逐年下降，模型预测结果显示 2030 年上述四种标准下的支付意愿已分别下降至 – 12. 2 亿元、10. 9 亿元、38. 0 亿元和 53. 3 亿元，下降的幅度依次达到了 100.58%、99.48%、98.19% 和 97.46%，空气污染治理支付意愿的下降幅度显著高于模型中其余各经济、环境及健康指标。与此同时，虽然空气污染基准浓度的选择会对居民的支付意愿产生一定程度的影响，但是这种影响所导致的差异十分微小，这主要与各类选择标准下的空气污染物浓度差异不大密切相关，因为空气污染治理支付意愿与空气污染物浓度之间存在着正相关关系。

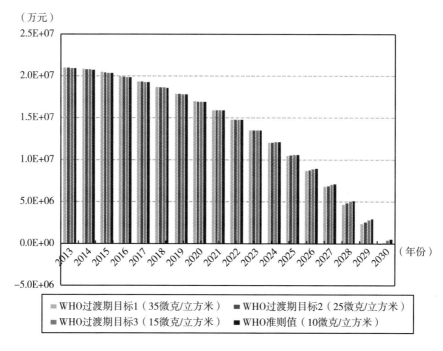

图 5-15　2013~2030 年四种基准浓度下空气污染治理支付意愿的变化情况

第六节　本章小结

首先，本章梳理了"空气质量改善减少提早死亡人数""有效劳动供给时间""劳动生产率"和"居民效用函数"四类影响机制对于经济、环境及健康领域的独立的、边际的影响效果。结果表明，四类影响机制之中，"空气质量改善减少提早死亡人数""有效劳动供给时间"和"居民效用函数"三类机制下空气质量改善对于总量经济指标社会福利水平和GDP均起到了正向的影响作用，而"劳动生产率"机制由于直接与空气质量改善相关，对于上述两项指标存在着正向的影响效果。

"空气质量改善减少提早死亡人数""有效劳动供给时间"和"居民效用函数"三类机制下空气质量改善所带来的名义GDP增量的最大值分别为4.08×10^8万元、8.98×10^6万元和1.11×10^7万元，占2030年名义GDP基准规模的比例依次为2.68%、0.059%和0.073%。可以看到，空气质量改善的增项影响之中"空气质量改善减少提早死亡人数"机制占据了绝对的主导地位，相对于其余两类影响机制而言高出了1～2个量级的水平。与此同时，各类影响机制对于社会福利水平所造成的变化比例更为显著。三类机制下空气质量改善所导致的社会福利增量的最大值依次达到了4.09×10^8万元、9.00×10^6万元和1.11×10^7万元，预测占2030年基准福利水平的比例分别为5.88%、0.13%和0.16%。在四类影响机制之中，"劳动生产率"机制由于直接与空气质量改善相关，对总量经济指标存在正向影响，且其影响的量值水平与其余影响机制中占据主导地位的"空气质量改善减少提早死亡人数"机制达到了相同的量级。模型预测结果显示2030年由"劳动生产率"机制所引发的名义GDP和社会福利水平的增加量分别为1.99×10^8万元和2.00×10^8万元，占各自2030年基准水平的比例依次为1.31%和2.88%。

还可以看到，各类影响机制对于环境领域$PM_{2.5}$浓度的影响并不显著。四类机制下的$PM_{2.5}$浓度值依次为31.47微克/立方米、31.54微克/立方米、29.99微克/立方米、31.47微克/立方米，四者之间的差值最多不超过2微克/立方米，占四者浓度的比值均在6%以内。在健康领域中，随着各类影响机制的作用方式不同，所选取的相关健康指标亦有所差异，模型响应结果相对于基准水平而言均有不同程度的偏差，并最终体现在了各类经济指标的变化之中。

随后我们将四类空气污染对于经济系统的影响机制统一纳入模型的考察范畴之中，并在EEH-DCGE基准模型的基础之上，完成了EEH-DCGE综合模型的构建，具体的结构设计方案及各个模块之间的关联方式如图5-1所示。通过上述结构设计，空气污染与经济系统之间的作用方式不再是外生的、静态的直接响应，而变成了内生的、动态的耦合架构，因此对于二者之间关系的描述和刻画变得更为准确及全面。最后，利用构建完成的EEH-DCGE 综合模型对于空气污染在经济、环境和健康领域的影响进行了系统性的分析及评估。

第二节和第三节中主要描述了空气质量改善对于社会福利水平和各类经济指标的影响。空气质量改善对于福利和经济领域的影响主要分为两大方面，分别是总量指标（社会福利水平、GDP 及居民收入）和分行业指标（产出水平及价格）。首先，在总量指标方面，将空气质量改善的各类影响机制纳入模型的考察范围之后，社会福利、名义 GDP 和居民收入水平较DCGE 模型而言，初期出现了增量的不断扩大，而后分别于 2024～2028 年依次出现了差值的拐点，之后由于空气污染所造成的经济损失开始逐年减少，35 微克/立方米标准下的影响效果预测结果显示 2030 年甚至由负转正，但总体而言各个标准下的实际影响均为社会福利、名义 GDP 及居民收入的增量。

其次，在分行业指标方面，四类空气质量改善影响机制的引入使几乎全部行业均出现了产出水平的上升，且空气污染对于各个行业的影响效果不尽相同。模型预测结果显示 2030 年空气污染对于"住宿和餐饮业""房地产业""居民服务、修理和其他服务业""教育""卫生和社会工作"以及"文化、体育和娱乐业"的影响最为显著，而对于"建筑业""科学研究和技术服务业""水利、环境和公共设施管理业"以及"公共管理、社会保障和社会组织"的影响则要小得多。初期 2015 年空气污染对于各个行业所产生的负面冲击相对较小，之后随着时间的推移，空气污染的影响不断加剧，2020 年相较于 2015 年在各个行业的产出水平损失上存在着明显的扩大趋势，之后将于 2025 年进一步扩大，但这一阶段的增长幅度相较于之前已有显著回落，预测 2025 年之后产出水平的损失没有出现进一步扩大，反而有所收窄，与 2020 年基本达到了相似的水平，总体上与各总量经济指标一致，呈现出了先扩张后收缩的形态。

与分行业总体产出水平不同的是，初期 2015 年各种商品及要素价格变化的方向和幅度均存在着较大差异，其中"农、林、牧、渔业""建筑业""住宿和餐饮业""水利、环境和公共设施管理业""居民服务、修理和其他服务业""教育""卫生和社会工作""公共管理、社会保障和社会组织"以及"要素—劳动"为正向的变化，其余各个行业产品的价格则出现了不同程度的下降。各类商品的价格水平随着时间的推移并没有出现大幅度的调整，除少数商品和服务存在一定程度的变化之外，大多数商品各期的价格水平基本保持稳定。值得注意的是，劳动和资本要素的价格在四个时间点上却存在着显著的变化，预测结果显示，劳动要素的价格在初期快速增加，2025~2030年则基本维持在高位，与之恰好相反的是，资本要素的价格初期快速下降，而后一直在低位运行。

第四节主要描述了空气质量改善对于各类环境指标的影响。整体而言，空气污染物的浓度值水平呈现出了逐年下降的趋势，且这一下降的速度随着时间的推移有所增加。为了进一步探究 $PM_{2.5}$ 浓度值不断下降的原因，随后本书对空气污染排放方程的各项进行了分解，从而考察了空气污染物浓度值下降的过程之中各个因素的相对贡献情况。对于 $PM_{2.5}$ 最终浓度水平造成影响的三项因子之中，"工业增加值"和"第三产业（不含交通运输、仓储和邮政业）增加值"两项导致了 $PM_{2.5}$ 浓度值的上升，其表征了"燃煤""工业""生物质燃烧"和"其他各类因素"对于污染物浓度的影响；与此同时，"交通运输、仓储和邮政业增加值"导致了 $PM_{2.5}$ 浓度值的下降，其一方面衡量了"机动车及其他移动源"的影响，另一方面其同样表征了国民经济总体运行效率的提升以及以电子商务、大数据、云计算、共享经济等一系列领域为代表的"互联网经济"的发展，而这些领域往往具备较高的运行效率且基本不排放相关空气污染物，显然后者占据了主导地位并最终导致了污染物浓度水平的下降。

第五节中主要描述了空气质量改善对于各类健康指标的影响。首先，对于"空气质量改善减少提早死亡人数"影响机制，初期心脑血管疾病、呼吸系统疾病和肺癌三类疾病的死亡率水平相对于基准死亡率而言均有较大幅度的增加，之后随着空气污染物浓度水平的不断下降，三类疾病的死亡率水平也随之不断下降，最终与基准死亡率基本持平。其次，对于"有效劳动供给时间"影响机制，呈现出了与"空气质量改善减少提早死亡人数"影响机制相似的结果，住院率水平呈现出了逐年下降的趋势，且初期相对于基准值的变化最为显著。再次，对于"劳动生产率"影响机制，相对于 DCGE 模型而言，四种基准浓度下的各类空气污染影响机制均会造成总体劳动供给水平的损失，且这一损失初期随着时间的推移逐年扩大，而后在相继达到各自的极小值之后损失幅度逐年收窄。之所以出现上述结果，是由于影响模型总体劳动供给的三类机制中，初期"空气质量改善减少提早死亡人数""有效劳动供给时间"和"居民效用函数"此类负向影响机制占据了主导地位，之后随着空气污染物浓度的不断下降，上述三类机制的贡献开始逐渐减弱，而"劳动生产率"这一正向影响机制逐渐占据了上风并最终引起了劳动供给损失的减少。最后，对于"居民效用函数"影响机制，随着空气污染物浓度水平的不断下降，居民对于空气污染治理的支付意愿也随之逐年减小，且下降幅度显著高于模型中其余各经济、环境和健康指标。

第六章

税收政策对于空气污染
治理效果的实证研究

第一节　环境保护税模块的设计及引入

一、结构设计

前面已完成了 EEH-DCGE 综合模型的构建，并利用该模型对于我国空气质量改善在福利、经济、环境、健康领域的影响进行了系统性的分析和评估。从本章开始，将通过相关模块的设计及引入，同时结合一系列模拟情景的设计和分析，探究各主要空气污染治理政策的实际治理效果，以及其对于福利、经济、环境及健康领域的衍生影响，从而为相关决策部门制定针对空气污染的各类治理政策及手段提供有益思路和富有价值的政策建议。

在针对空气污染的各类治理政策之中，税收手段由于具备可操作性强、灵活程度高、法律基础健全等一系列优点，一直是全球各主要国家治理空气污染的首选工具之一。为此，在本章中首先考察环境保护税的征收对于降低空气污染物浓度的实际作用效果，以及在此过程中其对于福利、经济、环境、健康等领域所造成的各类影响。2016 年 12 月 25 日第十二届全国人民代表大会常务委员会第二十五次会议审议通过了《中华人民共和国环境保护税法》，该法律自 2018 年 1 月 1 日起开始实施，对文件中所涉及的各类污染物根据污染当量值和税额征收相应的环境保护税，这一法律的颁布标志着我国对于污染治理的规范迈上了一个新的台阶。目前，该法律中所涉及的各类大气污染物中并不包含二氧化碳这一关键排放物，虽然二氧化碳作为一种温室气体并不属于大气污染物的范畴，但事实上煤炭、石油、天然气等各类化石燃料燃烧的过程中所释放的二氧化碳数量十分惊人，马喜立（2017）在其研究工作中指出，仅 2013 年二氧化碳的排放量便是同期二氧化硫排放量的 455 倍。因此，针对二氧化碳排放物进行征税，相对于其他污染物而言对于经济和环境的影响将更为显著。本书正是基于上述两点考虑，以二氧化碳排放物为例，考察了不同税率情景下其对于福利、经济、环境及健康领域各关键指标的影响效果。

在已经构建完成的 EEH-DCGE 综合模型之中，并不包含环境保护税领域的相关内容，为此在开展进一步的分析和评估工作之前，需要在模型之中设计并引入描述环境保护税的相关模块。图 6-1 中给出了环境保护税模块的结构示意图。首先，在各个行业所使用的各类能源之中（包含煤炭、焦炭、原油、汽油、煤油、柴油、燃料油以及天然气 8 种化石燃料），根据国家统计局所公布的相关数据整理出各个行业中上述几种化石燃料的消费总量；其次，通过《中国能源统计年鉴》和《省级温室气体清单编制指南》中的相关参数指标计算得到各类化石燃料的二氧化碳排放系数；再次，将各个行业中各化石燃料的消费总量与对应的二氧化碳排放系数相乘，即可得到各种化石燃料的单独二氧化碳排放量，随后将其进行汇总便得到了分行业的二氧化碳排放总量；最后，根据国家统计局公布的分行业增加值数据，即可计算各个行业单位增加值的二氧化碳排放总量，同时结合所设定的二氧化碳税额，便可最终计算得到各个行业所征收的总体环境保护税的规模。下面将对于上述各个环节中的数据来源，以及运算过程中各个参数的估算方法进行详细介绍。

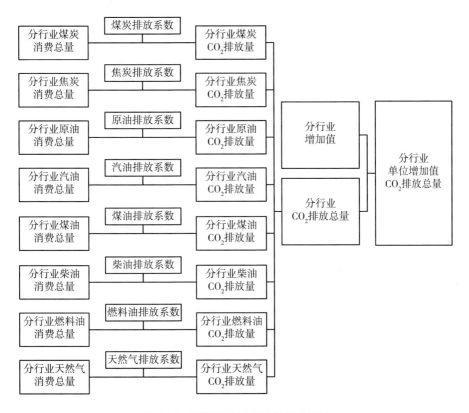

图 6-1　环境保护税模块的结构设计

二、数据来源与参数估算

上面已经介绍了环境保护税模块的整体设计思路，本节中将逐一搜集整理相关数据以完成环境保护税的引入工作。表 6-1 中首先给出了国家统计局公布的分行业煤炭、焦炭、原油、汽油、煤油、柴油、燃料油以及天然气 8 种化石燃料的消费总量。其中，行业分类主要包含了"农、林、牧、渔业""工业""建筑业""交通运输、仓储和邮政业""批发零售和住宿餐饮业"以及"其他行业" 6 个子类，后续将一一对应社会核算矩阵中的相关行业分类，并进行对号入座。

表 6-1   2012 年中国分行业各主要化石燃料的消费总量

行业分类	煤炭（万吨）	焦炭（万吨）	原油（万吨）	汽油（万吨）
农、林、牧、渔业	1766.12	57.48	0	192.86
工业	335714.65	39262.62	46559.52	581.06
建筑业	753.41	6.31	0	286.87
交通运输、仓储和邮政业	614.26	0.09	119.4	3753.03
批发零售业和住宿餐饮业	2362	6.66	0	200.06
其他行业	2283.19	1.94	0	1460.51

行业分类	煤油（万吨）	柴油（万吨）	燃料油（万吨）	天然气（亿立方米）
农、林、牧、渔业	1.19	1335.5	1.98	0.64
工业	32.04	1747.7	2241.69	946.75
建筑业	7.89	518.01	27.05	1.26
交通运输、仓储和邮政业	1787.09	10727.03	1383.94	154.51
批发零售业和住宿餐饮业	28.64	229	8.69	38.69
其他行业	74.17	1444.72	19.94	32.88

资料来源：国家统计局。

在完成分行业各类化石燃料消费总量数据的整理工作之后，将计算其各自的二氧化碳排放系数。表 6-2 中给出了各类化石燃料的平均低位发热量、单位热值含碳量、碳氧化率等指标，并最终计算得到了各类化石燃料的二氧化碳排放系数。其中，"平均低位发热量"指标取自《中国能源统计年鉴—2016》，"单位热值含碳量"及"碳氧化率"两项指标均取自我国 2011 年 5 月颁布的《省级温室气体清单编制指南》。最终的二氧化碳排放系数根据下式予以计算：

$$\text{二氧化碳排放系数} = \frac{\text{平均低位发热量}}{10^9} \times \text{单位热值含碳量} \times \text{碳氧化率} \times 10^3 \times \frac{44}{12}$$

$$(6-1)$$

需要注意的是，在计算的过程之中务必注意保持各项指标量值单位的统一，同时将含碳量转化为二氧化碳的质量时需要乘以 44/12。

表6-2 各主要化石燃料二氧化碳排放系数的计算

能源名称	平均低位发热量	单位热值含碳量（吨碳/TJ）	碳氧化率	二氧化碳排放系数
煤炭	20908 千焦/千克	28.1	0.94	2.0250 千克二氧化碳/千克
焦炭	28435 千焦/千克	29.5	0.93	2.8604 千克二氧化碳/千克
原油	41816 千焦/千克	20.1	0.98	3.0202 千克二氧化碳/千克
汽油	43070 千焦/千克	18.9	0.98	2.9251 千克二氧化碳/千克
煤油	43070 千焦/千克	19.6	0.98	3.0334 千克二氧化碳/千克
柴油	42652 千焦/千克	20.2	0.98	3.0959 千克二氧化碳/千克
燃料油	41816 千焦/千克	21.1	0.98	3.1705 千克二氧化碳/千克
天然气	38931 千焦/立方米	15.3	0.99	2.1622 千克二氧化碳/立方米

资料来源：《中国能源统计年鉴（2016）》《省级温室气体清单编制指南（2011）》。

接下来，将利用上面已经整理并计算完成的分行业各主要化石燃料的消费总量及其对应的排放系数，计算分行业各主要化石燃料的二氧化碳排放总量，并最终汇总成为分行业的二氧化碳排放总量。具体计算方程如下所示：

$$化石燃料的二氧化碳排放总量 = 化石燃料的消费总量 × 对应的二氧化碳排放系数 \quad (6-2)$$

$$分行业的二氧化碳排放总量 = \sum 分行业各主要化石燃料的二氧化碳排放总量 \quad (6-3)$$

经上述公式计算完成的相关数据见表6-3。

表6-3 2012年中国分行业各主要化石燃料的二氧化碳排放总量及其汇总

行业分类	煤炭	焦炭	原油	汽油	煤油
农、林、牧、渔业	3.58E+10	1.64E+09	0.00E+00	5.64E+09	3.61E+07
工业	6.80E+12	1.12E+12	1.41E+12	1.70E+10	9.72E+08
建筑业	1.53E+10	1.80E+08	0.00E+00	8.39E+09	2.39E+08
交通运输、仓储和邮政业	1.24E+10	2.57E+06	3.61E+09	1.10E+11	5.42E+10
批发零售业和住宿餐饮业	4.78E+10	1.91E+08	0.00E+00	5.85E+09	8.69E+08
其他行业	4.62E+10	5.55E+07	0.00E+00	4.27E+10	2.25E+09

行业分类	柴油	燃料油	天然气	合计（千克）
农、林、牧、渔业	4.13E+10	6.28E+07	1.38E+08	8.46E+10
工业	5.41E+10	7.11E+10	2.05E+11	9.68E+12
建筑业	1.60E+10	8.58E+08	2.72E+08	4.12E+10
交通运输、仓储和邮政业	3.32E+11	4.39E+10	3.34E+10	5.89E+11
批发零售业和住宿餐饮业	7.09E+09	2.76E+08	8.37E+09	7.05E+10
其他行业	4.47E+10	6.32E+08	7.11E+09	1.44E+11

在完成上述各项变量和指标的计算之后，我们将通过国家统计局公布的分行业增加值数据，计算得到 2012 年分行业单位增加值的二氧化碳排放总量，即利用已有的分行业二氧化碳排放总量除以对应的行业增加值水平即可，参与计算以及最终得到的各类指标见表 6-4。

表 6-4　　　　　　2012 年中国分行业单位增加值二氧化碳排放总量的计算

行业分类	分行业增加值（万元）	分行业二氧化碳排放总量（千克）	分行业单位增加值二氧化碳排放总量（千克/万元）
农、林、牧、渔业	5.2369E+08	8.4632E+10	1.6161E+02
工业	2.0891E+09	9.6753E+12	4.6314E+03
建筑业	3.6896E+08	4.1235E+10	1.1176E+02
交通运输、仓储和邮政业	2.3763E+08	5.8942E+11	2.4804E+03
批发零售业和住宿餐饮业	5.9368E+08	7.0472E+10	1.1870E+02
其他行业	1.5907E+09	1.4373E+11	9.0359E+01

资料来源：国家统计局。

最终，我们假设单位二氧化碳的税额水平为 tept 元/吨，因此不同行业单位增加值的二氧化碳税额即为分行业单位增加值的二氧化碳排放总量与上述税额水平的乘积，并以此作为不同行业单位增加值环境保护税的具体税率水平，相关计算结果已在表 6-5 中予以详细列出。

表 6 – 5　　　　　　中国分行业单位增加值二氧化碳税额的计算

行业分类	分行业单位增加值 二氧化碳排放总量 （千克/万元）	税额 （元/吨）	分行业单位增加值 二氧化碳税额 （万元/万元）
农、林、牧、渔业	1.6161E + 02	tept	1.6161E – 05 · tept
工业	4.6314E + 03	tept	4.6314E – 04 · tept
建筑业	1.1176E + 02	tept	1.1176E – 05 · tept
交通运输、仓储和邮政业	2.4804E + 03	tept	2.4804E – 04 · tept
批发零售业和住宿餐饮业	1.1870E + 02	tept	1.1870E – 05 · tept
其他行业	9.0359E + 01	tept	9.0359E – 06 · tept

　　由于各个行业单位增加值所排放的二氧化碳水平不尽相同，因此其所面临的单位增加值二氧化碳税额水平也有所差异。国家统计局公布的相关数据中，行业分类仅包含了"农、林、牧、渔业""工业""建筑业""交通运输、仓储和邮政业""批发零售和住宿餐饮业"以及"其他行业" 6 个子类，而 EEH-DCGE 综合模型中的行业分类则涵盖了 19 个具体的产业部门。为此，在表 6 – 6 中将已经计算完成的分行业单位增加值的二氧化碳税额一一对应至社会核算矩阵中的行业分类，从而为后续评估不同税额水平下的空气污染治理效果做好相关的数据准备。

表 6 – 6　　　　　　中国 19 个行业单位增加值的二氧化碳税额水平

编号	社会核算矩阵：行业分类	分行业单位增加值 二氧化碳税额 （万元/万元）
1	农、林、牧、渔业	1.6161E – 05 · tept
2	采矿业	4.6314E – 04 · tept
3	制造业	
4	电力、热力、燃气及水的生产和供应业	
5	建筑业	1.1176E – 05 · tept
6	批发和零售业	1.1870E – 05 · tept
7	交通运输、仓储和邮政业	2.4804E – 04 · tept
8	住宿和餐饮业	1.1870E – 05 · tept

编号	社会核算矩阵：行业分类	分行业单位增加值二氧化碳税额（万元/万元）
9	信息传输、软件和信息技术服务业	
10	金融业	
11	房地产业	
12	租赁和商务服务业	
13	科学研究和技术服务业	
14	水利、环境和公共设施管理业	$9.0359E-06 \cdot tept$
15	居民服务、修理和其他服务业	
16	教育	
17	卫生和社会工作	
18	文化、体育和娱乐业	
19	公共管理、社会保障和社会组织	

三、模拟情景设计

通过上述环境保护税模块的结构设计及各项指标的整理和计算，我们已经将环境保护税的影响纳入 EEH-DCGE 综合模型的考察范畴之中。我们将通过设计不同环境保护税税额的模拟情景，探究各种税率情况下环境保护税手段对于空气污染治理的实际效果，以及其在福利、经济、环境和健康等领域所产生的衍生影响。

马喜立（2017）在其研究工作中，对于近些年来相关领域研究文献中碳税税率的设置标准进行了梳理，指出现阶段各类研究工作中对于二氧化碳的征税额度主要集中在 10～300 元人民币/吨范围。因此，本书将主要设计 5 类征税情景，分别为"低税率（25 元/吨）""中低税率（50 元/吨）""中等税率（100 元/吨）""中高税率（200 元/吨）"和"高税率（400 元/吨）"，以探究各种水平的环境保护税对于我国空气污染治理及经济发展的具体影响效果。关于模型中各环境保护税情景的设计方式和具体含义见表 6 - 7。

表 6 - 7　　　　　　　税收政策的模拟情景设计及其含义

编号	情境名称	情景含义
1	低税额（25 元/吨）	排放每吨二氧化碳征收环境保护税 25 元
2	中低税额（50 元/吨）	排放每吨二氧化碳征收环境保护税 50 元
3	中等税额（100 元/吨）	排放每吨二氧化碳征收环境保护税 100 元
4	中高税额（200 元/吨）	排放每吨二氧化碳征收环境保护税 200 元
5	高税额（400 元/吨）	排放每吨二氧化碳征收环境保护税 400 元

第二节　税收政策对于社会福利的影响

本书将针对征收环境保护税后社会福利水平的变化情况进行分析，以考察环境保护税政策对于全社会总体福利状况的影响效果及其具体量值水平。图 6 - 2 中给出了 2012 ~ 2030 年 5 种环境保护税情景、EEH-DCGE 综合模型与未考虑空气污染影响的 DCGE 模型中我国社会福利水平的变化情况。由图 6 - 2 可以看到，各类情景和模型之中的社会福利水平总体上保持了逐年增长的态势。2012 年 25 元/吨、50 元/吨、100 元/吨、200 元/吨和400 元/吨 5 种环境保护税情景下的社会福利水平依次为 198002.2 亿元、197471.8 亿元、196423.3 亿元、194373.8 亿元及 190454.2 亿元，之后开始逐年攀升，模型预测结果显示 2030 年 5 种情景下的社会福利水平分别达到了 672125.0 亿元、672934.0 亿元、674432.3 亿元、677049.1 亿元和681418.6 亿元，增长幅度依次为 2.39 倍、2.41 倍、2.43 倍、2.48 倍和2.58 倍，高于同期名义 GDP 的增长幅度。与此同时，结果显示，预测2030 年 5 种环境保护税情景下的社会福利水平主要介于 EEH-DCGE 综合模型和 DCGE 模型之间，而前期的大部分时间征收环境保护税将使得模型的社会福利水平位于二者之下，同时这种偏差会随着环境保护税征收额度的不同而出现一定程度的差异，有关这一差异的具体情况将在图 6 - 3 中通过计算各环境保护税情景与 EEH-DCGE 综合模型社会福利水平的差值以展开进一步的分析。

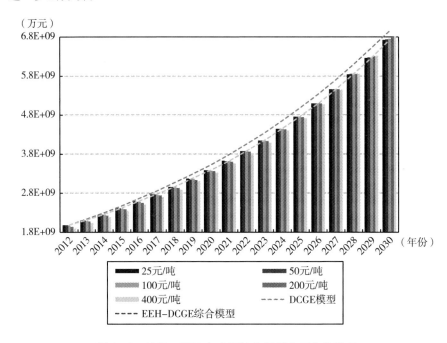

图 6 - 2   2012 ~ 2030 年中国社会福利水平变化情况

图 6 - 3 中给出了 2012 ~ 2030 年各环境保护税情景与 EEH-DCGE 综合模型之间社会福利水平差值的变化情况。结果表明，征收环境保护税之后的社会福利水平较 EEH-DCGE 综合模型而言，初期所造成的损失最为严重，随后福利损失随着时间的推移不断减少，并将于 2026 年附近相继由负转正，之后便开始加速上升。初期 2012 年 25 元/吨、50 元/吨、100 元/吨、200 元/吨和 400 元/吨 5 种环境保护税情景下的社会福利水平差值依次为 - 534.6 亿元、- 1065.0 亿元、- 2113.5 亿元、- 4162.9 亿元及 - 8082.6 亿元，之后该差值开始逐年减少，并将分别于 2024 年、2025 年、2026 年、2027 年及 2028 年相继实现了由负转正，随后各类环境保护税情境下的正向影响开始逐年增加，最终将于 2030 年依次达到了 854.2 亿元、1663.2 亿元、3161.5 亿元、5778.3 亿元和 10147.8 亿元。

与此同时，可以看到，环境保护税的征收额度与其对于社会总体福利水平所造成的影响之间存在着密切的联系。2012 ~ 2026 年，环境保护税的征收额度越高，其对于社会福利所造成的负面冲击越为明显，25 元/吨、

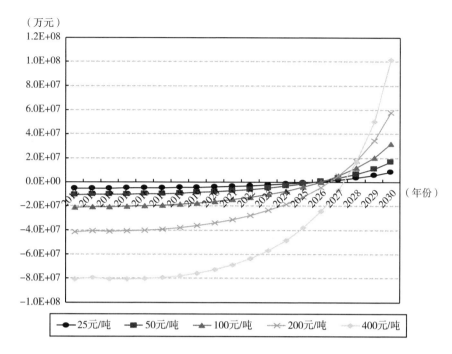

**图 6 - 3   2012 ~ 2030 年各环境保护税情景与 EEH-DCGE
综合模型社会福利水平差值的变化情况**

50 元/吨、100 元/吨、200 元/吨和 400 元/吨 5 种环境保护税情景下的累积社会福利损失依次高达 5381.5 亿元、10901.8 亿元、22320.1 亿元、46875.1 亿元和 101471.9 亿元，其中 25 元/吨、50 元/吨、100 元/吨 3 种环境保护税情景之间的累积损失差额在绝对水平上并不显著，但 200 元/吨和 400 元/吨两种环境保护税情景下的累积损失却急剧增加，400 元/吨的税收额度下由于环境保护税政策所造成的社会福利的累积损失竟然超过了 10 万亿元，该损失占全部社会福利水平的比例高于同期名义 GDP 的损失状况。因此，过高的环境保护税额度将对社会总体福利水平产生极大的负面冲击，且这种冲击的程度较名义 GDP 指标而言表现得更为显著。模型预测 2026 ~ 2030 年，环境保护税的征收额度越高，由其所带来的正向促进作用也越为明显，但如前所述，由于环境保护税政策边际效用递减问题的存在，后续所带来福利水平的增加相对于之前的损失而言仍极为有限。

第三节　税收政策对于经济领域的影响

一、GDP

本书将针对征收环境保护税后 GDP 的变化情况进行分析，以考察环境
保护税政策对于经济增长的冲击效果及其具体量值水平。图 6-4 中给出了
2012~2030 年 5 种环境保护税情景、EEH-DCGE 综合模型与未考虑空气污
染影响的 DCGE 模型中我国名义 GDP 水平的变化情况。各类情景和模型之
中的名义 GDP 水平总体上呈现了逐年增长的态势。初期 2012 年 25 元/吨、
50 元/吨、100 元/吨、200 元/吨和 400 元/吨 5 种环境保护税情景下的名
义 GDP 数值依次为 539047.3 亿元、538514.7 亿元、537461.9 亿元、
535404.0 亿元和 531468.4 亿元，之后便开始逐年上升，模型预测结果显
示 2030 年 5 种情景下的名义 GDP 水平分别达到了 1500915.7 亿元、
1501707.9 亿元、1503173.2 亿元、1505726.7 亿元和 1509978.7 亿元，增

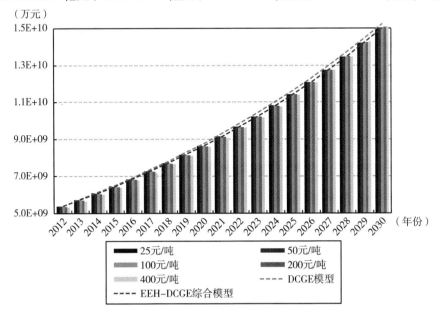

图 6-4　2012~2030 年中国名义 GDP 变化情况

长幅度依次为 1.78 倍、1.79 倍、1.80 倍、1.81 倍和 1.84 倍。与此同时，预测结果显示，2030 年 5 种环境保护税情景下的名义 GDP 水平主要介于 EEH-DCGE 综合模型和 DCGE 模型之间，而前期的大部分时间征收环境保护税将使得模型的名义 GDP 水平位于二者之下，同时这种偏差会随着环境保护税征收额度的不同而出现一定程度的差异，有关这一差异的具体情况将在图 6 - 5 中通过计算各环境保护税情景与 EEH-DCGE 综合模型名义 GDP 的差值予以进一步的分析。

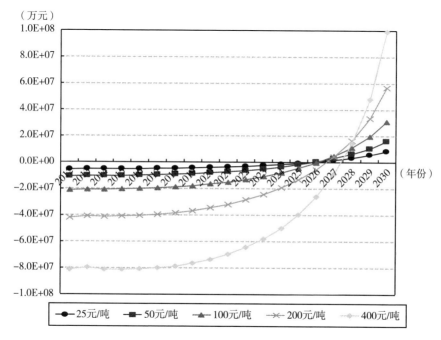

图 6 - 5   2012 ~ 2030 年各环境保护税情景与 EEH-DCGE
综合模型名义 GDP 差值的变化情况

为了更为直观清晰地考察环境保护税的征收对于名义 GDP 的实际冲击作用及具体量值水平，图 6 - 5 给出了 2012 ~ 2030 年各环境保护税情景与 EEH-DCGE 综合模型之间名义 GDP 差值的变化情况。由图 6 - 5 中可以看到，征收环境保护税之后的名义 GDP 水平较 EEH-DCGE 综合模型而言，初期所造成的损失最为严重，之后这一损失随着时间的推移不断减少，并将于 2026 年左右开始由负转正，之后便开始加速上升。2012 年 25 元/吨、50 元/吨、100 元/吨、200 元/吨和 400 元/吨 5 种环境保护税情景下的名义 GDP 差值依次为 - 536.8 亿元、- 1069.4 亿元、- 2122.2 亿元、- 4180.1 亿元和 - 8115.7 亿元，之后该差值开始逐年减少，并分别于 2026 年、2026 年、2027 年、2027 年及 2028 年实现了由负转正，随后各类环境保护税情境下的正向影响开始逐年增加，最终于 2030 年依次达到了 837.1 亿元、1629.2 亿元、3094.5 亿元、5648.0 亿元和 9900.0 亿元。

可以发现，环境保护税的征收额度与其对于经济所造成的影响之间存在着密切的联系。2012 ~ 2026 年，环境保护税的征收额度越高，其对于经济所造成的负面冲击越为明显，25 元/吨、50 元/吨、100 元/吨、200 元/吨和 400 元/吨 5 种环境保护税情景下的累积名义 GDP 损失依次高达 5468.5 亿元、11074.0 亿元、22685.5 亿元、47616.6 亿元和 103035.5 亿元，其中 25 元/吨、50 元/吨、100 元/吨 3 种环境保护税情景之间的累积损失差额在绝对水平上并不显著，但 200 元/吨及 400 元/吨 2 种环境保护税情景下的累积损失却急剧增加，400 元/吨的税收额度下由于环境保护税政策所造成的名义 GDP 累积损失竟然超过了 10 万亿元。因此，过高的环境保护税额度将会对宏观经济产生过大的负面冲击，在制定相关环境保护政策时一定要充分考虑此类政策的负面影响。预测 2026 ~ 2030 年，环境保护税的征收额度越高，由其所带来的正向促进作用也越为显著，但是值得注意的是，随着空气污染物浓度下降至一定水平后，降低单位浓度所需要的投入将越发庞大，存在着明显的边际效用递减，且持续、合理的经济发展方式依然会排放一定的空气污染物，只要这种污染物的浓度水平对于人类的健康没有危害，便是可以接受也无法避免的。

二、居民收入

本书将针对征收环境保护税后居民收入的变化情况进行分析，以考察环境保护税政策对于居民总体收入水平的影响效果及其具体量值水平。图 6 - 6 中给出了 2012 ~ 2030 年 5 种环境保护税情景、EEH-DCGE 综合模型与未考虑空气污染影响的 DCGE 模型中我国居民收入水平的变化情况。结果表明，各类情景和模型之中的居民收入水平总体上同样保持了逐年增长的态势。2012 年 25 元/吨、50 元/吨、100 元/吨、200 元/吨和 400 元/

吨 5 种环境保护税情景下的居民总体收入水平依次为 334269.2 亿元、
333373.7 亿元、331603.6 亿元、328143.7 亿元和 321526.5 亿元，之后开
始逐年递增，模型预测结果显示 2030 年 5 种情景下的居民收入水平分别达
到了 1134687.7 亿元、1136053.5 亿元、1138582.9 亿元、1143000.6 亿元
和 1150377.2 亿元，增长幅度依次为 2.39 倍、2.41 倍、2.43 倍、2.48 倍
和 2.58 倍，与同期社会福利水平的增长基本持平，高于同期名义 GDP 的
增长幅度。与此同时，预测结果显示，2030 年 5 种环境保护税情景下的民
居收入水平主要介于 EEH-DCGE 综合模型和 DCGE 模型之间，而前期的大
部分时间征收环境保护税将使得模型的居民收入水平位于二者之下，同时
这种偏差会随着环境保护税征收额度的不同而出现一定程度的差异，有关
这一差异的具体情况将在图 6-7 中通过计算各环境保护税情景与 EEH-
DCGE 综合模型居民收入水平的差值予以进一步的分析。

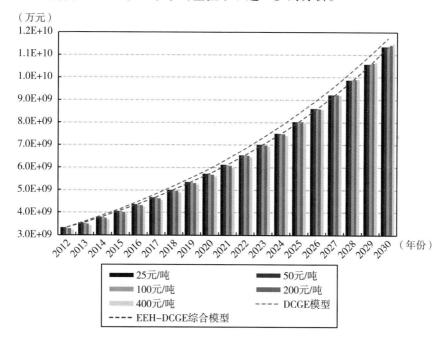

图 6-6　2012～2030 年中国居民收入变化情况

图 6-7 中给出了 2012～2030 年各环境保护税情景与 EEH-DCGE 综合
模型之间居民收入水平差值的变化情况。结果表明，征收环境保护税之后
的居民收入水平较 EEH-DCGE 综合模型而言，初期所造成的损失最为严

重，随后收入损失随着时间的推移不断减少，并于 2026 年附近相继由负转正，之后便开始加速上升。初期 2012 年 25 元/吨、50 元/吨、100 元/吨、200 元/吨和 400 元/吨 5 种环境保护税情景下的居民收入水平差值依次为 −902.5 亿元、−1797.9 亿元、−3568.0 亿元、−7027.9 亿元和 −13645.1 亿元，之后该差值开始逐年减少，并分别于 2026、2026、2026、2027 及 2028 年相继实现了由负转正，随后各类环境保护税情境下的正向影响开始逐年增加，最终将于 2030 年依次达到了 1442.0 亿元、2807.8 亿元、5337.2 亿元、9755.0 亿元和 17131.5 亿元。

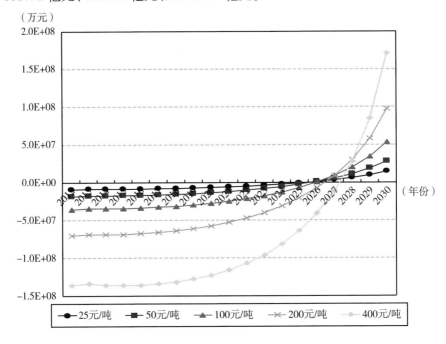

**图 6 – 7　2012～2030 年各环境保护税情景与 EEH-DCGE
综合模型居民收入差值的变化情况**

与此同时，模型的输出结果表明，环境保护税的征收额度与其对于居民收入水平所造成的影响之间存在着密切的联系。2012～2026 年，环境保护税的征收额度越高，其对于居民收入所造成的负面冲击越为明显，25 元/吨、50 元/吨、100 元/吨、200 元/吨和 400 元/吨 5 种环境保护税情景下的累积居民收入损失依次高达 9085.1 亿元、18404.5 亿元、37681.0 亿元、79135.0 亿元和 171305.7 亿元，其中 25 元/吨、50 元/吨、100 元/吨 3 种环境保护税情景之间的累积损失差额在绝对水平上并不显著，但200元/吨和400元/吨2种环境保护税情景下的累积损失却急剧增加，400元/吨的税收额度下由于环境保护税政策所造成的居民收入的累积损失竟然超过了17万亿元，该损失与社会福利水平的损失比例基本持平，高于同期名义GDP的损失状况。因此，过高的环境保护税额度将同样对居民的总体收入水平产生极大的负面冲击，且这种冲击的程度较名义GDP指标而言表现得更为显著。预测2026~2030年，环境保护税的征收额度越高，由其所带来的正向促进作用也越为明显，但如前所述，由于环境保护税政策边际效用递减问题的存在，后续所带来的居民收入水平的增加相对于之前的损失而言仍极为有限。

三、分行业产出状况

在考察了环境保护税的征收对于社会福利水平、名义GDP及居民收入三项关键总量指标的影响之后，将利用EEH-DCGE综合模型考察环境保护税对于各个行业产出水平的具体影响效果。如前所述，相对于传统的宏观计量模型而言，CGE模型既能够考察各类政策的宏观经济影响，又能够分析其微观经济冲击，从而在传统总量影响的基础之上提供更为准确、精细的分析和评估。需要专门指出的是，由于环境保护税政策共包含5种征税情景，其量值水平虽然存在一定程度差异，但是总体影响效果却基本较为一致，为了在探究不同政策力度影响效果差异的同时节约适当的篇幅，本书仅分析了"低税率（25元/吨）""中等税率（100元/吨）"和"高税率（400元/吨）"3种情景下各个行业产出水平的响应结果。

表6-8中给出了2015年、2020年、2025年和2030年四个关键年份低税额（25元/吨）情景与EEH-DCGE综合模型19个行业总体产出水平差值的变化情况。由表6-8中可以清晰地看到，环境保护税的征收在初期使得除"采矿业""电力、热力、燃气及水的生产和供应业""批发和零售业""文化、体育和娱乐业""公共管理、社会保障和社会组织"以外的几乎全部行业均出现了产出水平的下降。但模型预测结果显示，2030年环境保护税使得全部行业的产出水平相对于EEH-DCGE综合模型而言均出

现了增加，且增加的幅度随着行业部门的不同而有所差异。其中，环境保护税对于"农、林、牧、渔业""电力、热力、燃气及水的生产和供应业""批发和零售业"和"文化、体育和娱乐业"的影响最为显著，使其相对于 EEH-DCGE 综合模型的产出水平而言分别增长了 0.17%、0.23%、0.19% 和 0.20%，而对于"建筑业""信息传输、软件和信息技术服务业""房地产业""科学研究和技术服务业""公共管理、社会保障和社会组织"等行业的影响则要相对小得多，其差值水平相对于 EEH-DCGE 综合模型而言依次仅增加了 0.00%、0.06%、0.06%、0.04% 和 0.04%。

表 6 - 8　　　　　　低税额（25 元/吨）情景与 EEH-DCGE
综合模型分行业产出差值的变化情况　　　　　　单位：%

编号	行业名称	2015 年	2020 年	2025 年	2030 年
1	农、林、牧、渔业	- 0.02	0.04	0.09	0.17
2	采矿业	0.00	0.04	0.08	0.13
3	制造业	- 0.03	0.01	0.06	0.12
4	电力、热力、燃气及水的生产和供应业	0.05	0.10	0.16	0.23
5	建筑业	- 0.03	0.00	0.00	0.00
6	批发和零售业	0.04	0.08	0.12	0.19
7	交通运输、仓储和邮政业	- 0.03	0.02	0.07	0.13
8	住宿和餐饮业	- 0.13	- 0.06	0.01	0.12
9	信息传输、软件和信息技术服务业	- 0.09	- 0.05	- 0.01	0.06
10	金融业	- 0.09	- 0.03	0.03	0.11
11	房地产业	- 0.17	- 0.11	- 0.04	0.06
12	租赁和商务服务业	- 0.03	0.02	0.07	0.14
13	科学研究和技术服务业	- 0.06	- 0.03	0.00	0.04
14	水利、环境和公共设施管理业	- 0.01	0.01	0.04	0.09
15	居民服务、修理和其他服务业	- 0.14	- 0.07	0.01	0.11
16	教育	- 0.04	- 0.02	0.02	0.10
17	卫生和社会工作	- 0.16	- 0.11	- 0.03	0.08
18	文化、体育和娱乐业	0.01	0.06	0.12	0.20
19	公共管理、社会保障和社会组织	0.02	0.02	0.02	0.04

为了更为清晰直观地考察环境保护税征收对于经济中各个行业产出水平的具体影响效果，图 6 - 8 中绘制了低税额（25 元/吨）情景与 EEH-

DCGE 综合模型 19 个行业总体产出水平差值变化情况的雷达图。由图 6-8 中可以看到，初期 2015 年环境保护税对于各个行业所产生的冲击相对较小且正负影响同时存在，之后随着时间的推移，环境保护税的影响不断扩大，并逐渐由负转正，预测到 2025 年后各个行业的产出水平相较于 EEH-DCGE 综合模型而言基本实现了不同程度的增长。总体而言，环境保护税的征收对于各个行业产出水平的影响是逐年扩大的，且其扩大的速度随着时间的推移有着一定程度的加速。与此同时，环境保护税所造成影响的相对强弱也能够在图形中得以充分的体现，这一分布与表 6-8 中的结果相一致，故在此不再赘述。

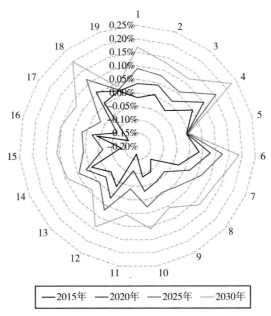

图 6-8　低税额（25 元/吨）情景与 EEH-DCGE
综合模型分行业产出差值的变化情况

表 6-9 中给出了 2015 年、2020 年、2025 年和 2030 年四个关键年份中等税额（100 元/吨）情景与 EEH-DCGE 综合模型 19 个行业总体产出水平差值的变化情况。总体而言，其结果与低税率的情景基本相似，但量值水平上有所增加。环境保护税的征收在初期使除了"采矿业""电力、热力、燃气及水的生产和供应业""批发和零售业""文化、体育和娱乐业""公共管理、社会保障和社会组织"以外的几乎全部行业均出现了产出水

平的下降。但模型预测结果显示,2030 年环境保护税使得全部行业的产出水平相对于 EEH-DCGE 综合模型而言均出现了增加,且增加的幅度随着行业部门的不同而有所差异。其中,环境保护税对于"农、林、牧、渔业""采矿业""电力、热力、燃气及水的生产和供应业""批发和零售业""交通运输、仓储和邮政业""租赁和商务服务业"和"文化、体育和娱乐业"的影响最为显著,使其相对于 EEH-DCGE 综合模型的产出水平而言分别增长了 0.65%、0.50%、0.88%、0.73%、0.50%、0.54% 及 0.77%,而对于"建筑业""信息传输、软件和信息技术服务业""房地产业""科学研究和技术服务业""公共管理、社会保障和社会组织"等行业的影响则要相对小得多,其差值水平相对于 EEH-DCGE 综合模型而言依次仅增加了 0.00%、0.21%、0.20%、0.14% 和 0.14%。

表 6 – 9　　　　中等税额（100 元/吨）情景与 EEH-DCGE
综合模型分行业产出差值的变化情况

单位：%

编号	行业名称	2015 年	2020 年	2025 年	2030 年
1	农、林、牧、渔业	− 0.08	0.12	0.34	0.65
2	采矿业	0.01	0.15	0.30	0.50
3	制造业	− 0.12	0.04	0.21	0.45
4	电力、热力、燃气及水的生产和供应业	0.19	0.39	0.60	0.88
5	建筑业	− 0.03	− 0.02	− 0.01	0.00
6	批发和零售业	0.15	0.30	0.48	0.73
7	交通运输、仓储和邮政业	− 0.13	0.06	0.24	0.50
8	住宿和餐饮业	− 0.53	− 0.26	0.03	0.45
9	信息传输、软件和信息技术服务业	− 0.37	− 0.22	− 0.04	0.21
10	金融业	− 0.34	− 0.13	0.09	0.41
11	房地产业	− 0.68	− 0.45	− 0.19	0.20
12	租赁和商务服务业	− 0.12	0.06	0.25	0.54
13	科学研究和技术服务业	− 0.25	− 0.14	− 0.02	0.14
14	水利、环境和公共设施管理业	− 0.04	0.05	0.17	0.36
15	居民服务、修理和其他服务业	− 0.55	− 0.28	0.00	0.41
16	教育	− 0.16	− 0.10	0.05	0.38
17	卫生和社会工作	− 0.63	− 0.43	− 0.16	0.29
18	文化、体育和娱乐业	0.02	0.21	0.43	0.77
19	公共管理、社会保障和社会组织	0.08	0.07	0.09	0.14

为了更为清晰直观地考察环境保护税征收对于经济中各个行业产出水平的具体影响效果，图 6 - 9 绘制了中等税额（100 元/吨）情景与 EEH-DCGE 综合模型 19 个行业总体产出水平差值变化情况的雷达图。由图 6 - 9 可以看到，其分布及变化特征与低税率情景基本一致，但是变化的幅度和具体的量值水平相对于低税率情景而言有所增加。初期 2015 年环境保护税对于各个行业所产生的冲击相对较小且正负影响同时存在，之后随着时间的推移，环境保护税的影响不断扩大，并逐渐由负转正，预测到 2025 年后各个行业的产出水平相较于 EEH-DCGE 综合模型而言基本实现了不同程度的增长。总体而言，环境保护税的征收对于各个行业产出水平的影响是逐年扩大的，且其扩大的速度随着时间的推移有着一定程度的加速。与此同时，环境保护税所造成影响的相对强弱也能够在图形中得以充分的体现，这一分布与表 6 - 9 中的结果相一致，故在此不再赘述。

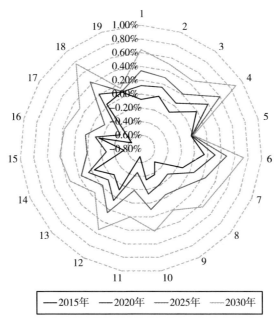

**图 6 - 9　中等税额（100 元/吨）情景与 EEH-DCGE
综合模型分行业产出差值的变化情况**

表 6 - 10 中给出了 2015 年、2020 年、2025 年和 2030 年四个关键年份高税额（400 元/吨）情景与 EEH-DCGE 综合模型 19 个行业总体产出水平差值的变化情况。总体而言，其结果与中、低税率的情景基本相似，但量值水平上有较

大幅的增加。环境保护税的征收在初期使除了"电力、热力、燃气及水的生产和供应业""批发和零售业""文化、体育和娱乐业""公共管理、社会保障和社会组织"以外的几乎全部行业均出现了产出水平的下降。但模型预测结果显示,2030 年环境保护税使得全部行业的产出水平相对于 EEH-DCGE 综合模型而言均出现了增加,且增加的幅度随着行业部门的不同而有所差异。其中,环境保护税对于"农、林、牧、渔业""电力、热力、燃气及水的生产和供应业""批发和零售业"和"文化、体育和娱乐业"的影响最为显著,使其相对于 EEH-DCGE 综合模型的产出水平而言分别增长了 2.31%、3.23%、2.73% 和 2.79%,而对于"建筑业""信息传输、软件和信息技术服务业""房地产业""科学研究和技术服务业""卫生和社会工作""公共管理、社会保障和社会组织"等行业的影响则要相对小得多,其差值水平相对于 EEH-DCGE 综合模型而言依次仅增加了 0.00%、0.68%、0.57%、0.45%、0.87% 和 0.50%。

表 6 – 10 高税额（400 元/吨）情景与 EEH-DCGE
综合模型分行业产出差值的变化情况

单位: %

编号	行业名称	2015 年	2020 年	2025 年	2030 年
1	农、林、牧、渔业	− 0.40	0.28	1.02	2.31
2	采矿业	− 0.10	0.40	0.89	1.74
3	制造业	− 0.56	0.02	0.62	1.60
4	电力、热力、燃气及水的生产和供应业	0.60	1.30	2.03	3.23
5	建筑业	− 0.10	− 0.08	− 0.05	0.00
6	批发和零售业	0.56	1.09	1.67	2.73
7	交通运输、仓储和邮政业	− 0.58	0.05	0.70	1.77
8	住宿和餐饮业	− 2.12	− 1.23	− 0.23	1.50
9	信息传输、软件和信息技术服务业	− 1.47	− 0.94	− 0.36	0.68
10	金融业	− 1.39	− 0.67	0.10	1.42
11	房地产业	− 2.68	− 1.91	− 1.03	0.57
12	租赁和商务服务业	− 0.53	0.08	0.76	1.92
13	科学研究和技术服务业	− 1.01	− 0.62	− 0.20	0.45
14	水利、环境和公共设施管理业	− 0.19	0.12	0.51	1.27
15	居民服务、修理和其他服务业	− 2.18	− 1.30	− 0.33	1.36
16	教育	− 0.63	− 0.52	− 0.07	1.27
17	卫生和社会工作	− 2.49	− 1.84	− 0.93	0.87
18	文化、体育和娱乐业	0.00	0.61	1.37	2.79
19	公共管理、社会保障和社会组织	0.29	0.27	0.31	0.50

　　为了更为清晰直观地考察环境保护税征收对于经济中各个行业产出水平的具体影响效果，图 6 - 10 绘制了高税额（400 元/吨）情景与 EEH-DCGE 综合模型 19 个行业总体产出水平差值变化情况的雷达图。由图 6 - 10 可以看到，其分布及变化特征与中、低税率情景基本一致，但是变化的幅度和具体的量值水平相对于中、低税率情景而言有明显的增加。初期 2015 年环境保护税对于各个行业所产生的冲击相对较小且正负影响同时存在，之后随着时间的推移，环境保护税的影响不断扩大，并逐渐由负转正，预测到 2025 年后各个行业的产出水平相较于 EEH-DCGE 综合模型而言基本实现了不同程度的增长。总体而言，环境保护税的征收对于各个行业产出水平的影响是逐年扩大的，且其扩大的速度随着时间的推移有着一定程度的加速。与此同时，环境保护税所造成影响的相对强弱也能够在图形中得以充分的体现，这一分布与表 6 - 10 中的结果相一致，故在此不再赘述。

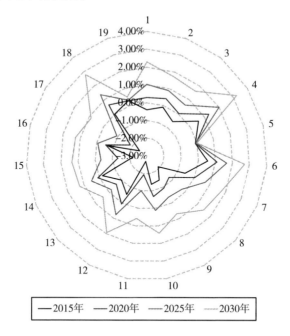

图 6 - 10　高税额（400 元/吨）情景与 EEH-DCGE
综合模型分行业产出差值的变化情况

四、商品及要素价格

事实上，环境保护税在影响各个行业产出水平的同时，其还可以通过改变生产成本影响经济中各类产品和要素的价格水平。表 6 – 11 给出了 2015 年、2020 年、2025 年和 2030 年四个关键年份低税额（25 元/吨）情景与 EEH-DCGE 综合模型 19 种商品及劳动、资本要素价格水平差值的变化情况。数据显示，初期 2015 年与空气污染密切相关的"采矿业""制造业""电力、热力、燃气及水的生产和供应业""建筑业"和"交通运输、仓储和邮政业"出现了价格的上涨，其余全部行业的价格水平则出现了不同程度的下降。随后的价格水平出现了一定程度的调整，但总体而言调整的幅度均较为有限。模型预测结果显示，2030 年"采矿业""制造业""电力、热力、燃气及水的生产和供应业""建筑业"和"交通运输、仓储和邮政业"的价格水平相对于 EEH-DCGE 综合模型而言依次上涨了 0.26%、0.19%、0.29%、0.03% 和 0.11%，在其余价格下调的行业之中，"批发和零售业""金融业""房地产业""教育""要素—劳动""要素—资本"等行业的影响较为显著，下降的幅度分别达到了 – 0.34%、– 0.25%、– 0.30%、– 0.24%、– 0.33% 和 – 0.38%。之所以出现上述结果，主要是由于与空气污染密切相关的工业和交通运输行业单位增加值的能源消耗较高，从而排出了大量的污染气体，因此相对于其他行业而言面临着更高的税收成本，并最终引起了商品价格的上涨。

表 6 – 11　　　低税额（25 元/吨）情景与 EEH-DCGE 综合
模型商品及要素价格差值的变化情况　　　　单位：%

编号	行业名称	2015 年	2020 年	2025 年	2030 年
1	农、林、牧、渔业	– 0.11	– 0.10	– 0.10	– 0.12
2	采矿业	0.28	0.27	0.26	0.26
3	制造业	0.22	0.21	0.20	0.19
4	电力、热力、燃气及水的生产和供应业	0.29	0.29	0.29	0.29
5	建筑业	0.02	0.02	0.03	0.03
6	批发和零售业	– 0.41	– 0.40	– 0.38	– 0.34

编号	行业名称	2015 年	2020 年	2025 年	2030 年
7	交通运输、仓储和邮政业	0.10	0.10	0.10	0.11
8	住宿和餐饮业	-0.10	-0.10	-0.10	-0.11
9	信息传输、软件和信息技术服务业	-0.22	-0.22	-0.21	-0.18
10	金融业	-0.31	-0.30	-0.29	-0.25
11	房地产业	-0.39	-0.37	-0.35	-0.30
12	租赁和商务服务业	-0.11	-0.11	-0.11	-0.10
13	科学研究和技术服务业	-0.11	-0.12	-0.11	-0.10
14	水利、环境和公共设施管理业	-0.14	-0.14	-0.14	-0.13
15	居民服务、修理和其他服务业	-0.16	-0.16	-0.16	-0.15
16	教育	-0.23	-0.23	-0.23	-0.24
17	卫生和社会工作	-0.06	-0.06	-0.07	-0.07
18	文化、体育和娱乐业	-0.14	-0.14	-0.13	-0.12
19	公共管理、社会保障和社会组织	-0.18	-0.18	-0.18	-0.19
20	要素—劳动	-0.29	-0.28	-0.29	-0.33
21	要素—资本	-0.51	-0.48	-0.44	-0.38

为了更为清晰直观地考察环境保护税征收对于经济中各类商品和要素价格的影响效果，图 6 - 11 绘制了低税额（25 元/吨）情景与 EEH-DCGE 综合模型 19 种商品及劳动、资本要素价格水平差值的雷达图。与分行业总体产出水平不同的是，各类商品的价格水平随着时间的推移并没有出现大幅度的调整，其中"批发和零售业""金融业""房地产业"的变化相对明显，但 2015～2030 年价格的变化幅度也均未超过 0.1%，大多数商品各期的价格水平基本保持稳定。值得注意的是，对于生产过程中的两种要素即劳动和资本而言，其价格水平的变动呈现出了完全不同的特征。劳动要素 2015 年的偏差比例为 -0.29%，模型预测结果显示，2030 年这一偏差比例达到 -0.33%，与初期比例的差值不足 0.05%；资本要素的结果却正好相反，初期 2015 年的偏差比例为 -0.51%，2030 年这一比例达到了 -0.38%，与初期比例的差值高达 0.13%，是所有商品和要素之中变化幅度最大的项目。之所以出现上述结果，可能是由于环境保护税的征收使得空气污染物的浓度水平相对于 EEH-DCGE 综合模型而言有所下降，从而引

起了劳动供给的增加，在缓解劳动供求关系的同时一定程度上提高了资本
要素的相对需求。

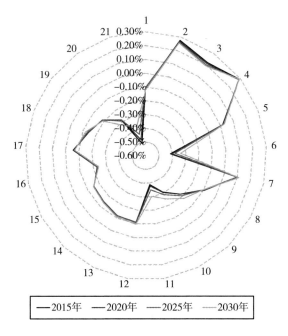

图 6 – 11　低税额（25 元/吨）情景与 EEH-DCGE 综合
模型商品及要素价格差值的变化情况

　　表 6 – 12 中给出了 2015 年、2020 年、2025 年和 2030 年四个关键年份
中等税额（100 元/吨）情景与 EEH-DCGE 综合模型 19 种商品及劳动、资
本要素价格水平差值的变化情况。可以清晰地看到，总体而言其与低税率
情景的影响效果基本相似，但是影响的量值水平有所增加。初期 2015 年与
空气污染密切相关的"采矿业""制造业""电力、热力、燃气及水的生
产和供应业""建筑业"和"交通运输、仓储和邮政业"出现了价格的上
涨，其余全部行业的价格水平则出现了不同程度的下降。随后的价格水平
出现了一定程度的调整，但总体而言调整的幅度均较为有限。模型预测结
果显示，2030 年"采矿业""制造业""电力、热力、燃气及水的生产和
供应业""建筑业"和"交通运输、仓储和邮政业"的价格水平相对于
EEH-DCGE 综合模型而言依次上涨了 1.02%、0.76%、1.15%、0.11% 及
0.45%，在其余价格下调的行业之中，"批发和零售业""金融业""房地

产业""要素—劳动""要素—资本"等行业的影响较为显著,下降的幅
度分别达到了 −1.33%、−1.00%、−1.19%、−1.31%、−1.48%。

表 6 - 12　　　中等税额（100 元/吨）情景与 EEH-DCGE 综合
模型商品及要素价格差值的变化情况　　　单位：%

编号	行业名称	2015 年	2020 年	2025 年	2030 年
1	农、林、牧、渔业	−0.43	−0.40	−0.41	−0.48
2	采矿业	1.09	1.06	1.04	1.02
3	制造业	0.88	0.84	0.80	0.76
4	电力、热力、燃气及水的生产和供应业	1.15	1.14	1.14	1.15
5	建筑业	0.06	0.08	0.10	0.11
6	批发和零售业	−1.64	−1.58	−1.50	−1.33
7	交通运输、仓储和邮政业	0.40	0.38	0.40	0.45
8	住宿和餐饮业	−0.39	−0.40	−0.41	−0.42
9	信息传输、软件和信息技术服务业	−0.87	−0.86	−0.82	−0.71
10	金融业	−1.21	−1.19	−1.13	−1.00
11	房地产业	−1.53	−1.47	−1.37	−1.19
12	租赁和商务服务业	−0.42	−0.43	−0.43	−0.38
13	科学研究和技术服务业	−0.45	−0.46	−0.45	−0.42
14	水利、环境和公共设施管理业	−0.56	−0.57	−0.56	−0.53
15	居民服务、修理和其他服务业	−0.62	−0.62	−0.61	−0.59
16	教育	−0.91	−0.90	−0.91	−0.94
17	卫生和社会工作	−0.24	−0.25	−0.26	−0.27
18	文化、体育和娱乐业	−0.56	−0.55	−0.53	−0.48
19	公共管理、社会保障和社会组织	−0.73	−0.73	−0.73	−0.75
20	要素—劳动	−1.16	−1.12	−1.14	−1.31
21	要素—资本	−1.98	−1.88	−1.73	−1.48

　　为了更清晰直观地考察环境保护税征收对经济中各类商品和要素价格
的影响效果,图 6 - 12 绘制了中等税额（100 元/吨）情景与 EEH-DCGE
综合模型 19 种商品及劳动、资本要素价格水平差值的雷达图。整体而言,
其与低税率情景的分布及变化特征基本相似,但是影响的幅度有所扩大。
与分行业总体产出水平不同的是,各类商品的价格水平随着时间的推移并
没有出现大幅度的调整,其中"批发和零售业""金融业""房地产业"

的变化相对明显，但2015~2030年价格的变化幅度也均未超过0.4%，大多数商品各期的价格水平基本保持稳定。值得注意的是，对于生产过程中的两种要素即劳动和资本而言，其价格水平的变动呈现出了完全不同的特征。劳动要素2015年的偏差比例为-1.16%，模型预测结果显示，2030年这一偏差比例达到-1.31%，与初期比例的差值不足0.2%；资本要素的结果却正好相反，初期2015年的偏差比例为-1.98%，2030年这一比例达到了-1.48%，与初期比例的差值高达0.5%，是所有商品和要素之中变化幅度最大的项目。

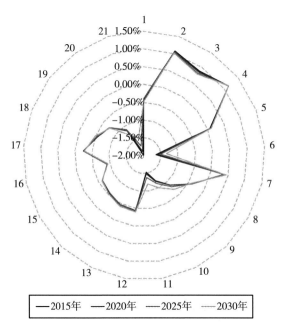

图 6 - 12　中等税额（100 元/吨）情景与 EEH-DCGE 综合模型商品及要素价格差值的变化情况

表6-13中给出了2015年、2020年、2025年和2030年四个关键年份高税额（400元/吨）情景与EEH-DCGE综合模型19种商品及劳动、资本要素价格水平差值的变化情况。由表6-13可以清晰地看到，总体而言其与中、低税率情景的影响效果基本相似，但是影响的量值水平有所增加。初期2015年与空气污染密切相关的"采矿业""制造业""电力、热力、燃气及水的生产和供应业""建筑业"和"交通运输、仓储和邮政业"出

现了价格的上涨，其余全部行业的价格水平则出现了不同程度的下降。随后的价格水平出现了一定程度的调整，但总体而言调整的幅度均较为有限。模型预测结果显示，2030 年"采矿业""制造业""电力、热力、燃气及水的生产和供应业""建筑业"和"交通运输、仓储和邮政业"的价格水平相对于 EEH-DCGE 综合模型而言依次上涨了 3.90%、2.92%、4.41%、0.41% 和 1.77%，在其余价格下调的行业之中，"批发和零售业""金融业""房地产业""要素—劳动""要素—资本"等行业的影响较为显著，下降的幅度分别达到了 -5.07%、-3.77%、-4.47%、-4.89%、-5.58%。

表 6 – 13　　　高税额（400 元/吨）情景与 EEH-DCGE 综合
模型商品及要素价格差值的变化情况　　　　单位：%

编号	行业名称	2015 年	2020 年	2025 年	2030 年
1	农、林、牧、渔业	-1.68	-1.54	-1.51	-1.83
2	采矿业	4.18	4.07	3.98	3.90
3	制造业	3.34	3.18	3.06	2.92
4	电力、热力、燃气及水的生产和供应业	4.40	4.35	4.34	4.41
5	建筑业	0.20	0.28	0.37	0.41
6	批发和零售业	-6.22	-6.03	-5.71	-5.07
7	交通运输、仓储和邮政业	1.56	1.50	1.54	1.77
8	住宿和餐饮业	-1.50	-1.54	-1.57	-1.60
9	信息传输、软件和信息技术服务业	-3.32	-3.29	-3.13	-2.70
10	金融业	-4.56	-4.49	-4.28	-3.77
11	房地产业	-5.72	-5.54	-5.20	-4.47
12	租赁和商务服务业	-1.64	-1.68	-1.65	-1.48
13	科学研究和技术服务业	-1.72	-1.77	-1.74	-1.58
14	水利、环境和公共设施管理业	-2.13	-2.16	-2.14	-2.01
15	居民服务、修理和其他服务业	-2.36	-2.36	-2.34	-2.24
16	教育	-3.45	-3.42	-3.42	-3.54
17	卫生和社会工作	-0.94	-0.96	-0.98	-1.05
18	文化、体育和娱乐业	-2.17	-2.15	-2.07	-1.85
19	公共管理、社会保障和社会组织	-2.79	-2.76	-2.76	-2.84
20	要素—劳动	-4.43	-4.24	-4.23	-4.89
21	要素—资本	-7.36	-7.03	-6.53	-5.58

　　为了更为清晰直观地考察环境保护税征收对于经济中各类商品和要素价格的影响效果，图6-13绘制了高税额（400元/吨）情景与EEH-DCGE综合模型19种商品及劳动、资本要素价格水平差值的雷达图。整体而言，其与中、低税率情景的分布及变化特征基本相似，但是影响的幅度显著扩大。与分行业总体产出水平不同的是，各类商品的价格水平随着时间的推移并没有出现大幅度的调整，其中"批发和零售业""金融业""房地产业"的变化相对明显，但2015～2030年价格的变化幅度也均未超过1.5%，大多数商品各期的价格水平基本保持稳定。值得注意的是，对于生产过程中的两种要素即劳动和资本而言，其价格水平的变动呈现出了完全不同的特征。劳动要素2015年的偏差比例为-4.43%，模型预测结果显示，2030年这一偏差比例达到-4.89%，与初期比例的差值不足0.5%；资本要素的结果却正好相反，初期2015年的偏差比例为-7.36%，2030年这一比例达到了-5.58%，与初期比例的差值高达1.78%，是所有商品和要素之中变化幅度最大的项目。

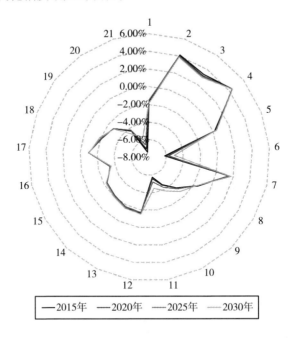

图6-13　高税额（400元/吨）情景与EEH-DCGE综合
模型商品及要素价格差值的变化情况

第四节　税收政策对于环境领域的影响

一、空气污染物总体浓度水平

作为治理空气污染最为重要的政策手段之一，环境保护税的征收将对空气污染物的浓度水平产生重要影响。为了考察环境保护税政策的实施效果，图6－14 中给出了 2012～2030 年 25 元/吨、50 元/吨、100 元/吨、200 元/吨和 400 元/吨 5 种环境保护税情景及 EEH-DCGE 综合模型中我国 $PM_{2.5}$ 年均浓度值的变化情况。由图6－14 可以看到，整体而言空气污染物的浓度值水平呈现出了逐年下降的趋势，且这一下降的速度随着时间的推移有所增加。初期 2012 年 25 元/吨、50 元/吨、100 元/吨、200 元/吨和 400 元/吨 5 种环境保护税情景下的 $PM_{2.5}$ 浓度值依次为 84.16 微克/立方米、83.36 微克/立方米、81.84 微克/立方米、79.04 微克/立方米和 74.35

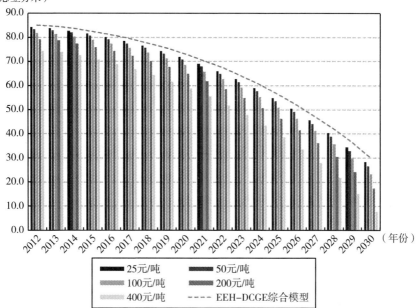

图6－14　2012～2030 年各环境保护税情景下的中国 $PM_{2.5}$ 年均浓度值变化情况

微克/立方米，明显低于同期未考虑环境保护税政策的 EEH-DCGE 综合模型的 84.98 微克/立方米。之后各种环境保护税情景下的污染物浓度水平逐年下降，模型预测结果显示，2030 年 5 中环境保护税情景下的 $PM_{2.5}$ 浓度值水平分别达到了 28.29 微克/立方米、26.58 微克/立方米、23.33 微克/立方米、17.45 微克/立方米和 7.82 微克/立方米，下降的幅度依次为 66.38%、68.11%、71.49%、77.93% 和 89.48%，显著高于 EEH-DCGE 综合模型的 64.62%。空气污染物的浓度水平相对于 EEH-DCGE 综合模型而言之所以出现上述调整，与环境保护税征收后各主要污染行业产出及价格水平的变化密切相关。

为了更为清晰直观地考察环境保护税征收对于空气污染物浓度水平下降的具体影响效果及其量值水平，以及不同征税额度之间的差异状况，图 6-15 给出了 2012~2030 年 25 元/吨、50 元/吨、100 元/吨、200 元/吨和 400 元/吨 5 种环境保护税情景与 EEH-DCGE 综合模型 $PM_{2.5}$ 年均浓度值差值的变化情况。由图 6-15 可以看到，总体而言征收环境保护税所引起的污染物浓度的下降随着时间的推移存在逐渐扩大的趋势，即环境保护税的征收在治理空气污染方面存在着明显的"累积效应"。初期 2012 年 25 元/吨、50 元/吨、100 元/吨、200 元/吨和 400 元/吨 5 种环境保护税情景下所导致的污染物浓度下降值分别为 -0.82 微克/立方米、-1.62 微克/立方米、-3.15 微克/立方米、-5.94 微克/立方米和 -10.64 微克/立方米，之后这一差值不断增加，模型预测结果显示，2030 年 5 种环境保护税情景下的下降值依次达到了 -1.77 微克/立方米、-3.48 微克/立方米、-6.74 微克/立方米、-12.61 微克/立方米及 -22.24 微克/立方米。与此同时，还可以看到，空气污染物浓度水平相对于 EEH-DCGE 综合模型的负向偏差与环境保护税的征收额度之间存在着正相关关系，即环境保护税的征收额度越高，由此所带来的空气污染的治理效果也越为显著，与此同时其所带来的经济和福利损失也更为庞大。

二、空气污染物分行业贡献

通过绘制不同环境保护税情景下各个年份 $PM_{2.5}$ 浓度值的水平及其与

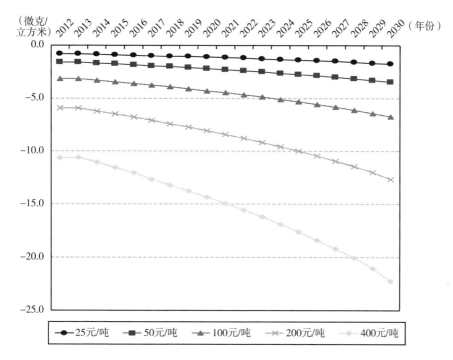

图 6 – 15　2012～2030 年各环境保护税情景
与 EEH-DCGE 综合模型 PM$_{2.5}$ 年均浓度值差值的变化情况

EEH-DCGE 综合模型之间的差值，可以看到随着时间的推移，空气污染物
的浓度水平整体上呈现出了逐年下降的趋势，同时环境保护税的征收有助
于加速这一过程。不仅如此，环境保护税的征收在治理空气污染方面具有
明显的"累积效用"，且其征收的额度越高，由其所引发的污染物浓度的
下降也越为显著。本节中我们将对 EEH-DCGE 综合模型之中的空气污染排
放方程进行逐项分解，以考察各类因素以及环境保护税对于 PM$_{2.5}$ 浓度值下
降的贡献程度。需要专门指出的是，由于环境保护税对于空气污染物浓度
水平下降的作用方式基本相同，为使得相关分析的结果更为显著且节省适
当的篇幅，本书中仅列出了高税额（400 元/吨）情景下的相关分析结果。

　　表 6 – 14 中给出了高税额（400 元/吨）情景下 EEH-DCGE 综合模型
中空气污染排放方程各项贡献值的大小。由表 6 – 14 可以看到，对于 PM$_{2.5}$
最终浓度水平造成影响的三项因子之中，"工业增加值" 和 "第三产业
（不含交通运输、仓储和邮政业）增加值" 两项将导致 PM$_{2.5}$ 浓度值的上

升,其表征了"燃煤""工业""生物质燃烧"和"其他各类因素"对于污染物浓度的影响;与此同时,"交通运输、仓储和邮政业增加值"将导致$PM_{2.5}$浓度值的下降,其一方面衡量了"机动车及其他移动源"的影响,另一方面其同样表征了国民经济总体运行效率的提升以及以电子商务、大数据、云计算、共享经济等一系列领域为代表的"互联网经济"的发展,而这些领域往往具备较高的运行效率且基本不排放相关空气污染物,显然后者占据了主导地位并最终导致了污染物浓度水平的下降。

初期2012年"工业增加值""交通运输、仓储和邮政业增加值"和"第三产业增加值"三项的数值依次为271.32微克/立方米、-372.36微克/立方米和123.54微克/立方米,最终计算得到的当年$PM_{2.5}$浓度值水平为74.35微克/立方米。之后三项的绝对值水平均开始不断增大,但在此过程之中对于空气污染物浓度水平起到负向作用的"交通运输、仓储和邮政业增加值"相较于其他两项的增速更为迅速,最终导致了$PM_{2.5}$总体浓度值的下降。模型预测结果显示2030年,三项的数值依次达到了665.35微克/立方米、-1062.16微克/立方米及352.79微克/立方米,而通过空气污染排放方程计算得到的当年$PM_{2.5}$浓度值水平已下降至7.82微克/立方米,总体空气污染状况相对于EEH-DCGE综合模型而言得到了更为显著的改善。

表6-14　高税额（400元/吨）情景下空气污染排放方程各项贡献的分解

单位：微克/立方米

年份	工业增加值贡献	交通运输、仓储和邮政业增加值贡献	第三产业（不含交通运输、仓储和邮政业）增加值贡献	$PM_{2.5}$浓度
2012	271.32	-372.36	123.54	74.35
2013	287.21	-396.05	130.99	74.00
2014	303.94	-422.17	138.94	72.56
2015	321.07	-449.34	147.30	70.87
2016	338.81	-477.83	156.14	68.96
2017	357.90	-508.58	165.67	66.83
2018	377.10	-540.11	175.59	64.42

续表

年份	工业增加值贡献	交通运输、仓储和邮政业增加值贡献	第三产业（不含交通运输、仓储和邮政业）增加值贡献	PM$_{2.5}$浓度
2019	396.91	-573.09	186.05	61.72
2020	417.53	-607.80	197.15	58.72
2021	438.76	-644.03	208.85	55.42
2022	460.57	-681.81	221.19	51.79
2023	483.20	-721.50	234.27	47.82
2024	506.68	-763.22	248.17	43.46
2025	530.78	-806.73	262.84	38.74
2026	555.77	-852.49	278.46	33.58
2027	581.44	-900.31	295.02	27.99
2028	608.11	-950.81	312.74	21.89
2029	635.97	-1004.46	331.86	15.21
2030	665.35	-1062.16	352.79	7.82

为了更为清晰直观地考察环境保护税的额征收对于各项影响因子及最终的 PM$_{2.5}$ 浓度值减少的影响情况，表 6-15 中给出了高税额（400 元/吨）情景与 EEH-DCGE 综合模型中空气污染排放方程各项贡献值差值的变化情况。由表 6-15 可以看到，环境保护税的征收使得"工业增加值"和"第三产业增加值"两项出现了下降，且这一负向影响随着时间的推移而逐渐加强。与之相反的是，环境保护税的征收却使"交通运输、仓储和邮政业增加值"一项出现了上涨，且上涨幅度亦随时间不断加大。初期 2012 年环境保护税的征收对于"工业增加值""交通运输、仓储和邮政业增加值"和"第三产业增加值"相对于 EEH-DCGE 综合模型偏差的量值分别为 -36.90 微克/立方米、32.89 微克/立方米和 -6.63 微克/立方米。随后各项的偏差均不断加大，模型预测结果显示 2030 年三项的偏差水平分别达到了 -79.03 微克/立方米、63.73 微克/立方米和 -6.94 微克/立方米。由于环境保护税征收后，经济的自发调节所造成负向偏差的整体幅度大于正向偏差的水平，最终导致了空气污染物浓度水平的加速下降。

表 6 – 15 　　高税额（400元/吨）情景与 EEH-DCGE 综合模型中

空气污染排放方程各项贡献分解的差值 　单位：微克/立方米

年份	工业增加值贡献	交通运输、仓储和邮政业增加值贡献	第三产业（不含交通运输、仓储和邮政业）增加值贡献	PM$_{2.5}$浓度
2012	– 36.90	32.89	– 6.63	– 10.64
2013	– 38.83	35.05	– 6.78	– 10.56
2014	– 40.92	36.95	– 7.09	– 11.05
2015	– 43.00	38.82	– 7.37	– 11.55
2016	– 45.14	40.73	– 7.64	– 12.06
2017	– 47.44	42.74	– 7.92	– 12.62
2018	– 49.72	44.74	– 8.19	– 13.17
2019	– 52.06	46.77	– 8.44	– 13.73
2020	– 54.48	48.83	– 8.68	– 14.32
2021	– 56.94	50.90	– 8.89	– 14.93
2022	– 59.43	52.96	– 9.08	– 15.55
2023	– 61.99	55.02	– 9.24	– 16.21
2024	– 64.60	57.05	– 9.35	– 16.90
2025	– 67.21	59.00	– 9.41	– 17.62
2026	– 69.84	60.84	– 9.37	– 18.38
2027	– 72.42	62.45	– 9.22	– 19.19
2028	– 74.91	63.72	– 8.87	– 20.07
2029	– 77.21	64.36	– 8.21	– 21.06
2030	– 79.03	63.73	– 6.94	– 22.24

第五节　税收政策对于健康领域的影响

一、空气污染相关疾病死亡率

前面已完成了环境保护税征收对于福利、经济和环境领域各类影响的评估工作。事实上，EEH-DCGE 综合模型之中，健康模块作为连接经济和环境之间的桥梁，起到了十分重要的作用，目前已通过各类方法相继引入了"空气质量改善减少提早死亡人数""有效劳动供给时间""劳动生产率"和"居民效用函数"四类影响机制，本节中将对各类影响机制所涉及的关键指标进行分析和研究，以评估环境保护的税征收对于健康领域所带来的各类影响的实际效果和具体量值水平。

针对"空气质量改善减少提早死亡人数"影响机制，本书选择了与空气污染密切相关的心脑血管疾病、呼吸系统疾病及肺癌的死亡率水平作为重点分析指标。图 6 – 16 给出了 2012～2030 年我国上述三类疾病死亡率的变化情况，虚线（下）表征 2012 年的基准死亡率水平，虚线（上）表征 EEH-DCGE 综合模型的死亡率变化，柱形图分别代表 25 元/吨、50 元/吨、100 元/吨、200 元/吨和 400 元/吨 5 种环境保护税情景下的死亡率状况。由图 6 – 16 可以清晰地看到，初期三类疾病的死亡率水平相对于基准死亡率而言均有较大幅度的增加。2012 年心脑血管疾病在 25 元/吨、50 元/吨、100 元/吨、200 元/吨和 400 元/吨 5 种环境保护税情景下的死亡率水平依次为 0.0090、0.0088、0.0086、0.0082 和 0.0076，呼吸系统疾病的死亡率水平依次为 0.00130、0.00130、0.00129、0.00127 和 0.00124，肺癌的死亡率水平依次为 0.00182、0.00179、0.00174、0.00165 和 0.00152。之后随着时间的推移，各类疾病的死亡率状况不断下降，且征收环境保护税后死亡率的下降幅度相对于 EEH-DCGE 综合模型而言出现了明显的增加。模型预测结果显示，2030 年 5 种环境保护税情景下的心脑血管疾病死亡率已分别下降至 0.0035、0.0034、0.0032、0.0029 和 0.0024，呼吸系统疾病的死亡率也分别下降至 0.000983、0.000975、0.000959、0.000932和 0.000888，肺癌的死亡率水平同样分别下降至 0.000644、0.000624、0.000587、0.000526 和 0.000440。相对于 EEH-DCGE 综合模型而言，环境保护税的引入使空气污染物的浓度水平出现了加速下降，并引发了各类疾病死亡率水平的大幅调整。与此同时，还可以看到，死亡率水平下降的多少与环境保护税的征税额度之间存在着密切的联系，整体而言环境保护税的征税额度越高，各类疾病死亡率的下降幅度也越为明显，二者之间存在显著的正相关关系。

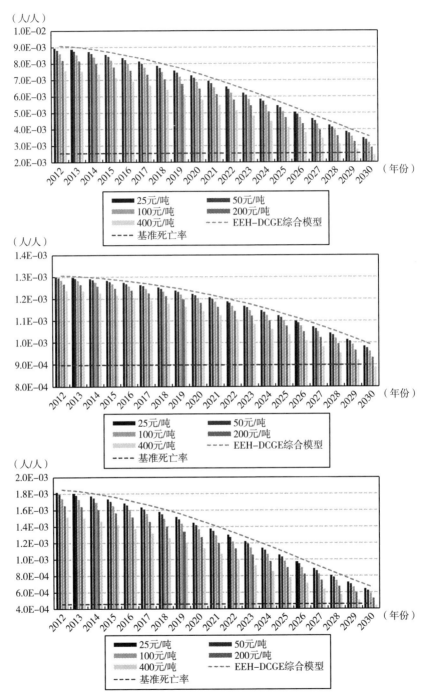

图 6 – 16 2012 ~ 2030 年各环境保护税情景下的中国心脑血管
疾病、呼吸系统疾病及肺癌死亡率

二、空气污染相关疾病住院率

针对"有效劳动供给时间"影响机制，本书选择了与空气污染密切相关的心脑血管疾病及呼吸系统疾病的住院率水平作为重点分析指标。图 6 – 17 中给出了 2012～2030 年我国上述两类疾病住院率的变化情况，虚线（下）表征 2012 年的基准住院率水平，虚线（上）表征 EEH-DCGE 综合模型的住院率变化，柱形图分别代表 25 元/吨、50 元/吨、100 元/吨、200 元/吨和 400 元/吨 5 种环境保护税情景下的住院率状况。由图 6 – 17 中可以清晰地看到，初期两类疾病的住院率水平相对于基准住院率而言均有较大幅度的增加。2012 年心脑血管疾病在 25 元/吨、50 元/吨、100 元/吨、200 元/吨和 400 元/吨 5 种环境保护税情景下的住院率水平依次为 0.02263、0.02260、0.02256、0.02247 和 0.02232，呼吸系统疾病的住院率水平依次为 0.01526、0.01523、0.01519、0.01511 和 0.01498。之后随着时间的推移，各类疾病的住院率状况不断下降，且征收环境保护税后住院率的下降幅度相对于 EEH-DCGE 综合模型而言出现了明显的增加。模型预测结果显示，2030 年 5 种环境保护税情景下的心脑血管疾病住院率已分别下降至 0.02093、0.02088、0.02078、0.02061 和 0.02033，呼吸系统疾的病住院率也分别下降至 0.01376、0.01371、0.01363、0.01348 和 0.01324。相对于 EEH-DCGE 综合模型而言，环境保护税的引入使空气污染物的浓度水平出现了加速下降，并引发了各类疾病住院率水平的大幅调整。与此同时，还可以看到，住院率水平下降的多少与环境保护税的征税额度之间存在着密切的联系，整体而言环境保护税的征税额度越高，各类疾病住院率的下降幅度也越为明显，二者之间存在着显著的正相关关系。

三、有效劳动供给水平

针对"劳动生产率"影响机制，本书选择了模型的劳动供给水平作为重点分析指标。图 6 – 18 中给出了 2012～2030 年我国总体劳动供给水平的变化情况，虚线（下）表征未考虑空气污染影响的 DCGE 模型的劳动供给

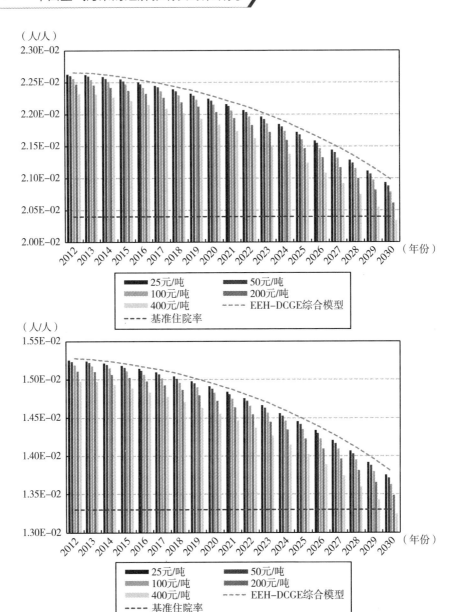

图 6 - 17 2012 ～ 2030 年各环境保护税情景下的中国心脑血管及呼吸系统疾病住院率

水平, 虚线 (上) 表征 10 微克/立方米标准下 EEH-DCGE 综合模型的劳动供给状况, 柱形图分别代表 25 元/吨、50 元/吨、100 元/吨、200 元/吨和 400 元/吨 5 种环境保护税情景下经济中的总体劳动供给。由图 6 - 18 可以看到，当未考虑空气污染的影响时，DCGE 模型中的劳动供给水平始终处于上升的态势，但上升的速度随着时间的推移而逐年减小。与之形成鲜明对比的是，当将空气污染的各类影响机制纳入模型的考察范畴后，总体劳动供给呈现出了完全不同的变化趋势。对于 10 微克/立方米基准浓度下的 EEH-DCGE 综合模型而言，初期其总体劳动供给水平不断下降，之后将于 2024 年达到了极小值水平，随后便开始逐年增加。而 5 种环境保护税情景下劳动供给的变化趋势与 EEH-DCGE 综合模型的结果较为一致，但是其具体量值水平根据环境保护税征收额度的不同与之存在明显的差距。之所以出现上述结果，是由于征收环境保护税后空气污染物的浓度水平出现了较大幅度的调整，并诱发了各类影响机制中相关指标的变化，最终导致了有效劳动供给水平的提升。

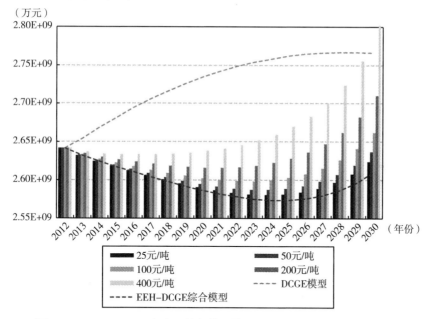

图 6 - 18　2012 ~ 2030 年各环境保护税情景下的劳动供给水平变化情况

为了更进一步考察环境保护税的征收对于模型中总体劳动供给水平的影响效果及其量值水平，图 6 - 19 中给出了 2012 ~ 2030 年 25 元/吨、50 元/吨、100 元/吨、200 元/吨和 400 元/吨 5 种环境保护税情景与 EEH-DCGE 综合模型劳动供给水平差值的变化情况。由图 6 - 19 中可以看到，相对于 EEH-DCGE 综合模型而言，25 元/吨、50 元/吨、100 元/吨、200 元/吨和400元/吨5种环境保护税情景均会造成总体劳动供给水平的提升，且这一影响随着时间的推移不断扩大，存在着明显的"累积效应"。值得注意的是，5种环境保护税情景下劳动供给水平的提升与环境保护税的征收额度之间存在着密切的联系。总体而言，环境保护税的征收额度越高，由此所引发的社会劳动供给水平的提升越为明显。初期2012年5种环境保护税所带来的劳动供给的提升均为0，之后这一差值不断增加，模型预测结果显示，2030年25元/吨、50元/吨、100元/吨、200元/吨和400元/吨5种环境保护税情景下的劳动供给提升水平分别达到了1314.8亿元、2604.3亿元、5116.1亿元、9930.0亿元和19119.8亿元。因此，环境保护税的征收额度与社会总体劳动供给水平的提升之间存在着显著的正相关关系。

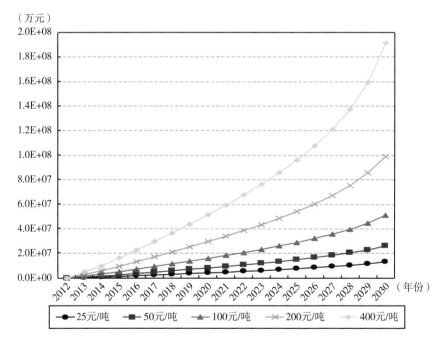

图6-19　2012~2030年各环境保护税情景
与EEH-DCGE综合模型劳动供给水平差值的变化情况

四、空气污染治理支付意愿

针对"居民效用函数"影响机制，本书选择了模型的空气污染治理支

付意愿作为重点分析指标。图 6 – 20 中给出了 2013 ~ 2030 年 25 元/吨、50
元/吨、100 元/吨、200 元/吨和 400 元/吨 5 种环境保护税情景下居民部门
对于治理空气污染支付意愿的变化情况。由图 6 – 20 中可以清晰地看到，
总体而言随着空气污染物浓度水平的不断下降，居民对于空气污染治理的
支付意愿也随之逐年减小。初期 2013 年 5 种环境保护税情景下的支付意愿
依次为 2059. 3 亿元、2026. 2 亿元、1962. 8 亿元、1846. 6 亿元和 1651. 0 亿
元，之后随着时间的推移各种环境保护税情景下的支付意愿均持续下降，
模型预测结果显示 2030 年 5 种税收情景下的支付意愿分别下降至 – 17. 3
亿元、 – 85. 6 亿元、 – 215. 2 亿元、 – 449. 4 亿元和 – 831. 1 亿元。值得注
意的是，与未考虑征收环境保护税的 EEH-DCGE 综合模型相比，各种税收
情景下的支付意愿均出现了较大幅度的调整，上述现象与环境保护税征收
后空气污染物浓度的快速下降密切相关。

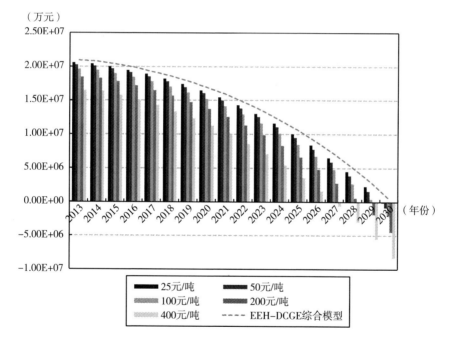

图 6 – 20 2012 ~ 2030 年各环境保护税情景下的
空气污染治理支付意愿变化情况

为了更为清晰准确地考察不同额度的环境保护税对于居民支付意愿的
影响效果和具体量值水平，图 6 – 21 中给出了 2013 ~ 2030 年 25 元/吨、

50 元/吨、100 元/吨、200 元/吨和 400 元/吨 5 种环境保护税情景与 EEH-DCGE 综合模型空气污染治理支付意愿差值的变化情况。由图 6 – 21 中可以看到，随着时间的推移，不同额度的环境保护税使得居民支付意愿的下降存在着扩张的趋势。初期 2013 年 25 元/吨、50 元/吨、100 元/吨、200 元/吨和 400 元/吨 5 种环境保护税情景相对于 EEH-DCGE 综合模型而言支付意愿的下降幅度依次为 – 34.1 亿元、– 67.2 亿元、– 130.6 亿元、– 246.8 亿元和 – 442.5 亿元，之后这一差值不断扩大，模型预测结果显示，2030 年 5 中环境保护税情景下的支付意愿下降幅度已分别达到了 – 70.6 亿元、– 138.8 亿元、– 268.5 亿元、– 502.6 亿元和 – 884.3 亿元，变化的幅度十分显著。与此同时，还可以看到，支付意愿的损失规模与环境保护税的征收额度之间存在着显著的正相关关系。总体而言，环境保护税征收的额度越高，由此所带来的支付意愿的损失也越为严重。

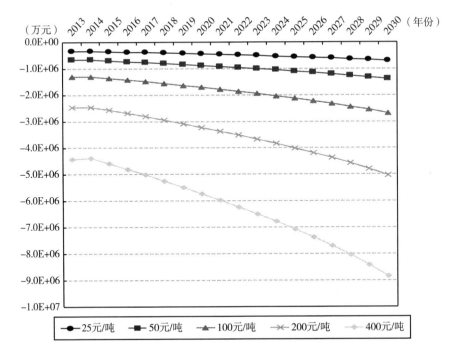

图 6 – 21　2012 ~ 2030 年各环境保护税情景
与 EEH-DCGE 综合模型空气污染治理支付意愿差值的变化情况

第六节　本章小结

在针对空气污染的各类治理政策之中，税收手段由于具备可操作性强、灵活程度高、法律基础健全等一系列优点，一直是全球各主要国家治理空气污染的首选工具之一。为此，本章考察了环境保护税的征收对于降低空气污染物浓度的实际作用效果，以及在此过程中其对于福利、经济、环境、健康等领域所造成的各类影响。在 EEH-DCGE 综合模型的基础之上，设计并引入了环境保护税模块，有关该模块的具体结构设计见图 6-1。

在各个行业所使用的各类能源之中（包含煤炭、焦炭、原油、汽油、煤油、柴油、燃料油以及天然气 8 种化石燃料），首先根据国家统计局所公布的相关数据整理了各个行业中上述几种化石燃料的消费总量。其次，通过《中国能源统计年鉴》和《省级温室气体清单编制指南》中的相关参数指标计算得到了各类化石燃料的二氧化碳排放系数。再次，将各个行业中各化石燃料的消费总量与对应的二氧化碳排放系数相乘，即得到了各种化石燃料的单独二氧化碳排放量，随后将其进行汇总便得到了分行业的二氧化碳排放总量。最后，根据国家统计局公布的分行业增加值，计算了各个行业单位增加值的二氧化碳排放总量，并结合所设定的二氧化碳税额，最终计算得到了各个行业所征收的总体环境保护税的规模。随后本章中共设计了 5 类征税情景，分别为"低税率（25 元/吨）"、"中低税率（50 元/吨）"、"中等税率（100 元/吨）"、"中高税率（200 元/吨）"以及"高税率（400 元/吨）"，以探究各种水平的环境保护税对于我国空气污染治理及经济发展的具体影响效果。其中，关于模型中各环境保护税情景的设计方式及其具体含义见表 6-7。

第二节和第三节中主要描述了环境保护税的征收对社会福利水平和各类经济指标的影响。环境保护税对于社会福利和经济领域的影响主要分为两大方面，分别是总量指标（社会福利水平、GDP 及居民收入）和分行业指标（产出水平及价格）。首先，在总量指标方面，征收环境保护税之后的社会福利、名义 GDP 及居民收入水平较 EEH-DCGE 综合模型而言，初期所造成的损失最为严重,之后这一损失随着时间的推移不断减少,并将于 2026 年左右开始由负转正,之后便开始加速上升。可以发现,环境保护税的征收额度与其对于社会福利、经济总量及居民收入所造成的影响之间存在着密切的联系。2012～2026 年,环境保护税的征收额度越高,其对于经济所造成的负面冲击越为明显,其中 25 元/吨、50 元/吨、100 元/吨 3 种环境保护税情景之间的累积损失差额在绝对水平上并不显著,但 200 元/吨和 400 元/吨 2 种环境保护税情景下的累积损失却急剧增加,400 元/吨的税收额度下由于环境保护税政策所造成的社会福利、名义 GDP 及居民收入的累积损失分别高达 101471.9 亿元、103035.5 亿元和 171305.7 亿元。因此,过高的环境保护税额度将会对宏观经济产生过大的负面冲击,在制定相关环境保护政策时一定要充分考虑此类政策的负面影响。2026～2030 年,环境保护税的征收额度越高,由其所带来的正向促进作用也越为显著,但是值得注意的是,随着空气污染物浓度下降至一定水平后,降低单位浓度所需要的投入将越发庞大,存在着明显的边际效用递减,且持续、合理的经济发展方式依然会排放一定的空气污染物,只要这种污染物的浓度水平对于人类的健康没有危害,便是可以接受也无法避免的。

其次,在分行业指标方面,环境保护税的征收在初期使得除"采矿业""电力、热力、燃气及水的生产和供应业""批发和零售业""文化、体育和娱乐业""公共管理、社会保障和社会组织"以外的几乎全部行业均出现了产出水平的下降。但模型预测结果显示,2030 年环境保护税使得全部行业的产出水平相对于 EEH-DCGE 综合模型而言均出现了增加,且增加的幅度随着行业部门的不同而有所差异。初期 2015 年环境保护税对于各个行业所产生的冲击相对较小且正负影响同时存在,之后随着时间的推移,环境保护税的影响不断扩大,并逐渐由负转正,预测 2025 年后各个行业的产出水平相较于 EEH-DCGE 综合模型而言基本实现了不同程度的增长。总体而言,环境保护税的征收对于各个行业产出水平的影响是逐年扩大的,且其扩大的速度随着时间的推移有着一定程度的加速。不同的环境保护税额度虽然在影响的量值水平上存在着一定程度的差异,但是其重点影响的行业及呈现出来的总体特征却基本一致。

与分行业总体产出水平不同的是,初期 2015 年与空气污染密切相关的

"采矿业""制造业""电力、热力、燃气及水的生产和供应业""建筑业"和"交通运输、仓储和邮政业"出现了价格的上涨，其余全部行业的价格水平则出现了不同程度的下降。随后的价格水平出现了一定程度的调整，但总体而言调整的幅度均较为有限。各类商品的价格水平随着时间的推移并没有出现大幅度的调整，其中"批发和零售业""金融业""房地产业"的变化相对明显，但 2015～2030 年价格的变化幅度也均未超过一定幅度，大多数商品各期的价格水平基本保持稳定。值得注意的是，对于生产过程中的两种要素即劳动和资本而言，其价格水平的变动呈现出了完全不同的特征。劳动要素的变化幅度很小，资本要素的结果则恰好与之相反，成为所有商品和要素之中变化幅度最大的项目。同样可以看到，对于商品和要素的价格而言，不同的环境保护税额度虽然在影响的量值水平上存在着一定程度的差异，但是其重点影响的行业及呈现出来的总体特征却基本一致。

第四节中主要描述了环境保护税的征收对于各类环境指标的影响。整体而言空气污染物的浓度值水平呈现出了逐年下降的趋势，且这一下降的速度随着时间的推移有所增加。相对于 EEH-DCGE 综合模型而言，征收环境保护税所引起的污染物浓度的下降随着时间的推移存在着逐渐扩大的趋势，即环境保护税的征收在治理空气污染方面存在着明显的"累积效应"。与此同时，空气污染物浓度水平相较于 EEH-DCGE 综合模型的负向偏差与环境保护税的征收额度之间存在着正相关关系，即环境保护税的征收额度越高，由此所带来的空气污染的治理效果也越为显著，同时其所带来的经济和福利损失也更为庞大。环境保护税的征收使"工业增加值"和"第三产业增加值"两项出现了下降，且这一负向影响随着时间的推移而逐渐加强，与之相反的是，环境保护税的征收却使得"交通运输、仓储和邮政业增加值"一项出现了上涨，且上涨幅度亦随时间不断加大。由于环境保护税征收后，经济的自发调节所造成负向偏差的整体幅度大于正向偏差的水平，最终导致了空气污染物浓度水平的加速下降。

第五节中主要描述了环境保护税的征收对于各类健康指标的影响。首先，对于"空气质量改善减少提早死亡人数"影响机制，初期心脑血管疾病、呼吸系统疾病及肺癌的死亡率水平相对于基准死亡率而言均有较大幅度的增加，之后随着时间的推移，各类疾病的死亡率状况不断下降，且征收环境保护税后死亡率的下降幅度相对于 EEH-DCGE 综合模型而言出现了明显的增加。与此同时，还可以看到，死亡率水平下降的幅度与环境保护税的征税额度之间存在着密切的联系，整体而言环境保护税的征税额度越高，各类疾病死亡率的下降幅度也越为明显，二者之间存在着显著的正相关关系。其次，对于"有效劳动供给时间"影响机制，其呈现出了与"空气质量改善减少提早死亡人数"机制相似的结果，初期两类疾病的住院率水平相对于基准住院率而言均存在着较大幅度的增加，之后随着时间的推移，各类疾病的住院率水平不断下降，且征收环境保护税后住院率的下降幅度相对于 EEH-DCGE 综合模型而言出现了明显的增加。与此同时，住院率水平的下降幅度与环境保护税的征收额度之间同样存在着显著的正相关关系。再次，对于"劳动生产率"影响机制，相对于 EEH-DCGE 综合模型而言，25 元/吨、50 元/吨、100 元/吨、200 元/吨和 400 元/吨 5 种环境保护税情景均会导致总体劳动供给水平的上升，且该影响随着时间的推移不断扩大，存在着明显的"累积效应"。值得注意的是，5 种环境保护税情景下劳动供给水平的提升与环境保护税的征收额度之间存在着密切的联系。总体而言，环境保护税的征收额度越高，由此所引发的社会劳动供给水平的提升越为明显。最后，对于"居民效用函数"影响机制，随着时间的推移，不同额度的环境保护税使得居民支付意愿的下降存在着扩张的趋势，即相对于 EEH-DCGE 综合模型而言加速了支付意愿的下降。与此同时，支付意愿的损失规模与环境保护税的征收额度之间存在着显著的正相关关系。总体而言，环境保护税征收的额度越高，由此所带来的支付意愿的损失也越为严重。

第七章

技术手段对于空气污染治理效果的实证研究

第一节 技术模块的设计及引入

一、结构设计

第六章中，本书已经针对空气污染治理的重要手段之一，即征收环境保护税这一政策进行了系统性的分析和评估，考察了征收环境保护税之后福利、经济、环境及健康领域的具体响应结果。改革开放以来，我国经济实现了迅猛发展，但是这一发展成果的取得过多依赖于各类生产要素的大量投入，能源利用水平整体上有待提高，且污染清洁技术的发展也相对落后，经济发展过程中由于科学技术、制度环境等内生增长因素所推动的比例还存在着较大提升空间。因此，转变我国现有经济发展方式，提高能源利用效率、发展污染清洁技术、促进全要素生产率的提升，才能在根本上解决导致我国空气污染的一系列深层次问题。

为此，本章将通过一系列经济变量的引入，将能源利用效率、污染清洁技术和全要素生产率3项因素纳入模型的考察范畴之中，以探究技术手

段对于我国空气污染的治理效果，同时评估其对于福利、经济、环境和健康
领域所造成的影响及其具体量值水平。技术模块的总体结构设计如图 7 - 1
所示，有关能源利用效率、污染清洁技术及全要素生产率的含义及引入方
法将在下面予以详述。

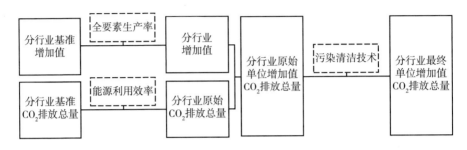

图 7 - 1　技术模块的结构设计

首先，能源利用效率表征了一个体系有效利用的能量与实际消耗能量
的比率，其数值的高低反映了一个国家在现有技术水平下对于各类燃料及
资源的使用效率和水平。事实上，现阶段我国的能源利用效率与发达国家
之间仍存在着较大差距，而这一问题也限制了我国经济实现持续快速增
长，并在发展的过程中带来了大量污染。因此，本书将能源利用效率指标
引入 EEH-DCGE 综合模型之中，能源利用效率的提高将使得单位经济增长
所需的能源数量下降，进而导致空气污染物浓度的下降，并最终反映到企
业所面临的单位增加值的环境保护税额度之上。

其次，污染清洁技术表征了依赖各类设备及工艺对于生产环节末端所
产生的各类污染物进行处理的技术手段。现阶段我国对于各个生产环节中
所产生的各类污染物的处理技术并不完善，且处理标准的制定也相对宽
松，导致了大量空气污染物未经处理直接排入了大气之中，最终加剧了空
气污染问题的发生。因此，本书将污染清洁技术指标引入 EEH-DCGE 综合
模型之中，污染清洁技术的提升将使得原始的污染物排放得到有效的处
理，并降低最终排入大气之中的污染物浓度，从而减少企业创造单位增加
值所面临的环境保护税额度。

最后，全要素生产率表征了一个系统的总产出量与全部生产要素的投
入量之比，其反映了科学技术、制度环境、管理效率的提升对于经济增长

的贡献程度，一般在生产函数的规模系数中予以体现。全要素生产率的提高将使得既定投入水平下的产出增加，因此可以提高单位能源投入下的经济规模，降低现有经济水平下的能源消耗，并最终引起空气污染物浓度的下降。

二、模拟情景设计

能源利用效率、污染清洁技术、全要素生产率作为 3 项技术手段，引入 EEH-DCGE 综合模型之后，将会对福利、经济、环境及健康等领域产生一系列重要的影响。这一过程中以下几方面内容是本书最为关心的：首先，3 种不同的技术手段对于空气污染的治理效果及相关领域的影响是否存在差异？哪一种手段对于空气污染的治理最为有效且带来的负面冲击最少？其次，每一种技术手段之中，效率或技术提升的速度对于空气污染的治理及相关领域的影响是否存在着显著的影响？且这种影响具体以哪一种方式予以体现？

为了解决上述问题，本书在技术模块中共设计了 9 种模拟情景。其中，9 种模拟情景共包含三大类别，分别对应于能源利用效率、污染清洁技术及全要素生产率的变化。与此同时，每一种技术手段中本书又设计了不同的增速水平，以考察低速、中速和高速增长情景下模型的具体响应结果，三种增速水平分别对应于 0.5%、1.0% 和 1.5% 的年均增速。有关技术模块的模拟情景设计及各情景的具体含义见表 7-1。需要专门指出的是，第六章中的研究结果表明过高的环境保护税虽然能够使得空气污染物浓度出现大幅度下降，但是其所造成的福利及经济损失同样巨大，而过低的环境保护税额度对于空气污染治理的效果不甚明显，因此最优的环境保护税额度应该设置为 100～200 元/吨的范围之内。本章为了合理地刻画环境保护税对于经济所造成的实际影响，模型中已将环境保护税的征收额度设置为了 100 元/吨的标准，各个模拟情景之中的环境保护税水平也均为 100 元/吨。

表7-1　　　　　　　　技术手段的模拟情景设计及其含义

编号	情景名称		情景含义
1	能源利用效率（EUE）	低速增长（EUE-L）	能源利用效率每年提高0.5%
2		中速增长（EUE-M）	能源利用效率每年提高1.0%
3		高速增长（EUE-H）	能源利用效率每年提高1.5%
4	污染清洁技术（PCT）	低速增长（PCT-L）	污染清洁技术每年提高0.5%
5		中速增长（PCT-M）	污染清洁技术每年提高1.0%
6		高速增长（PCT-H）	污染清洁技术每年提高1.5%
7	全要素生产率（TFP）	低速增长（TFP-L）	全要素生产率每年提高0.5%
8		中速增长（TFP-M）	全要素生产率每年提高1.0%
9		高速增长（TFP-H）	全要素生产率每年提高1.5%

第二节　技术手段对于社会福利的影响

　　本书将针对能源利用效率提升后社会福利水平的变化情况进行分析，以考察能源利用效率的提升对于社会总体福利状况的冲击效果及其具体量值水平。图7-2中，一方面给出了2012～2030年3种能源利用效率的增速情景、EEH-DCGE综合模型与未考虑空气污染影响的DCGE模型中我国社会福利水平的变化情况，另一方面给出了3种能源利用效率的增速情景与EEH-DCGE综合模型社会福利水平差值的变化情况。总体而言，各类情景和模型之中的社会福利水平呈现了逐年增长的态势。初期2012年低速、中速、高速3种增长情景下的社会福利水平均为196423.3亿元，之后便开始逐年上升，模型预测结果显示，2030年3种情景下的社会福利水平分别达到了674287.1亿元、673879.7亿元和673478.9亿元，增长幅度依次为2.433倍、2.431倍和2.429倍，显著高于同期的名义GDP增速。与此同时，预测结果显示，2030年3种增速情景下的社会福利水平主要介于EEH-DCGE综合模型和DCGE模型之间，2012～2024年由于环境保护税的征收模型的社会福利水平位于二者之下，之后在能源利用效率提高的作用下加速缩小并提前由负转正。

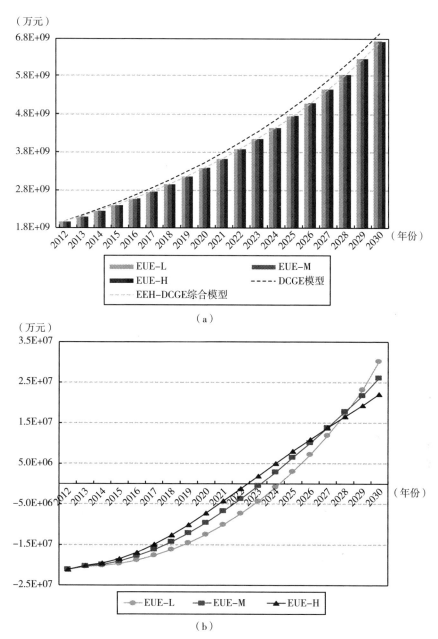

图 7 - 2 2012~2030 年能源利用效率各增速情景
与 EEH-DCGE 综合模型社会福利水平及差值的变化情况

根据图 7 - 2（b）中的差值可以看到，能源利用效率提升后的社会福
利水平较 EEH-DCGE 综合模型而言，初期由于环境保护税的征收所造成的

损失最为严重，之后这一损失随着时间的推移不断减少，并将于2024年左右开始由负转正，之后正向影响逐渐加强。2012年低速、中速、高速3种增长情景下的社会福利水平差值均为 - 2113.5亿元，之后该差值开始逐年减少，并分别于2025年、2024年及2023年实现了由负转正，相对于未考虑能源利用效率增长的环境保护税模块而言提前了2~4年，随后各类环境保护税情境下的正向影响开始逐年增加，最终将于2030年依次达到了3016.3亿元、2608.9亿元和2208.1亿元。可以发现，能源利用效率的增速与其对于经济所造成的影响之间存在着密切的联系。2012~2028年，能源利用效率的增速越快，由其所导致的社会福利水平的恢复越为迅速，而到了2028年之后，这一趋势将出现反转，越高增速意味着社会福利水平的恢复水平越低。之所以出现这一现象，可能主要是由于能源利用效率的提升对于社会福利的拉动作用具有递减的边际效用，快速增长的能源利用效率在后期对于社会福利的正向贡献开始越来越小，最终导致了拐点的出现。

本书将针对污染清洁技术提升后社会福利水平的变化情况进行分析，以考察污染清洁技术的提升对于社会总体福利状况的冲击效果及其具体量值水平。图7-3中，一方面给出了2012~2030年3种污染清洁技术的增速情景、EEH-DCGE综合模型与未考虑空气污染影响的DCGE模型中我国社会福利水平的变化情况，另一方面给出了3种污染清洁技术的增速情景与EEH-DCGE综合模型社会福利水平差值的变化情况。总体而言，污染清洁技术的提升与能源利用效率的进步两种技术手段具有相似的影响效果。首先，各类情景和模型之中的社会福利水平呈现了逐年增长的态势。初期2012年低速、中速、高速3种增长情景下的社会福利水平均为196423.3亿元，之后便开始逐年上升，模型预测结果显示，2030年3种情景下的社会福利水平分别达到了674288.0亿元、673833.0亿元和673364.5亿元，增长幅度依次为2.433倍、2.431倍和2.428倍，显著高于同期的名义GDP增速。与此同时，预测结果显示，2030年3种增速情景下的社会福利水平主要介于EEH-DCGE综合模型和DCGE模型之间，2012~2024年由于环境保护税的征收模型的社会福利水平位于二者之下，之后在污染清洁技术提高的作用下加速缩小并提前由负转正。

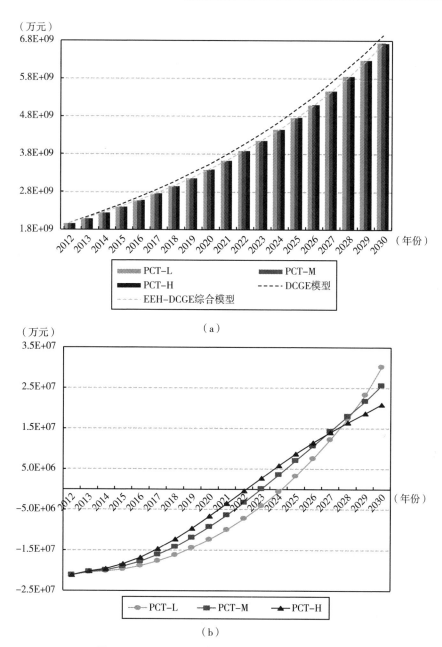

图 7 - 3 2012 ~ 2030 年污染清洁技术各增速情景
与 EEH-DCGE 综合模型社会福利水平及差值的变化情况

根据图 7 - 3 （b）中差值可以看到，污染清洁技术提升后的社会福利
水平较 EEH-DCGE 综合模型而言，初期由于环境保护税的征收所造成的损

失最为严重,之后这一损失随着时间的推移不断减少,并将于 2024 年附近开始由负转正,之后正向影响逐渐加强。2012 年低速、中速、高速 3 种增长情景下的社会福利水平差值均为 -2113.5 亿元,之后该差值开始逐年减少,并分别于 2025 年、2023 年和 2023 年实现了由负转正,相对于未考虑污染清洁技术增长的环境保护税模块而言提前了 2~4 年,随后各类环境保护税情境下的正向影响开始逐年增加,最终于 2030 年依次达到了 3017.2 亿元、2562.2 亿元和 2093.7 亿元。可以发现,污染清洁技术的增速与其对于经济所造成的影响之间存在着密切的联系。2012~2028 年,污染清洁技术的增速越快,由其所导致的社会福利水平的恢复越为迅速,而到了 2028 年之后,这一趋势将出现反转,越高增速意味着社会福利水平的恢复水平越低。之所以出现这一现象,可能主要是由于污染清洁技术的提升对于社会福利的拉动作用具有递减的边际效用,快速增长的污染清洁技术在后期对于社会福利的正向贡献开始越来越小,最终导致了拐点的出现。

本书将针对全要素生产率提升后社会福利水平的变化情况进行分析,以考察全要素生产率的提升对于社会总体福利水平的冲击效果及其具体量值水平。图 7-4 中,一方面给出了 2012~2030 年 3 种全要素生产率的增速情景、EEH-DCGE 综合模型与未考虑空气污染影响的 DCGE 模型中我国社会福利水平的变化情况,另一方面给出了 3 种全要素生产率的增速情景与 EEH-DCGE 综合模型社会福利差值的变化情况。总体而言,全要素生产率的提升与能源利用效率及污染清洁技术的进步两种技术手段之间具有完全不同的影响效果。首先,各类情景和模型之中的社会福利水平呈现了逐年增长的态势。初期 2012 年低速、中速、高速 3 种增长情景下的社会福利数值均为 196423.3 亿元,之后便开始逐年上升,模型预测结果显示 2030 年 3 种情景下的社会福利水平分别达到了 702743.0 亿元、733207.7 亿元和 766740.2 亿元,增长幅度依次为 2.578 倍、2.733 倍和 2.904 倍,显著高于同期能源利用效率及污染清洁技术的影响。与此同时,模型预测结果显示,2030 年 3 种增速情景下的社会福利水平均高于 EEH-DCGE 综合模型和 DCGE 模型的输出结果,显示全要素生产率对于社会福利水平的提升作用十分显著。

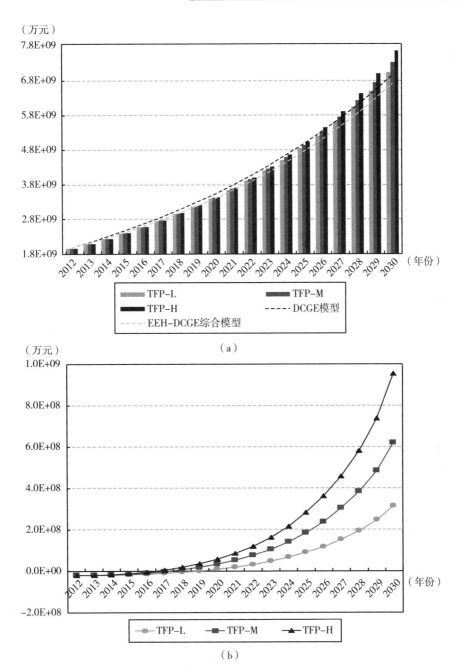

图 7 - 4 2012 ~ 2030 年全要素生产率各增速情景
与 EEH-DCGE 综合模型社会福利水平及差值的变化情况

根据图 7 - 4（b）中的差值可以看到，全要素生产率提升后的社会福利水平较 EEH-DCGE 综合模型而言，基本上呈现出正向的偏差，且这种偏差随着时间的推移有不断加速的趋势，与能源利用效率和污染清洁技术两种方式存在着明显的不同。2012 年低速、中速、高速 3 种增长情景下的社会福利差值均为 −2113.5 亿元，之后该差值开始逐年增加，并于 2018 年左右实现由负转正，最终将于 2030 年依次达到了 31472.2 亿元、61936.9 亿元和 95469.4 亿元，显著高于其余两种手段的影响。可以发现，全要素生产率的增速与其对于社会福利所造成的影响之间存在着密切的联系。总体而言，全要素生产率的增速越快，由其所导致的社会福利的恢复越为迅速。

第三节　技术手段对于经济领域的影响

一、GDP

本书将针对能源利用效率提升后 GDP 的变化情况进行分析，以考察能源利用效率的提升对于经济增长的冲击效果及其具体量值水平。图 7 − 5 中，一方面给出了 2012 ~ 2030 年 3 种能源利用效率的增速情景、EEH-DCGE 综合模型与未考虑空气污染影响的 DCGE 模型中我国名义 GDP 水平的变化情况，另一方面给出了 3 种能源利用效率的增速情景与 EEH-DCGE 综合模型名义 GDP 差值的变化情况。总体而言，各类情景和模型之中的名义 GDP 水平呈现了逐年增长的态势。初期 2012 年低速、中速、高速 3 种增长情景下的名义 GDP 数值均为 537461.9 亿元，之后便开始逐年上升，模型预测结果显示 2030 年 3 种情景下的名义 GDP 水平分别达到了 1503063.0 亿元、1502671.6 亿元和 1502278.4 亿元，增长幅度依次为 1.797 倍、1.796 倍和 1.795 倍。与此同时，模型预测结果显示，2030 年 3 种增速情景下的名义 GDP 水平主要介于 EEH-DCGE 综合模型和 DCGE 模型之间，2012 ~ 2024 年由于环境保护税的征收模型的名义 GDP 水平位于二者之下，之后在能源利用效用提高的作用下加速缩小并提前由负转正。

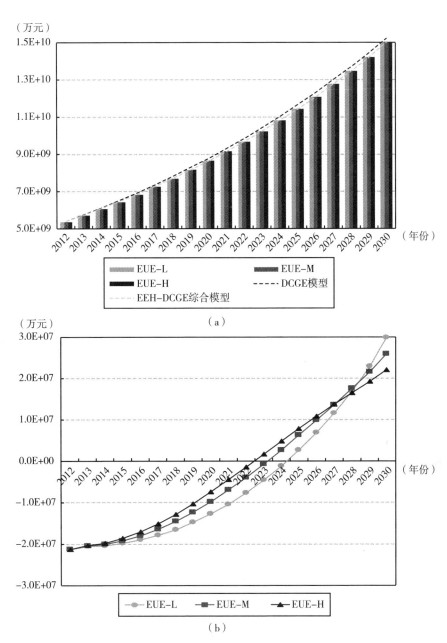

图 7 – 5 **2012～2030 年能源利用效率各增速情景**
与 EEH-DCGE 综合模型名义 GDP 水平及差值的变化情况

根据图 7 – 5（b）中的差值可以看到，能源利用效率提升后的名义
GDP 水平较 EEH-DCGE 综合模型而言，初期由于环境保护税的征收所造成

的损失最为严重，之后这一损失随着时间的推移不断减少，并将于 2024 年左右开始由负转正，之后正向影响逐渐加强。2012 年低速、中速、高速 3 种增长情景下的名义 GDP 差值均为 - 2122.2 亿元，之后该差值开始逐年减少，并分别于 2025 年、2024 年和 2023 年实现由负转正，相对于未考虑能源利用效率增长的环境保护税模块而言提前了 2 ~ 4 年，随后各类环境保护税情境下的正向影响开始逐年增加，最终将于 2030 年依次达到了 2984.4 亿元、2592.9 亿元和 2199.8 亿元。可以发现，能源利用效率的增速与其对于经济所造成的影响之间存在着密切的联系。2012 ~ 2028 年，能源利用效率的增速越快，由其所导致的名义 GDP 的恢复越为迅速，而到了 2028 年之后，这一趋势出现反转，越高增速意味着名义 GDP 的恢复水平越低。之所以出现这一现象，可能主要是由于能源利用效率的提升对于经济的拉动作用具有递减的边际效用，快速增长的能源利用效率在后期对于经济的正向贡献开始越来越小，最终导致了拐点的出现。

本书将针对污染清洁技术提升后 GDP 的变化情况进行分析，以考察污染清洁技术的提升对于经济增长的冲击效果及其具体量值水平。图 7 - 6 中，一方面给出了 2012 ~ 2030 年 3 种污染清洁技术的增速情景、EEH-DCGE 综合模型与未考虑空气污染影响的 DCGE 模型中我国名义 GDP 水平的变化情况，另一方面给出了 3 种污染清洁技术的增速情景与 EEH-DCGE 综合模型名义 GDP 差值的变化情况。总体而言，污染清洁技术的提升与能源利用效率的进步两种技术手段具有相似的影响效果。各类情景和模型之中的名义 GDP 水平呈现了逐年增长的态势。初期 2012 年低速、中速、高速 3 种增长情景下的名义 GDP 数值均为 537461.9 亿元，之后便开始逐年上升，模型预测结果显示，2030 年 3 种情景下的名义 GDP 水平分别达到了 1503065.3 亿元、1502627.4 亿元和 1502166.7 亿元，增长幅度依次为 1.797 倍、1.796 倍和 1.795 倍。与此同时，模型预测结果显示，2030 年 3 种增速情景下的名义 GDP 水平主要介于 EEH-DCGE 综合模型和 DCGE 模型之间，2012 ~ 2024 年由于环境保护税的征收模型的名义 GDP 水平位于二者之下，之后在污染清洁技术提高的作用下加速缩小并提前由负转正。

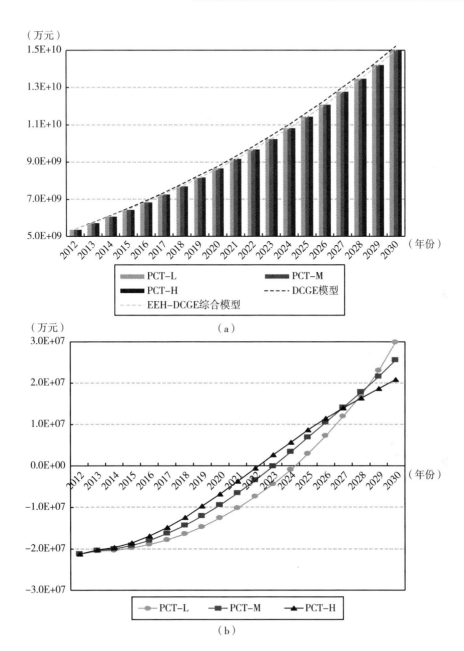

图 7 - 6   2012 ~ 2030 年污染清洁技术各增速情景
与 EEH-DCGE 综合模型名义 GDP 水平及差值的变化情况

根据图 7 - 6（b）中的差值可以看到，污染清洁技术提升后的名义
GDP 水平较 EEH-DCGE 综合模型而言，初期由于环境保护税的征收所造成

的损失最为严重，之后这一损失随着时间的推移不断减少，并将于2024年左右开始由负转正，之后正向影响逐渐加强。2012年低速、中速、高速3种增长情景下的名义GDP差值均为 –2122.2亿元，之后该差值开始逐年减少，并分别于2025年、2024年和2023年实现由负转正，相对于未考虑污染清洁技术增长的环境保护税模块而言提前了2~4年，随后各类环境保护税情境下的正向影响开始逐年增加，最终将于2030年依次达到了2986.7亿元、2548.8亿元和2088.0亿元。可以发现，污染清洁技术的增速与其对于经济所造成的影响之间存在着密切的联系。2012~2028年，污染清洁技术的增速越快，由其所导致的名义GDP的恢复越为迅速，而到了2028年之后，这一趋势出现反转，越高增速意味着名义GDP的恢复水平越低。之所以出现这一现象，可能主要是由于污染清洁技术的提升对于经济的拉动作用具有递减的边际效用，快速增长的污染清洁技术在后期对于经济的正向贡献开始越来越小，最终导致了拐点的出现。

本书将针对全要素生产率提升后GDP的变化情况进行分析，以考察全要素生产率的提升对于经济增长的冲击效果及其具体量值水平。图7–7中，一方面给出了2012~2030年3种全要素生产率的增速情景、EEH-DCGE综合模型与未考虑空气污染影响的DCGE模型中我国名义GDP水平的变化情况，另一方面给出了3种全要素生产率的增速情景与EEH-DCGE综合模型名义GDP差值的变化情况。总体而言，全要素生产率的提升与能源利用效率及污染清洁技术的进步两种技术手段之间具有完全不同的影响效果。各类情景和模型之中的名义GDP水平呈现了逐年增长的态势。初期2012年低速、中速、高速3种增长情景下的名义GDP数值均为537461.9亿元，之后便开始逐年上升，模型预测结果显示，2030年3种情景下的名义GDP水平分别达到了1531450.7亿元、1561878.5亿元和1595369.1亿元，增长幅度依次为1.849倍、1.906倍和1.968倍，显著高于同期能源利用效率及污染清洁技术的影响。与此同时，模型预测结果显示，2030年3种增速情景下的名义GDP水平均高于EEH-DCGE综合模型和DCGE模型的输出结果，显示全要素生产率对于GDP的提升作用十分显著。

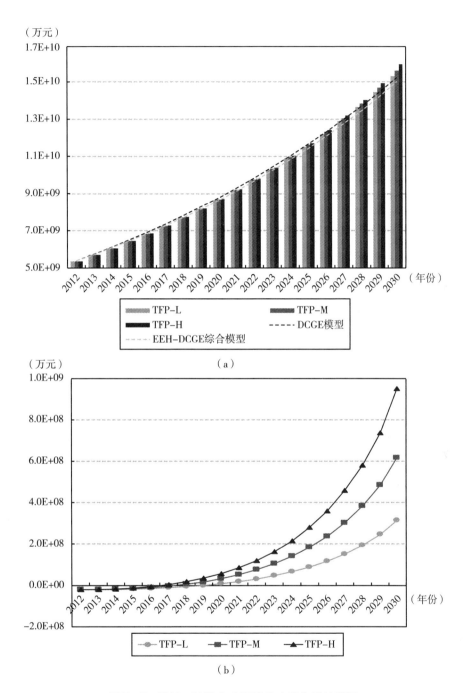

图 7 – 7　2012 ~ 2030 年全要素生产率各增速情景
与 EEH-DCGE 综合模型名义 GDP 水平及差值的变化情况

根据图 7 - 7 （b）中的差值图可以看到，全要素生产率提升后的名义 GDP 水平较 EEH-DCGE 综合模型而言，基本上呈现出正向的偏差，且这种偏差随着时间的推移有不断加速的趋势，与能源利用效率和污染清洁技术两种方式存在着明显的不同。2012 年低速、中速、高速 3 种增长情景下的名义 GDP 差值均为 -2122.2 亿元，之后该差值开始逐年增加，并于 2017 年附近实现由负转正，最终将于 2030 年依次达到了 31372.1 亿元、61799.8 亿元和 95290.4 亿元，显著高于其余两种手段的影响。可以发现，全要素生产率的增速与其对于经济所造成的影响之间存在着密切的联系。总体而言，全要素生产率的增速越快，由其所导致的名义 GDP 的恢复越为迅速。

二、居民收入

本书将针对能源利用效率提升后居民收入水平的变化情况进行分析，以考察能源利用效率的提升对于居民总体收入状况的冲击效果及其具体量值水平。图 7 - 8 中，一方面给出了 2012 ~ 2030 年 3 种能源利用效率的增速情景、EEH-DCGE 综合模型与未考虑空气污染影响的 DCGE 模型中我国居民收入水平的变化情况，另一方面给出了 3 种能源利用效率的增速情景与 EEH-DCGE 综合模型居民收入水平差值的变化情况。总体而言，各类情景和模型之中的居民收入水平呈现了逐年增长的态势。初期 2012 年低速、中速、高速 3 种增长情景下的居民收入水平均为 331603.6 亿元，之后便开始逐年上升，模型预测结果显示，2030 年 3 种情景下的居民收入水平分别达到了 1138337.8 亿元、1137650.1 亿元和 1136973.4 亿元，增长幅度依次为 2.433 倍、2.431 倍和 2.429 倍，与社会福利水平的增速基本持平，显著高于同期的名义 GDP 增速。与此同时，2030 年 3 种增速情景下的居民收入水平主要介于 EEH-DCGE 综合模型和 DCGE 模型之间，2012 ~ 2024 年由于环境保护税的征收模型的居民收入水平位于二者之下，之后在能源利用效用提高的作用下加速缩小并提前由负转正。

根据图 7 - 8 （b）中的差值可以看到，能源利用效率提升后的居民收入水平较 EEH-DCGE 综合模型而言，初期由于环境保护税的征收所造成的损失最为严重，之后这一损失随着时间的推移不断减少，并于 2024 年附近

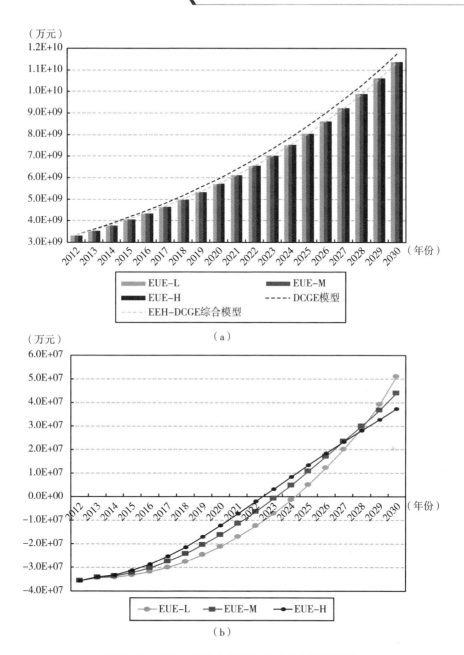

图 7 – 8   2012 ～ 2030 年能源利用效率各增速情景
与 EEH-DCGE 综合模型居民收入水平及差值的变化情况

开始由负转正，之后正向影响逐渐加强。2012 年低速、中速、高速 3 种增
长情景下的居民收入水平差值均为 – 3568.0 亿元，之后该差值开始逐年减

少，并分别于 2025 年、2024 年和 2023 年实现由负转正，相对于未考虑能源利用效率增长的环境保护税模块而言提前了 2~4 年，随后各类环境保护税情境下的正向影响开始逐年增加，最终于 2030 年依次达到了 5092.2 亿元、4404.4 亿元和 3727.7 亿元。可以发现，能源利用效率的增速与其对于经济所造成的影响之间存在着密切的联系。2012~2028 年，能源利用效率的增速越快，由其所导致的居民收入水平的恢复越为迅速，而到了 2028 年之后，这一趋势将出现反转，越高增速意味着居民收入水平的恢复水平越低。之所以出现这一现象，可能主要是由于能源利用效率的提升对于居民收入的拉动作用具有递减的边际效用，快速增长的能源利用效率在后期对于居民收入的正向贡献开始越来越小，最终导致了拐点的出现。

本书将针对污染清洁技术提升后居民收入水平的变化情况进行分析，以考察污染清洁技术的提升对于居民总体收入状况的冲击效果及其具体量值水平。图 7-9 中，一方面给出了 2012~2030 年 3 种污染清洁技术的增速情景、EEH-DCGE 综合模型与未考虑空气污染影响的 DCGE 模型中我国居民收入水平的变化情况，另一方面给出了 3 种污染清洁技术的增速情景与 EEH-DCGE 综合模型居民收入水平差值的变化情况。总体而言，各类情景和模型之中的居民收入水平呈现了逐年增长的态势。初期 2012 年低速、中速、高速 3 种增长情景下的居民收入水平均为 331603.6 亿元，之后便开始逐年上升，模型预测结果显示，2030 年 3 种情景下的居民收入水平分别达到了 1138339.4 亿元、1137571.2 亿元和 1136780.2 亿元，增长幅度依次为 2.433 倍、2.431 倍和 2.429 倍，与社会福利水平的增速基本持平，显著高于同期的名义 GDP 增速。与此同时，模型预测结果显示，2030 年 3 种增速情景下的居民收入水平主要介于 EEH-DCGE 综合模型和 DCGE 模型之间，2012~2024 年由于环境保护税的征收模型的居民收入水平位于二者之下，之后在污染清洁技术提高的作用下加速缩小并提前由负转正。

根据图 7-9（b）中的差值可以看到，污染清洁技术提升后的居民收入水平较 EEH-DCGE 综合模型而言，初期由于环境保护税的征收所造成的损失最为严重，之后这一损失随着时间的推移不断减少，并于 2024 年附近开始由负转正，之后正向影响逐渐加强。2012 年低速、中速、高速 3 种增长情景下的居民收入水平差值均为 -3568.0 亿元，之后该差值开始逐年减

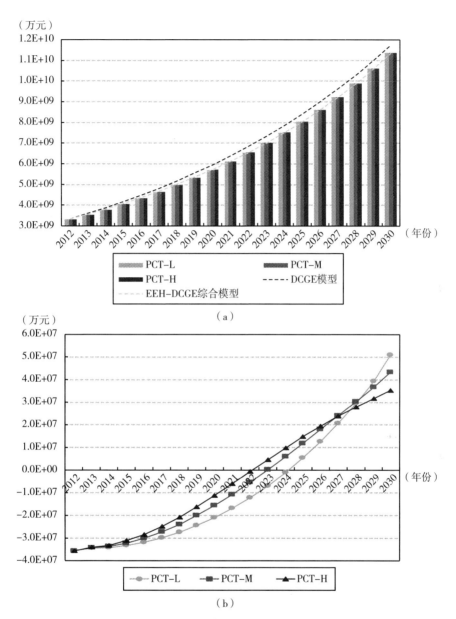

图 7 - 9 2012 ~ 2030 年污染清洁技术各增速情景
与 EEH-DCGE 综合模型居民收入水平及差值的变化情况

少，并分别于 2025 年、2024 年和 2023 年实现由负转正，相对于未考虑污染清洁技术增长的环境保护税模块而言提前了 2 ~ 4 年，随后各类环境保护税情境下的正向影响开始逐年增加，最终将于 2030 年依次达到了 5093.7

亿元、4325.6 亿元和 3534.6 亿元。可以发现，污染清洁技术的增速与其对于经济所造成的影响之间存在着密切的联系。2012～2028 年，污染清洁技术的增速越快，由其所导致的居民收入水平的恢复越为迅速，而到了2028 年之后，这一趋势出现反转，越高增速意味着居民收入水平的恢复水平越低。之所以出现这一现象，可能主要是由于污染清洁技术的提升对于居民收入的拉动作用具有递减的边际效用，快速增长的污染清洁技术在后期对于居民收入的正向贡献开始越来越小，最终导致了拐点的出现。

本书将针对全要素生产率提升后居民收入水平的变化情况进行分析，以考察全要素生产率的提升对于居民总体收入水平的冲击效果及其具体量值水平。图 7 - 10 中，一方面给出了 2012～2030 年 3 种全要素生产率的增速情景、EEH-DCGE 综合模型与未考虑空气污染影响的 DCGE 模型中我国居民收入水平的变化情况，另一方面给出了 3 种全要素生产率的增速情景与 EEH-DCGE 综合模型居民收入差值的变化情况。总体而言，全要素生产率的提升与能源利用效率及污染清洁技术的进步两种技术手段之间具有完全不同的影响效果。各类情景和模型之中的居民收入水平呈现了逐年增长的态势。初期 2012 年低速、中速、高速 3 种增长情景下的居民收入数值均为 331603.6 亿元，之后便开始逐年上升，模型预测结果显示，2030 年 3种情景下的居民收入水平分别达到了 1186377.3 亿元、1237808.1 亿元和1294418.1 亿元，增长幅度依次为 2.578 倍、2.733 倍和 2.904 倍，显著高于同期能源利用效率及污染清洁技术的影响。与此同时，模型预测结果显示，2030 年 3 种增速情景下的居民收入水平均高于 EEH-DCGE 综合模型和DCGE 模型的输出结果，显示全要素生产率对于居民收入水平的提升作用十分显著。

根据图 7 - 10 （b） 中的差值可以看到，全要素生产率提升后的居民收入水平较 EEH-DCGE 综合模型而言，基本上呈现出正向的偏差，且这种偏差随着时间的推移有不断加速的趋势，与能源利用效率和污染清洁技术两种方式存在着明显的不同。2012 年低速、中速、高速 3 种增长情景下的居民收入差值均为 -3568.0 亿元，之后该差值开始逐年增加，并于 2018 年附近实现由负转正，最终将于 2030 年依次达到了 53131.6 亿元、104562.5 亿元和161172.4 亿元，显著高于其余两种手段的影响。可以发现，全要素生产率的增速与其对于居民收入所造成的影响之间存在着密切的联系。总体而言，全要素生产率的增速越快，由其所导致的居民收入的恢复越为迅速。

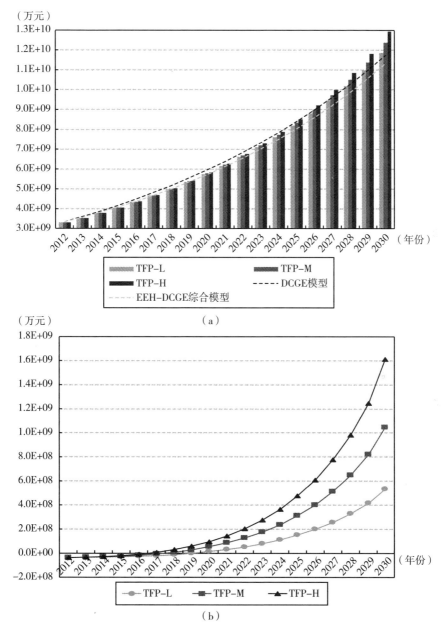

图 7 - 10　2012 ~ 2030 年全要素生产率各增速情景
与 **EEH-DCGE** 综合模型居民收入水平及差值的变化情况

三、分行业产出状况

在考察了技术手段对于名义社会福利水平、GDP 和居民收入三项关键总量指标的影响之后，我们将利用 EEH-DCGE 综合模型考察技术手段对于各个行业产出水平的具体影响效果。如前所述，相对于传统的宏观计量模型而言，CGE 模型既能够考察各类政策的宏观经济影响，又能够分析其微观经济冲击，从而在传统总量影响的基础之上提供更为准确、精细的分析和评估。需要专门指出的是，由于技术手段共包含 9 种情景，每种方式下的量值水平虽然存在一定的差异，但是总体影响的效果却基本较为一致，因此最终仅选择了能源利用效率、污染清洁技术及全要素生产率中等增速（1%）的情景进行了分析和评估。

表 7－2 中给出了能源利用效率中等增速（1%）情景与 EEH-DCGE 综合模型 19 个行业总体产出水平差值的变化情况。由表 7－2 可以看到，环境保护税的征收在初期使得除"采矿业""电力、热力、燃气及水的生产和供应业""批发和零售业""文化、体育和娱乐业""公共管理、社会保障和社会组织"以外的几乎全部行业均出现了产出水平的下降，能源利用效率的提升对其有所影响但是量值十分有限。但模型预测结果显示，2030年环境保护税征收与能源利用效率提升的共同作用使得全部行业的产出水平相对于 EEH-DCGE 综合模型而言均出现了增加，且增加的幅度随着行业部门的不同而有所差异，同时相对于未考虑能源利用效率提升的环境保护税模块而言增幅有所收缩。其中，环境保护税及能源利用效率对于"电力、热力、燃气及水的生产和供应业""住宿和餐饮业"和"文化、体育和娱乐业"的影响最为显著，使得其相对于 EEH-DCGE 综合模型的产出水平而言分别增长了 0.32%、0.30%和 0.34%，而对于"建筑业""信息传输、软件和信息技术服务业""科学研究和技术服务业""水利、环境和公共设施管理业""公共管理、社会保障和社会组织"等行业的影响则要相对小得多，其差值水平相对于 EEH-DCGE 综合模型而言依次仅增加了 0.01%、0.17%、0.09%、0.16%和 0.06%。

表 7 - 2 能源利用效率中等增速（1%）情景与 EEH-DCGE
综合模型分行业产出差值的变化情况 单位：%

编号	行业名称	2015 年	2020 年	2025 年	2030 年
1	农、林、牧、渔业	- 0.07	0.12	0.23	0.29
2	采矿业	0.01	0.13	0.19	0.21
3	制造业	- 0.12	0.05	0.15	0.21
4	电力、热力、燃气及水的生产和供应业	0.18	0.30	0.33	0.32
5	建筑业	- 0.02	- 0.01	0.00	0.01
6	批发和零售业	0.14	0.24	0.28	0.29
7	交通运输、仓储和邮政业	- 0.12	0.06	0.17	0.23
8	住宿和餐饮业	- 0.49	- 0.15	0.13	0.30
9	信息传输、软件和信息技术服务业	- 0.35	- 0.13	0.05	0.17
10	金融业	- 0.32	- 0.07	0.12	0.24
11	房地产业	- 0.64	- 0.28	0.03	0.24
12	租赁和商务服务业	- 0.12	0.06	0.18	0.25
13	科学研究和技术服务业	- 0.24	- 0.09	0.09	0.09
14	水利、环境和公共设施管理业	- 0.04	0.05	0.11	0.16
15	居民服务、修理和其他服务业	- 0.51	- 0.16	0.12	0.29
16	教育	- 0.14	- 0.04	0.12	0.27
17	卫生和社会工作	- 0.60	- 0.28	0.05	0.28
18	文化、体育和娱乐业	0.02	0.18	0.28	0.34
19	公共管理、社会保障和社会组织	0.07	0.06	0.05	0.06

　　为了更为清晰直观地考察能源利用效率的提升对于经济中各个行业产出水平的具体影响效果，图 7 - 11 绘制了能源利用效率中等增速（1%）情景与 EEH-DCGE 综合模型 19 个行业总体产出水平差值变化情况的雷达图。由图 7 - 11 可以看到，初期 2015 年环境保护税及能源利用效率对于各个行业所产生的冲击相对较小且正负影响同时存在，之后随着时间的推移，二者的影响不断扩大，并逐渐由负转正，预测 2025 年后各个行业的产出水平相较于 EEH-DCGE 综合模型而言基本实现了不同程度的增长。总体而言，相对于独立的环境保护税政策，能源利用效率的提升使 2030 年相对于初期的变化幅度显著收窄，税收的影响作用有较大幅度的减弱。与此同时，能源利用效率所造成影响的相对强弱也能够在图形中得以充分的体

现，这一分布与表 7 - 2 中的结果相一致，故在此不再赘述。

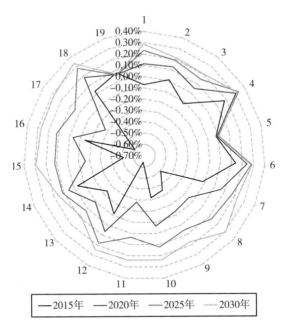

图 7 - 11　能源利用效率中等增速（1%）情景
与 EEH-DCGE 综合模型分行业产出差值的变化情况

表 7 - 3 中给出了污染清洁技术中等增速（1%）情景与 EEH-DCGE 综合模型 19 个行业总体产出水平差值的变化情况。由表 7 - 3 中可以清晰地看到，环境保护税的征收在初期使得除"采矿业""电力、热力、燃气及水的生产和供应业""批发和零售业""文化、体育和娱乐业""公共管理、社会保障和社会组织"以外的几乎全部行业均出现了产出水平的下降，污染清洁技术的提升对其有所影响但是量值十分有限。但模型预测结果显示，2030 年环境保护税征收与污染清洁技术提升的共同作用使得全部行业的产出水平相对于 EEH-DCGE 综合模型而言均出现了增加，且增加的幅度随着行业部门的不同而有所差异，同时相对于未考虑污染清洁技术提升的环境保护税模块而言有所收缩。其中，环境保护税及污染清洁技术对于"电力、热力、燃气及水的生产和供应业""住宿和餐饮业"和"文化、体育和娱乐业"的影响最为显著，使其相对于 EEH-DCGE 综合模型的产出水平而言分别增长了 0.29%、0.29% 和 0.31%，而对于"建筑业"

"信息传输、软件和信息技术服务业""科学研究和技术服务业""水利、环境和公共设施管理业""公共管理、社会保障和社会组织"等行业的影响则要相对小得多，其差值水平相对于 EEH-DCGE 综合模型而言依次仅增加了 0.01%、0.17%、0.09%、0.15% 和 0.06%。

表 7-3   污染清洁技术中等增速（1%）情景与 EEH-DCGE
综合模型分行业产出差值的变化情况   单位：%

编号	行业名称	2015 年	2020 年	2025 年	2030 年
1	农、林、牧、渔业	−0.07	0.12	0.22	0.27
2	采矿业	0.01	0.13	0.18	0.20
3	制造业	−0.11	0.05	0.15	0.19
4	电力、热力、燃气及水的生产和供应业	0.18	0.30	0.31	0.29
5	建筑业	−0.02	−0.01	0.00	0.01
6	批发和零售业	0.14	0.24	0.27	0.27
7	交通运输、仓储和邮政业	−0.12	0.06	0.17	0.21
8	住宿和餐饮业	−0.49	−0.14	0.14	0.29
9	信息传输、软件和信息技术服务业	−0.35	−0.13	0.06	0.17
10	金融业	−0.32	−0.06	0.13	0.23
11	房地产业	−0.64	−0.28	0.04	0.24
12	租赁和商务服务业	−0.12	0.06	0.18	0.23
13	科学研究和技术服务业	−0.24	−0.09	0.02	0.09
14	水利、环境和公共设施管理业	−0.04	0.05	0.11	0.15
15	居民服务、修理和其他服务业	−0.51	−0.16	0.13	0.28
16	教育	−0.14	−0.03	0.13	0.26
17	卫生和社会工作	−0.60	−0.27	0.06	0.28
18	文化、体育和娱乐业	0.02	0.14	0.28	0.31
19	公共管理、社会保障和社会组织	0.07	0.06	0.05	0.06

为了更为清晰直观地考察污染清洁技术的提升对于经济中各个行业产出水平的具体影响效果，图 7-12 绘制了污染清洁技术中等增速（1%）情景与 EEH-DCGE 综合模型 19 个行业总体产出水平差值变化情况的雷达图。由图 7-12 中可以清晰地看到，初期 2015 年环境保护税及污染清洁技术对于各个行业所产生的冲击相对较小且正负影响同时存在，之后随着时间的推移，二者的影响不断扩大，并逐渐由负转正，预测 2025 年后各个行

业的产出水平相较于 EEH-DCGE 综合模型而言基本实现了不同程度的增长。总体而言,相对于独立的环境保护税政策,污染清洁技术的提升使 2030 年相对于初期的变化幅度显著收窄,税收的影响作用有较大幅度的减弱。与此同时,污染清洁技术所造成影响的相对强弱也能够在图形中得以充分的体现,这一分布与表 7 - 3 中的结果相一致,故在此不再赘述。

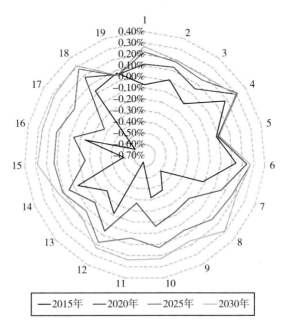

图 7 - 12　污染清洁技术中等增速(1%)情景
与 EEH-DCGE 综合模型分行业产出差值的变化情况

表 7 - 4 中给出了全要素生产率中等增速(1%)情景与 EEH-DCGE 综合模型 19 个行业总体产出水平差值的变化情况。由表 7 - 4 中可以清晰地看到,环境保护税的征收在初期使得除"农、林、牧、渔业""采矿业""电力、热力、燃气及水的生产和供应业""批发和零售业""租赁和商务服务业""水利、环境和公共设施管理业""文化、体育和娱乐业""公共管理、社会保障和社会组织"以外的几乎全部行业均出现了产出水平的下降,全要素生产率的提升对其有所影响但是量值十分有限。但模型预测结果显示,2030 年环境保护税征收与全要素生产率提升的共同作用使得全部行业的产出水平相对于 EEH-DCGE 综合模型而言均出现了增加,且增加的

幅度随着行业部门的不同而有所差异，同时相对于未考虑全要素生产率提升的环境保护税模块而言显著增强。其中，环境保护税及全要素生产率"住宿和餐饮业""居民服务、修理和其他服务业"和"卫生和社会工作"的影响最为显著，使得其相对于 EEH-DCGE 综合模型的产出水平而言分别增长了 7.19、7.15 和 7.19%，而对于"建筑业""科学研究和技术服务业""公共管理、社会保障和社会组织"等行业的影响则要相对小得多，其差值水平相对于 EEH-DCGE 综合模型而言依次仅增加了 0.23%、2.93% 和 0.65%。

表 7 - 4　　　　全要素生产率中等增速（1%）情景与 EEH-DCGE
综合模型分行业产出差值的变化情况

单位：%

编号	行业名称	2015 年	2020 年	2025 年	2030 年
1	农、林、牧、渔业	0.05	0.95	2.63	5.78
2	采矿业	0.08	0.58	1.52	3.38
3	制造业	-0.01	0.74	2.14	4.73
4	电力、热力、燃气及水的生产和供应业	0.32	1.22	2.86	5.87
5	建筑业	-0.02	0.02	0.09	0.23
6	批发和零售业	0.26	1.04	2.53	5.37
7	交通运输、仓储和邮政业	-0.01	0.79	2.27	5.01
8	住宿和餐饮业	-0.36	0.82	3.03	7.19
9	信息传输、软件和信息技术服务业	-0.27	0.44	1.80	4.44
10	金融业	-0.20	0.76	2.57	5.94
11	房地产业	-0.53	0.56	2.64	6.61
12	租赁和商务服务业	0.01	0.90	2.60	5.77
13	科学研究和技术服务业	-0.18	0.33	1.26	2.93
14	水利、环境和公共设施管理业	0.02	0.56	1.70	3.97
15	居民服务、修理和其他服务业	-0.38	0.80	3.02	7.15
16	教育	-0.09	0.48	2.08	5.80
17	卫生和社会工作	-0.50	0.55	2.78	7.19
18	文化、体育和娱乐业	0.14	1.05	2.87	6.41
19	公共管理、社会保障和社会组织	0.08	0.08	0.18	0.65

为了更为清晰直观地考察全要素生产率的提升对于经济中各个行业产

出水平的具体影响效果，图7-13绘制了全要素生产率中等增速（1%）
情景与EEH-DCGE综合模型19个行业总体产出水平差值变化情况的雷达
图。由图7-13中可以清晰地看到，初期2015年环境保护税及全要素生产
率对于各个行业所产生的冲击相对较小且正负影响同时存在，之后随着时
间的推移，全要素生产率的影响不断扩大，并逐渐由负转正，预测2025年
后，各个行业的产出水平相较于EEH-DCGE综合模型而言基本实现了不同
程度的增长。总体而言，全要素生产率的提升对于各个行业产出水平的影
响是逐年扩大的，且这种影响有着明显的加速趋势并显著高于能源利用效
率和污染清洁技术的影响。与此同时，全要素生产率所造成影响的相对强
弱也能够在图形中得以充分的体现，这一分布与表7-4中的结果相一致，
故在此不再赘述。

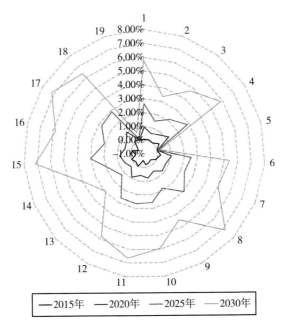

图7-13　全要素生产率中等增速（1%）情景
与EEH-DCGE综合模型分行业产出差值的变化情况

四、商品及要素价格

事实上，技术手段在影响各个行业产出水平的同时，其还可以通过改

变生产成本影响经济中各类产品和要素的价格水平。表 7 – 5 中给出了能源利用效率中等增速（1%）情景与 EEH-DCGE 综合模型 19 种商品及劳动、资本要素价格水平差值的变化情况。由表 7 – 5 中可以清晰地看到，初期 2015 年由于环境保护税的作用，与空气污染密切相关的"采矿业""制造业""电力、热力、燃气及水的生产和供应业""建筑业"和"交通运输、仓储和邮政业"出现了价格的上涨，其余全部行业的价格水平则出现了不同程度的下降，能源利用效率的提升对其有所影响但是量值十分有限。随后的价格水平出现了一定程度的调整，总体表现为偏差值向 EEH-DCGE 综合模型水平的回归。模型预测结果显示，2030 年"采矿业""制造业""电力、热力、燃气及水的生产和供应业""建筑业"和"交通运输、仓储和邮政业"的价格水平相对于 EEH-DCGE 综合模型而言依然有所上涨，但是上涨的幅度相对于未考虑能源利用效率提升的环境保护税政策明显减小，分别下降至 0.20%、0.15%、0.24%、0.01% 和 0.10%，在其余价格下调的行业之中，"批发和零售业""房地产业""教育""要素—劳动""要素—资本"等行业的影响较为显著，下降的幅度分别达到了 – 0.24%、– 0.20%、– 0.21%、– 0.35% 和 – 0.24%。

表 7 – 5   能源利用效率中等增速（1%）情景与 EEH-DCGE 综合
模型商品及要素价格差值的变化情况   单位：%

编号	行业名称	2015 年	2020 年	2025 年	2030 年
1	农、林、牧、渔业	– 0.41	– 0.28	– 0.18	– 0.15
2	采矿业	1.03	0.75	0.44	0.20
3	制造业	0.83	0.59	0.34	0.15
4	电力、热力、燃气及水的生产和供应业	1.09	0.81	0.48	0.24
5	建筑业	0.06	0.06	0.04	0.01
6	批发和零售业	– 1.55	– 1.12	– 0.63	– 0.24
7	交通运输、仓储和邮政业	0.37	0.27	0.17	0.10
8	住宿和餐饮业	– 0.37	– 0.28	– 0.18	– 0.09
9	信息传输、软件和信息技术服务业	– 0.83	– 0.61	– 0.34	– 0.12
10	金融业	– 1.14	– 0.84	– 0.47	– 0.17
11	房地产业	– 1.45	– 1.05	– 0.57	– 0.20

续表

编号	行业名称	2015 年	2020 年	2025 年	2030 年
12	租赁和商务服务业	− 0.40	− 0.31	− 0.18	− 0.07
13	科学研究和技术服务业	− 0.42	− 0.33	− 0.19	− 0.08
14	水利、环境和公共设施管理业	− 0.53	− 0.40	− 0.24	− 0.10
15	居民服务、修理和其他服务业	− 0.58	− 0.44	− 0.26	− 0.12
16	教育	− 0.86	− 0.64	− 0.39	− 0.21
17	卫生和社会工作	− 0.23	− 0.17	− 0.11	− 0.07
18	文化、体育和娱乐业	− 0.53	− 0.39	− 0.22	− 0.09
19	公共管理、社会保障和社会组织	− 0.69	− 0.51	− 0.32	− 0.17
20	要素—劳动	− 1.09	− 0.79	− 0.50	− 0.35
21	要素—资本	− 1.87	− 1.34	− 0.72	− 0.24

为了更为清晰直观地考察能源利用效率的提升对于经济中各类商品和要素价格的影响效果,图 7 – 14 绘制了能源利用效率中等增速（1%）情景与 EEH-DCGE 综合模型 19 种商品及劳动、资本要素价格水平差值的雷

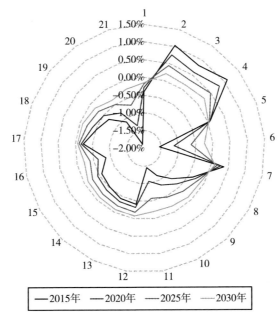

图 7 – 14　能源利用效率中等增速（1%）情景
与 EEH-DCGE 综合模型商品及要素价格差值的变化情况

达图。与分行业总体产出水平不同的是，各类商品的价格水平随着时间的推移并没有出现原有方向的不断扩张，而是实现了向 EEH-DCGE 综合模型的回归。其中"采矿业""制造业""电力、热力、燃气及水的生产和供应业"和"交通运输、仓储和邮政业"等前期正向偏差较大的行业实现了偏差的不断缩小，与此同时，"批发和零售业""金融业""房地产业""要素—劳动""要素—资本"等前期负向偏差较大的行业同样实现了偏差的不断缩小，最终各个行业之间的偏差幅度相对于初始的 2015 年而言均有明显的收缩。

表 7 - 6 中给出了污染清洁技术中等增速（1%）情景与 EEH-DCGE 综合模型 19 种商品及劳动、资本要素价格水平差值的变化情况。由表 7 - 6 中可以清晰地看到，初期 2015 年由于环境保护税的作用与空气污染密切相关的"采矿业""制造业""电力、热力、燃气及水的生产和供应业""建筑业"和"交通运输、仓储和邮政业"出现了价格的上涨，其余全部行业的价格水平则出现了不同程度的下降，污染清洁技术的提升对其有所影响但是量值十分有限。随后的价格水平出现了一定程度的调整，总体表现为偏差值向 EEH-DCGE 综合模型水平的回归。模型预测结果显示，2030 年"采矿业""制造业""电力、热力、燃气及水的生产和供应业""建筑业"和"交通运输、仓储和邮政业"的价格水平相对于 EEH-DCGE 综合模型而言依然有所上涨，但是上涨的幅度相对于未考虑污染清洁技术提升的环境保护税政策明显减小，分别下降至 0.16%、0.12%、0.19%、0.01% 和 0.09%，在其余价格下调的行业之中，"批发和零售业""房地产业""教育""要素—劳动""要素—资本"等行业的影响较为显著，下降的幅度分别达到了 -0.18%、-0.15%、-0.18%、-0.31% 和 -0.18%，相对于能源利用效率的提高而言变化的幅度更为明显。

表 7 - 6　　污染清洁技术中等增速（1%）情景与 EEH-DCGE 综合
模型商品及要素价格差值的变化情况

单位：%

编号	行业名称	2015 年	2020 年	2025 年	2030 年
1	农、林、牧、渔业	-0.41	-0.28	-0.17	-0.13
2	采矿业	1.03	0.74	0.40	0.16
3	制造业	0.82	0.58	0.31	0.12

续表

编号	行业名称	2015 年	2020 年	2025 年	2030 年
4	电力、热力、燃气及水的生产和供应业	1.08	0.79	0.44	0.19
5	建筑业	0.06	0.06	0.04	0.01
6	批发和零售业	−1.54	−1.10	−0.58	−0.18
7	交通运输、仓储和邮政业	0.37	0.26	0.16	0.09
8	住宿和餐饮业	−0.37	−0.28	−0.16	−0.08
9	信息传输、软件和信息技术服务业	−0.82	−0.60	−0.31	−0.09
10	金融业	−1.14	−0.83	−0.43	−0.13
11	房地产业	−1.44	−1.03	−0.52	−0.15
12	租赁和商务服务业	−0.40	−0.30	−0.16	−0.05
13	科学研究和技术服务业	−0.42	−0.32	−0.18	−0.06
14	水利、环境和公共设施管理业	−0.52	−0.39	−0.22	−0.08
15	居民服务、修理和其他服务业	−0.58	−0.43	−0.24	−0.10
16	教育	−0.85	−0.63	−0.36	−0.18
17	卫生和社会工作	−0.23	−0.17	−0.10	−0.06
18	文化、体育和娱乐业	−0.53	−0.38	−0.21	−0.07
19	公共管理、社会保障和社会组织	−0.69	−0.50	−0.29	−0.14
20	要素—劳动	−1.09	−0.78	−0.47	−0.31
21	要素—资本	−1.87	−1.31	−0.66	−0.18

为了更为清晰直观地考察污染清洁技术的提升对于经济中各类商品和要素价格的影响效果，图 7 - 15 绘制了污染清洁技术中等增速（1%）情景与 EEH-DCGE 综合模型 19 种商品及劳动、资本要素价格水平差值的雷达图。与分行业总体产出水平不同的是，各类商品的价格水平随着时间的推移并没有出现原有方向的不断扩张，而是实现了向 EEH-DCGE 综合模型的回归。其中"采矿业""制造业""电力、热力、燃气及水的生产和供应业"和"交通运输、仓储和邮政业"等前期正向偏差较大的行业实现了偏差的不断缩小，与此同时，"批发和零售业""金融业""房地产业""要素—劳动""要素—资本"等前期负向偏差较大的行业同样实现了偏差的不断缩小，最终各个行业之间的偏差幅度相对于初始的 2015 年而言均有明显的收缩。

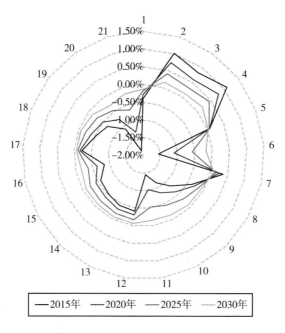

**图 7 – 15　污染清洁技术中等增速（1%）情景
与 EEH-DCGE 综合模型商品及要素价格差值的变化情况**

表 7 – 7 中给出了全要素生产率中等增速（1%）情景与 EEH-DCGE 综合模型 19 种商品及劳动、资本要素价格水平差值的变化情况。由表 7 – 7 中可以清晰地看到，初期 2015 年由于环境保护税的作用与空气污染密切相关的"采矿业""制造业""电力、热力、燃气及水的生产和供应业""建筑业"和"交通运输、仓储和邮政业"出现了价格的上涨，其余全部行业的价格水平则出现了不同程度的下降，全要素生产率的提升对其有所影响但是量值十分有限。随后的价格水平出现了较大幅度的调整，且不同行业之间的差异十分明显。模型预测结果显示，2030 年"采矿业""制造业""电力、热力、燃气及水的生产和供应业""建筑业"和"交通运输、仓储和邮政业"等前期存在正向偏差的行业价格水平不断下降，有些行业甚至由正转负，而前期价格存在较大负向偏差的行业之中，"批发和零售业""金融业""房地产业"的价格均实现了由负转正。最值得注意的是"要素—劳动""要素—资本"两项价格水平的变动，其初期均存在较大负向偏差，而后价格水平快速上涨，模型预测结果显示，2030 年已分别达到了

5.09%和3.16%的高位，价格提升幅度极为显著。

表7-7   全要素生产率中等增速（1%）情景与EEH-DCGE综合
模型商品及要素价格差值的变化情况   单位：%

编号	行业名称	2015年	2020年	2025年	2030年
1	农、林、牧、渔业	-0.36	0.03	0.62	0.94
2	采矿业	1.09	1.07	1.01	0.81
3	制造业	0.84	0.60	0.18	-0.52
4	电力、热力、燃气及水的生产和供应业	1.12	0.96	0.66	0.19
5	建筑业	0.04	-0.10	-0.43	-1.12
6	批发和零售业	-1.57	-1.17	-0.45	0.87
7	交通运输、仓储和邮政业	0.40	0.37	0.35	0.42
8	住宿和餐饮业	-0.37	-0.28	-0.14	-0.06
9	信息传输、软件和信息技术服务业	-0.87	-0.81	-0.66	-0.23
10	金融业	-1.18	-0.97	-0.55	0.32
11	房地产业	-1.49	-1.20	-0.58	0.74
12	租赁和商务服务业	-0.43	-0.49	-0.59	-0.67
13	科学研究和技术服务业	-0.45	-0.48	-0.52	-0.55
14	水利、环境和公共设施管理业	-0.54	-0.47	-0.34	-0.15
15	居民服务、修理和其他服务业	-0.58	-0.40	-0.11	0.24
16	教育	-0.81	-0.31	0.52	1.44
17	卫生和社会工作	-0.22	-0.14	-0.06	-0.12
18	文化、体育和娱乐业	-0.54	-0.43	-0.26	0.03
19	公共管理、社会保障和社会组织	-0.66	-0.31	0.25	0.81
20	要素—劳动	-0.92	0.35	2.58	5.09
21	要素—资本	-1.87	-1.13	0.36	3.16

为了更为清晰直观地考察全要素生产率的提升对于经济中各类商品和要素价格的影响效果，图7-16绘制了全要素生产率中等增速（1%）情景与EEH-DCGE综合模型19种商品及劳动、资本要素价格水平差值的雷达图。由图7-16可以看到，全要素生产率的变动对于价格水平所带来的影响与能源利用效率和污染清洁技术两种方式存在着十分显著的差异。各类商品的价格水平并没有向EEH-DCGE综合模型回归，而是出现了较大幅度的调整。其中"要素—劳动""要素—资本"两项的变化极为显著，两

种生产要素的价格水平均实现了快速的增长，且这种增长存在着明显的加速趋势。与此同时，其余各类商品的价格则存在着正负偏差之间的相互转换。

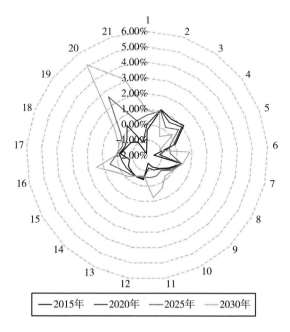

图 7 - 16　全要素生产率中等增速（1%）情景
与 EEH-DCGE 综合模型商品及要素价格差值的变化情况

第四节　技术手段对于环境领域的影响

一、空气污染物总体浓度水平

为了考察技术手段的具体政策效果，图 7 - 17 中给出了 2012 ~ 2030 年能源利用效率低速、中速、高速 3 种情景与 EEH-DCGE 综合模型中我国 $PM_{2.5}$ 年均浓度值水平及差值的变化情况。由图 7 - 17 中可以清晰地看到，整体而言空气污染物的浓度值水平呈现出了逐年下降的趋势，且这一下降的速度随着时间的推移而有所增加，三种增速情景下的 $PM_{2.5}$ 浓度值水平相

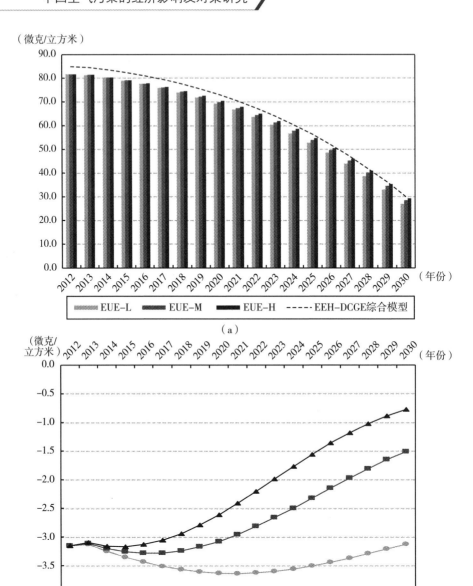

图 7 – 17　2012～2030 年能源利用效率各增速情景
与 EEH-DCGE 综合模型 $PM_{2.5}$ 年均浓度值水平及差值的变化情况

对于 EEH-DCGE 综合模型而言存在着一定程度的偏低。初期 2012 年低速、
中速、高速 3 种情景下的 $PM_{2.5}$ 浓度值均为 81.84 微克/立方米，之后各种

增速情景下的污染物浓度水平开始逐年下降，模型预测结果显示，2030 年 3 种增速情境下的 $PM_{2.5}$ 浓度值水平分别达到了 26.94 微克/立方米、28.56 微克/立方米和 29.30 微克/立方米，下降的幅度依次为 67.08%、65.11% 和 64.20%。

与此同时，图 7 - 17 （b）中的差值图有助于更为清晰直观地考察能源利用效率的提高对于空气污染物浓度水平下降的具体影响效果及其量值水平，以及不同增速之间的差异状况。由图 7 - 17 可以看到，相对于 EEH-DCGE 综合模型而言，能源利用效率的提高一定程度上抵消了环境保护税的减排作用，并使得空气污染物的浓度水平出现了增加，存在着明显的"能源回弹效应"。初期 2012 年由于环境保护税的作用，3 种增速情景下所导致的污染物浓度下降值均为 - 3.15 微克/立方米，之后这一差值经历过短期的扩张后快速缩小，模型预测结果显示，2030 年 3 种增速情景下的下降值依次达到了 - 3.12 微克/立方米、- 1.51 微克/立方米和 - 0.77 微克/立方米。空气污染物浓度水平相对于 EEH-DCGE 综合模型的负向偏差与能源利用效率的提高之间存在着负相关关系，即能源利用效率的增速越快，对于环境保护税减排作用的抵消效果越为明显，最终得到的污染物浓度水平也越高。

图 7 - 18 中给出了 2012~2030 年污染清洁技术低速、中速、高速 3 种情景与 EEH-DCGE 综合模型中我国 $PM_{2.5}$ 年均浓度值水平及差值的变化情况。由图 7 - 18 可以看到，整体而言空气污染物的浓度值水平呈现出了逐年下降的趋势，且这一下降的速度随着时间的推移而有所增加，三种增速情景下的 $PM_{2.5}$ 浓度值水平相对于 EEH-DCGE 综合模型而言存在着一定程度的偏低。初期 2012 年低速、中速、高速 3 种情景下的 $PM_{2.5}$ 浓度值均为 81.84 微克/立方米，之后各种增速情景下的污染物浓度水平开始逐年下降，模型预测结果显示 2030 年 3 种增速情境下的 $PM_{2.5}$ 浓度值水平分别达到了 27.09 微克/立方米、28.82 微克/立方米和 29.55 微克/立方米，下降的幅度依次为 66.90%、64.78% 和 63.88%。

与此同时，图 7 - 18 （b）中的差值图有助于更为清晰直观地考察污染清洁技术的提高对于空气污染物浓度水平下降的具体影响效果及其量值水平，以及不同增速之间的差异状况。由图 7 - 18 可以看到，相对于 EEH-

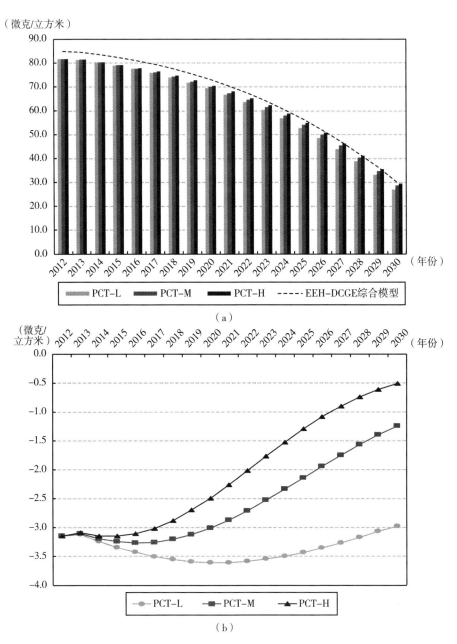

图 7 - 18　2012 ~ 2030 年污染清洁技术各增速情景
与 EEH-DCGE 综合模型 PM$_{2.5}$ 年均浓度值水平及差值的变化情况

DCGE 综合模型而言，污染清洁技术的提高一定程度上抵消了环境保护税的减排作用，并使得空气污染物的浓度水平出现了增加，存在着明显的

"能源回弹效应"。初期 2012 年由于环境保护税的作用，3 种增速情景下所导致的污染物浓度下降值均为 −3.15 微克/立方米，之后这一差值经历过短期的扩张后快速缩小，模型预测结果显示 2030 年 3 种增速情景下的下降值依次达到了 −2.97 微克/立方米、−1.24 微克/立方米和 −0.51 微克/立方米。空气污染物浓度水平相对于 EEH-DCGE 综合模型的负向偏差与污染清洁技术的提高之间存在着负相关关系，即污染清洁技术的增速越快，对于环境保护税减排作用的抵消效果越为明显，最终得到的污染物浓度水平也越高。

图 7 − 19 中给出了 2012～2030 年全要素生产率低速、中速、高速 3 种情景与 EEH-DCGE 综合模型中我国 PM$_{2.5}$ 年均浓度值水平及差值的变化情况。由图 7 − 19 中可以清晰地看到，整体而言空气污染物的浓度值水平呈现出了逐年下降的趋势，且这一下降的速度随着时间的推移而有所增加，三种增速情景下的 PM$_{2.5}$ 浓度值水平相对于 EEH-DCGE 综合模型而言存在着较大程度的偏低。初期 2012 年低速、中速、高速 3 种情景下的 PM$_{2.5}$ 浓度值均为 81.84 微克/立方米，之后各种增速情景下的污染物浓度水平开始逐年下降，模型预测结果显示 2030 年 3 种增速情境下的 PM$_{2.5}$ 浓度值水平分别达到了 16.03 微克/立方米、8.47 微克/立方米和 0.54 微克/立方米，下降的幅度依次为 80.41%、89.66% 和 99.34%。

与此同时，图 7 − 19（b）中的差值图有助于更为清晰直观地考察全要素生产率的提高对于空气污染物浓度水平下降的具体影响效果及其量值水平，以及不同增速之间的差异状况。由图 7 − 19 可以看到，相对于 EEH-DCGE 综合模型而言，全要素生产率的提高在原有环境保护税的基础之上进一步加速了污染物浓度水平的下降，并不存在能源利用效率提高和污染清洁技术进步方式中所存在的"能源回弹效应"。初期 2012 年由于环境保护税的作用，3 种增速情景下所导致的污染物浓度下降值均为 −3.15 微克/立方米，之后这一差值在全要素生产率提高的作用下实现了快速的扩张，模型预测结果显示 2030 年 3 种增速情景下的下降值依次达到了 −14.03 微克/立方米、−21.60 微克/立方米和 −29.52 微克/立方米，显著高于其余两种方式及单独的环境保护税政策。空气污染物浓度水平相对于 EEH-DCGE 综合模型的负向偏差与全要素生产率的提高之间存在着显著的正相关关系，即全要素生产率的增速越快，单位要素投入所得到的增加值水平越高，最终得到的污染物浓度水平也就越低。

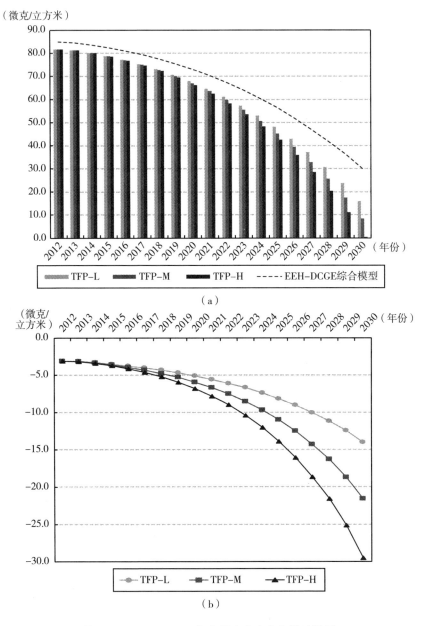

图7-19　2012～2030年全要素生产率各增速情景
与 EEH-DCGE 综合模型 PM$_{2.5}$ 年均浓度值水平及差值的变化情况

二、空气污染物分行业贡献

表7-8中给出了能源利用效率中等增速（1%）情景下EEH-DCGE综合模型中空气污染排放方程的各项贡献值的大小。由表7-8可以看到，对于$PM_{2.5}$最终浓度水平造成影响的三项因子之中，"工业增加值"和"第三产业（不含交通运输、仓储和邮政业）增加值"两项将导致$PM_{2.5}$浓度值的上升，其表征了"燃煤""工业""生物质燃烧"和"其他各类因素"对于污染物浓度的影响；与此同时，"交通运输、仓储和邮政业增加值"将导致$PM_{2.5}$浓度值的下降，其一方面衡量了"机动车及其他移动源"的影响，另一方面同样表征了国民经济总体运行效率的提升以及以电子商务、大数据、云计算、共享经济等一系列领域为代表的"互联网经济"的发展，而这些领域往往具备较高的运行效率且基本不排放相关空气污染物，显然后者占据了主导地位并最终导致了污染物浓度水平的下降。

表7-8　　　　能源利用效率中等增速（1%）情景下空气污染
排放方程各项贡献的分解　　　　　单位：微克/立方米

年份	工业增加值贡献	交通运输、仓储和邮政业增加值贡献	第三产业（不含交通运输、仓储和邮政业）增加值贡献	$PM_{2.5}$浓度
2012	298.10	-396.51	128.41	81.84
2013	315.51	-421.89	135.99	81.45
2014	333.98	-449.62	144.21	80.42
2015	352.98	-478.49	152.84	79.17
2016	372.76	-508.83	161.97	77.74
2017	394.14	-541.62	171.82	76.17
2018	415.76	-575.31	182.06	74.35
2019	438.17	-610.59	192.86	72.28
2020	461.56	-647.73	204.30	69.97
2021	485.71	-686.50	216.35	67.40
2022	510.57	-726.90	229.02	64.53
2023	536.39	-769.28	242.42	61.37
2024	563.16	-813.73	256.60	57.87

续表

年份	工业增加值贡献	交通运输、仓储和邮政业增加值贡献	第三产业（不含交通运输、仓储和邮政业）增加值贡献	$PM_{2.5}$浓度
2025	590.60	-859.92	271.51	54.03
2026	618.98	-908.29	287.29	49.81
2027	648.00	-958.52	303.89	45.21
2028	677.94	-1011.09	321.47	40.16
2029	708.85	-1066.21	340.13	34.62
2030	740.80	-1124.10	360.01	28.56

初期 2012 年"工业增加值"、"交通运输、仓储和邮政业增加值"和"第三产业增加值"三项的数值依次为 298.10 微克/立方米、-396.51 微克/立方米和 128.41 微克/立方米，最终计算得到的当年 $PM_{2.5}$ 浓度值水平为 81.84 微克/立方米。之后三项的绝对值水平均开始不断增大，但在此过程之中对于空气污染物浓度水平起到负向作用的"交通运输、仓储和邮政业增加值"相较于其他两项的增速更为迅速，最终导致了 $PM_{2.5}$ 总体浓度值的下降。模型预测结果显示，2030 年三项的数值依次达到了 740.80 微克/立方米、-1124.10 微克/立方米和 360.01 微克/立方米，而通过空气污染排放方程计算得到的当年 $PM_{2.5}$ 浓度值水平已下降至 28.56 微克/立方米，总体空气污染状况相对于 EEH-DCGE 综合模型而言得到了一定程度的改善。

为了更为清晰直观地考察能源利用效率的提高对于各项影响因子及最终的 $PM_{2.5}$ 浓度值减少的影响情况，表 7-9 给出了能源利用效率中等增速（1%）情景与 EEH-DCGE 综合模型中空气污染排放方程各项贡献值差值的变化情况。由表 7-9 可以看到，能源利用效率的提高使"工业增加值"和"第三产业增加值"两项的数值出现了上升，即负向影响随着时间的推移而逐渐减弱，与此同时，"交通运输、仓储和邮政业增加值"一项同样出现了减弱。初期 2012 年环境保护税的征收及能源利用效率的提高对于"工业增加值""交通运输、仓储和邮政业增加值"和"第三产业增加值"相对于 EEH-DCGE 综合模型偏差的量值分别为 -10.12 微克/立方米、8.74 微克/立方米和 -1.76 微克/立方米。随后各项的偏差均不断减弱，模型预测结果显示 2030 年三项的偏差水平分别达到了 -3.58 微克/立方米、1.79

微克/立方米和0.29微克/立方米。由于环境保护税征收与能源利用效率提高的共同作用，经济的自发调节最终造成了负向偏差的不断缩小，空气污染物的浓度相对于 EEH-DCGE 综合模型虽有所下降，但是下降的幅度相对于初期而言有所缩减。

表7-9 能源利用效率中等增速（1%）情景与 EEH-DCGE 综合模型中
空气污染排放方程各项贡献分解的差值　单位：微克/立方米

年份	工业增加值贡献	交通运输、仓储和邮政业增加值贡献	第三产业（不含交通运输、仓储和邮政业）增加值贡献	PM$_{2.5}$浓度
2012	− 10.12	8.74	− 1.76	− 3.15
2013	− 10.54	9.21	− 1.78	− 3.11
2014	− 10.88	9.50	− 1.82	− 3.19
2015	− 11.10	9.67	− 1.83	− 3.25
2016	− 11.20	9.74	− 1.81	− 3.27
2017	− 11.20	9.70	− 1.78	− 3.27
2018	− 11.06	9.54	− 1.71	− 3.23
2019	− 10.81	9.27	− 1.63	− 3.16
2020	− 10.45	8.90	− 1.52	− 3.07
2021	− 9.98	8.43	− 1.40	− 2.95
2022	− 9.43	7.87	− 1.25	− 2.81
2023	− 8.80	7.24	− 1.09	− 2.66
2024	− 8.12	6.55	− 0.92	− 2.49
2025	− 7.39	5.81	− 0.74	− 2.32
2026	− 6.63	5.03	− 0.55	− 2.14
2027	− 5.86	4.24	− 0.35	− 1.97
2028	− 5.09	3.43	− 0.14	− 1.80
2029	− 4.32	2.61	0.07	− 1.65
2030	− 3.58	1.79	0.29	− 1.51

表7-10 中给出了污染清洁技术中等增速（1%）情景下 EEH-DCGE 综合模型中空气污染排放方程的各项贡献值的大小。由表7-10 可以看到，对于 PM$_{2.5}$最终浓度水平造成影响的三项因子之中，"工业增加值"和"第三产业（不含交通运输、仓储和邮政业）增加值"两项将导致 PM$_{2.5}$浓度值的上升，其表征了"燃煤""工业""生物质燃烧"和"其他各类因素"对于污染物浓度的影响；与此同时，"交通运输、仓储和邮政业增加值"

将导致PM_{2.5}浓度值的下降，其一方面衡量了"机动车及其他移动源"的影响，另一方面同样表征了国民经济总体运行效率的提升以及以电子商务、大数据、云计算、共享经济等一系列领域为代表的"互联网经济"的发展，而这些领域往往具备较高的运行效率且基本不排放相关空气污染物，显然后者占据了主导地位并最终导致了污染物浓度水平的下降。

表7-10　　　　污染清洁技术中等增速（1%）情景下空气污染
排放方程各项贡献的分解　　　　单位：微克/立方米

年份	工业增加值贡献	交通运输、仓储和邮政业增加值贡献	第三产业（不含交通运输、仓储和邮政业）增加值贡献	PM_{2.5}浓度
2012	298.10	-396.51	128.41	81.84
2013	315.51	-421.89	135.99	81.45
2014	333.99	-449.63	144.21	80.42
2015	352.99	-478.50	152.85	79.18
2016	372.79	-508.86	161.97	77.75
2017	394.20	-541.68	171.83	76.19
2018	415.86	-575.40	182.08	74.38
2019	438.32	-610.72	192.88	72.32
2020	461.78	-647.92	204.33	70.03
2021	486.00	-686.76	216.39	67.48
2022	510.94	-727.22	229.08	64.64
2023	536.84	-769.68	242.49	61.50
2024	563.70	-814.20	256.68	58.03
2025	591.23	-860.46	271.60	54.21
2026	619.69	-908.90	287.39	50.02
2027	648.77	-959.17	303.99	45.43
2028	678.76	-1011.78	321.57	40.40
2029	709.71	-1066.91	340.23	34.88
2030	741.67	-1124.79	360.10	28.82

初期2012年"工业增加值""交通运输、仓储和邮政业增加值"以及"第三产业增加值"三项的数值依次为298.10微克/立方米、-396.51微克/立方米及128.41微克/立方米，最终计算得到的当年PM_{2.5}浓度值水平为81.84微克/立方米。之后三项的绝对值水平均开始不断增大，但在此过程之中对于空气污染物浓度水平起到负向作用的"交通运输、仓储和邮政

业增加值"相较于其他两项的增速更为迅速,最终导致了 PM$_{2.5}$ 总体浓度值的下降。模型预测结果显示,2030 年三项的数值依次达到了 741.67 微克/立方米、-1124.79 微克/立方米和 360.10 微克/立方米,而通过空气污染排放方程计算得到的当年 PM$_{2.5}$ 浓度值水平已下降至 28.82 微克/立方米,总体空气污染状况相对于 EEH-DCGE 综合模型而言得到了一定程度的改善。

为了更为清晰直观地考察污染清洁技术的提高对于各项影响因子及最终的 PM$_{2.5}$ 浓度值减少的影响情况,表 7 - 11 给出了污染清洁技术中等增速 (1%) 情景与 EEH-DCGE 综合模型中空气污染排放方程各项贡献值差值的变化情况。由表 7 - 11 可以看到,污染清洁技术的提高使"工业增加值"和"第三产业增加值"两项的数值出现了上升,即负向影响随着时间的推移而逐渐减弱,与此同时,"交通运输、仓储和邮政业增加值"一项同样出现了减弱。初期 2012 年环境保护税的征收及污染清洁技术的提高对于"工业增加值""交通运输、仓储和邮政业增加值"和"第三产业增加值"相对于 EEH-DCGE 综合模型偏差的量值分别为 -10.12 微克/立方米、8.74 微克/立方米和 -1.76 微克/立方米。随后各项的偏差均不断减弱,模型预测结果显示 2030 年三项的偏差水平分别达到了 -2.71 微克/立方米、1.09 微克/立方米和 0.38 微克/立方米。由于环境保护税征收与污染清洁技术提高的共同作用,经济的自发调节最终造成了负向偏差的不断缩小,空气污染物的浓度相对于 EEH-DCGE 综合模型虽有所下降,但是下降的幅度相对于初期而言有所缩减。

表 7 - 11   污染清洁技术中等增速 (1%) 情景与 EEH-DCGE 综合模型中空气污染排放方程各项贡献分解的差值

单位: 微克/立方米

年份	工业增加值贡献	交通运输、仓储和邮政业增加值贡献	第三产业(不含交通运输、仓储和邮政业)增加值贡献	PM$_{2.5}$浓度
2012	-10.12	8.74	-1.76	-3.15
2013	-10.53	9.21	-1.78	-3.11
2014	-10.87	9.50	-1.82	-3.19
2015	-11.08	9.66	-1.82	-3.24
2016	-11.16	9.71	-1.81	-3.26
2017	-11.14	9.65	-1.77	-3.25
2018	-10.96	9.46	-1.70	-3.20

续表

年份	工业增加值贡献	交通运输、仓储和邮政业增加值贡献	第三产业（不含交通运输、仓储和邮政业）增加值贡献	PM$_{2.5}$浓度
2019	-10.66	9.14	-1.60	-3.12
2020	-10.23	8.71	-1.49	-3.01
2021	-9.70	8.18	-1.35	-2.87
2022	-9.06	7.55	-1.20	-2.71
2023	-8.35	6.84	-1.02	-2.53
2024	-7.57	6.08	-0.84	-2.34
2025	-6.76	5.27	-0.65	-2.14
2026	-5.92	4.43	-0.45	-1.94
2027	-5.09	3.58	-0.24	-1.75
2028	-4.26	2.74	-0.04	-1.56
2029	-3.47	1.91	0.17	-1.39
2030	-2.71	1.09	0.38	-1.24

表 7 - 12 中给出了全要素生产率中等增速（1%）情景下 EEH-DCGE 综合模型中空气污染排放方程的各项贡献值的大小。由表 7 - 12 中可以看到，对于 PM$_{2.5}$最终浓度水平造成影响的三项因子之中，"工业增加值"和"第三产业（不含交通运输、仓储和邮政业）增加值"两项将导致 PM$_{2.5}$浓度值的上升，其表征了"燃煤""工业""生物质燃烧"和"其他各类因素"对于污染物浓度的影响；与此同时，"交通运输、仓储和邮政业增加值"将导致 PM$_{2.5}$浓度值的下降，其一方面衡量了"机动车及其他移动源"的影响，另一方面同样表征了国民经济总体运行效率的提升以及以电子商务、大数据、云计算、共享经济等一系列领域为代表的"互联网经济"的发展，而这些领域往往具备较高的运行效率且基本不排放相关空气污染物，显然后者占据了主导地位并最终导致了污染物浓度水平的下降。

初期 2012 年"工业增加值""交通运输、仓储和邮政业增加值"和"第三产业增加值"三项的数值依次为 298.10 微克/立方米、-396.51 微克/立方米和 128.41 微克/立方米，最终计算得到的当年 PM$_{2.5}$浓度值水平为 81.84 微克/立方米。之后三项的绝对值水平均开始不断增大，但在此过程之中对于空气污染物浓度水平起到负向作用的"交通运输、仓储和邮政业增加值"相较于其他两项的增速更为迅速，最终导致了 PM$_{2.5}$总体浓度值的下降。模型预测结果显示，2030 年三项的数值依次达到了 730.30 微克/立方米、 –1154.18 微克/立方米和 380.50 微克/立方米，而通过空气污染排放方程计算得到的当年 $PM_{2.5}$ 浓度值水平已大幅下降至 8.47 微克/立方米，总体空气污染状况相对于 EEH-DCGE 综合模型而言得到了极大的改善。

表 7 – 12　　　　　全要素生产率中等增速（1%）情景下空气污染
排放方程各项贡献的分解　　　　　　　　单位：微克/立方米

年份	工业增加值贡献	交通运输、仓储和邮政业增加值贡献	第三产业（不含交通运输、仓储和邮政业）增加值贡献	$PM_{2.5}$ 浓度
2012	298.10	– 396.51	128.41	81.84
2013	315.41	– 421.87	136.01	81.39
2014	333.68	– 449.56	144.26	80.23
2015	352.36	– 478.38	152.96	78.78
2016	371.71	– 508.68	162.18	77.06
2017	392.54	– 541.46	172.19	75.10
2018	413.49	– 575.20	182.65	72.79
2019	435.13	– 610.60	193.75	70.12
2020	457.66	– 648.01	205.59	67.09
2021	480.86	– 687.22	218.17	63.65
2022	504.74	– 728.30	231.52	59.80
2023	529.53	– 771.68	245.80	55.48
2024	555.27	– 817.51	261.08	50.67
2025	581.73	– 865.60	277.36	45.34
2026	609.21	– 916.49	294.86	39.42
2027	637.47	– 970.04	313.61	32.88
2028	666.90	– 1027.00	333.88	25.63
2029	697.71	– 1088.00	356.00	17.55
2030	730.30	– 1154.18	380.50	8.47

　　为了更为清晰直观地考察全要素生产率的提高对于各项影响因子及最终的 $PM_{2.5}$ 浓度值减少的影响情况，表 7 – 13 给出了全要素生产率中等增速（1%）情景与 EEH-DCGE 综合模型中空气污染排放方程各项贡献值差值的变化情况。由表 7 – 13 可以看到，全要素生产率的提高使得"工业增加值"和"第三产业增加值"两项的数值出现了先减小后增加，即负向影响随着时间的推移先加强而后逐渐减弱，与此同时，"交通运输、仓储和邮政

业增加值"一项则一直持续减小。初期 2012 年环境保护税的征收及全要素
生产率的提高对于"工业增加值""交通运输、仓储和邮政业增加值"和
"第三产业增加值"相对于 EEH-DCGE 综合模型偏差的量值分别为 - 10.12
微克/立方米、8.74 微克/立方米和 - 1.76 微克/立方米。随后各项的偏差
增减互现,"交通运输、仓储和邮政业增加值"及"第三产业增加值"两
项甚至出现了趋势的反转。模型预测结果显示 2030 年,三项的偏差水平分
别达到了 - 14.08 微克/立方米、 - 28.30 微克/立方米和 20.78 微克/立方
米。由于环境保护税征收与全要素生产率提高的共同作用,经济的自发调
节最终造成了负向偏差的不断加强,空气污染物的浓度相对于 EEH-DCGE
综合模型的下降幅度有了明显的提升。

表 7-13 　　　全要素生产率中等增速（1%）情景与 EEH-DCGE
综合模型中空气污染排放方程各项贡献分解的差值

单位：微克/立方米

年份	工业增加 值贡献	交通运输、仓储 和邮政业增加值贡献	第三产业（不含交通运输、 仓储和邮政业）增加值贡献	PM$_{2.5}$ 浓度
2012	- 10.12	8.74	- 1.76	- 3.15
2013	- 10.63	9.23	- 1.77	- 3.17
2014	- 11.18	9.57	- 1.77	- 3.38
2015	- 11.71	9.78	- 1.71	- 3.64
2016	- 12.24	9.89	- 1.59	- 3.95
2017	- 12.80	9.86	- 1.41	- 4.34
2018	- 13.33	9.66	- 1.13	- 4.79
2019	- 13.85	9.26	- 0.74	- 5.33
2020	- 14.35	8.63	- 0.23	- 5.96
2021	- 14.83	7.71	0.42	- 6.69
2022	- 15.27	6.47	1.25	- 7.55
2023	- 15.66	4.84	2.28	- 8.54
2024	- 16.00	2.76	3.55	- 9.69
2025	- 16.26	0.13	5.12	- 11.01
2026	- 16.40	- 3.16	7.03	- 12.54
2027	- 16.38	- 7.28	9.37	- 14.29
2028	- 16.12	- 12.48	12.27	- 16.33
2029	- 15.47	- 19.18	15.93	- 18.72
2030	- 14.08	- 28.30	20.78	- 21.60

第五节　技术手段对于健康领域的影响

一、空气污染相关疾病死亡率

前面已完成了技术手段对于福利、经济及环境领域各类影响的评估工作。事实上，EEH-DCGE综合模型之中，健康模块作为连接经济和环境之间的桥梁，起到了十分重要的作用，目前已通过各类方法相继引入了"空气质量改善减少提早死亡人数""有效劳动供给时间""劳动生产率"及"居民效用函数"四类影响机制，本节中将对各类影响机制所涉及的关键指标进行分析和研究，以评估技术手段对于健康领域所带来的各类影响的实际效果和具体量值水平。

首先，针对"空气质量改善减少提早死亡人数"影响机制，本书选择了与空气污染密切相关的心脑血管疾病、呼吸系统疾病及肺癌的死亡率水平作为重点分析指标。图7－20中给出了2012～2030年我国上述三类疾病死亡率的变化情况，点线表征2012年的基准死亡率水平，虚线表征EEH-DCGE综合模型的死亡率变化，柱形图分别代表能源利用效率、污染清洁技术及全要素生产率中等增速（1%）情景下的死亡率状况。由图7－20中可以看到，初期三类疾病的死亡率水平相对于基准死亡率而言均有较大幅度的增加。2012年心脑血管疾病在3种方式中等增速情景下的死亡率水平均为0.0086，呼吸系统疾病的死亡率水平均为0.00129，肺癌的死亡率水平均为0.00174。之后随着时间的推移，各类疾病的死亡率状况不断下降，相对于EEH-DCGE综合模型而言，能源利用效率、污染清洁技术两项的负向偏差并不明显，但全要素生产率却使得死亡率的下降幅度显著增加。模型预测结果显示，2030年3种方式中等增速情景下的心脑血管疾病死亡率已分别下降至0.0035、0.0035和0.0025，呼吸系统疾病的死亡率也分别下降至0.000984、0.000986和0.000891，肺癌的死亡率水平同样分别下降至0.000647、0.000650和0.000445。总体而言，全要素生产率的提高对于死亡率下降的贡献最为显著，其余两项的影响均较为有限且相差不大。

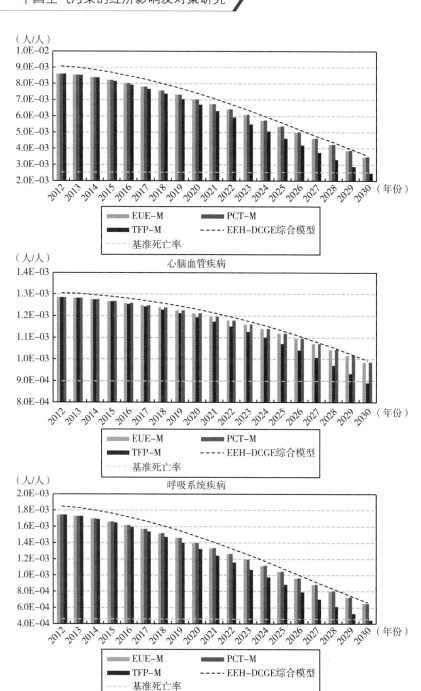

图 7 – 20　2012～2030 年能源利用效率、污染清洁技术、全要素生产率
中等增速（1%）情景下的中国心脑血管疾病、呼吸系统疾病及肺癌死亡率

二、空气污染相关疾病住院率

针对"有效劳动供给时间"影响机制，本书选择了与空气污染密切相关的心脑血管疾病及呼吸系统疾病的住院率水平作为重点分析指标。图 7 - 21

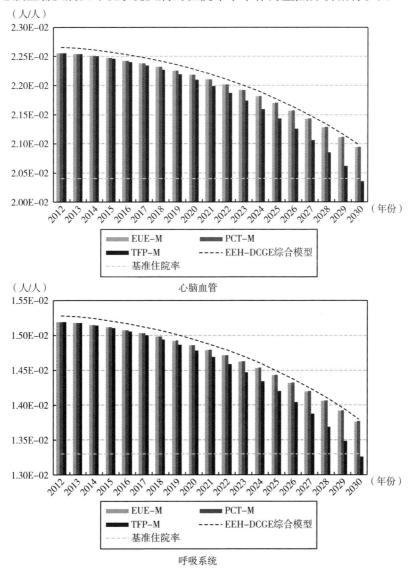

心脑血管

呼吸系统

**图 7 - 21　2012 ～ 2030 年能源利用效率、污染清洁技术、全要素生产率
中等增速（1%）情景下的中国心脑血管及呼吸系统疾病住院率**

中给出了 2012 ~ 2030 年我国上述两类疾病住院率的变化情况，点线表征 2012 年的基准住院率水平，虚线表征 EEH-DCGE 综合模型的住院率变化，柱形图分别代表能源利用效率、污染清洁技术及全要素生产率中等增速（1%）情景下的住院率状况。由图 7 – 21 可以看到，初期两类疾病的住院率水平相对于基准住院率而言均有较大幅度的增加。2012 年心脑血管疾病在 3 种方式中等增速情景下的住院率水平均为 0.02256，呼吸系统疾病的住院率水平均为 0.01519。之后随着时间的推移，各类疾病的住院率状况不断下降，相对于 EEH-DCGE 综合模型而言，能源利用效率、污染清洁技术两项的负向偏差并不明显，但全要素生产率却使得住院率的下降幅度显著增加。模型预测结果显示 2030 年，3 种方式中等增速情景下的心脑血管疾病住院率已分别下降至 0.02094、0.02094 和 0.02036，呼吸系统疾的病住院率也分别下降至 0.01376、0.01377 和 0.01326。总体而言，全要素生产率的提高对于住院率下降的贡献最为显著，其余两项的影响均较为有限且相差不大。

三、有效劳动供给水平

针对"劳动生产率"影响机制，本书选择了模型的劳动供给水平作为重点分析指标。图 7 – 22 中给出了 2012 ~ 2030 年我国总体劳动供给水平的变化情况，点线表征未考虑空气污染影响的 DCGE 模型的劳动供给水平，虚线表征 10 微克/立方米标准下 EEH-DCGE 综合模型的劳动供给状况，柱形图分别代表能源利用效率、污染清洁技术及全要素生产率中等增速（1%）情景下经济中的总体劳动供给。由图 7 – 22 可以看到，当未考虑空气污染的影响时，DCGE 模型中的劳动供给水平始终处于上升的态势，但上升的速度随着时间的推移而逐年减少。与之形成鲜明对比的是，当将空气污染的各类影响机制纳入到模型的考察范围后，总体劳动供给呈现出了完全不同的变化趋势。对于 10 微克/立方米基准浓度下的 EEH-DCGE 综合模型而言，初期其总体劳动供给水平不断下降，之后将于 2024 年达到了极小值水平，随后便开始逐年增加。而 3 种方式中等增速情景下劳动供给的变化趋势与 EEH-DCGE 综合模型的结果较为一致，但是具体的量值水平根据技术手段的不同与其存在明显的差距。总体而言，全要素生产率的提高将带来社会劳动供给的大幅度提升，其余两项的影响均较为有限且相差不大。

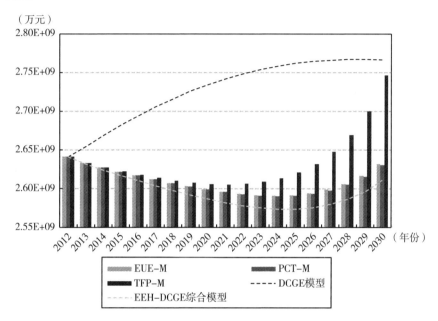

图 7 - 22 2012～2030 年能源利用效率、污染清洁技术、全要素生产率中等增速（1%）情景下的劳动供给水平变化情况

为了更进一步考察技术手段对于模型中总体劳动供给水平的影响效果及其量值水平，图 7 - 23 中给出了 2012～2030 年能源利用效率、污染清洁技术及全要素生产率中等增速（1%）情景与 EEH-DCGE 综合模型劳动供给水平差值的变化情况。由图 7 - 23 可以看到，相对于 EEH-DCGE 综合模型而言，能源利用效率、污染清洁技术及全要素生产率中等增速（1%）的 3 种情景均会造成总体劳动供给水平的提升，且这一影响随着时间的推移不断扩大，存在着明显的"累积效应"。值得注意的是，能源利用效率、污染清洁技术两项的变化特征较为一致，即随着时间的推移增速逐渐减小，而全要素生产率的变化特征却与其他两项存在着显著的不同，一方面量值水平明显高于其他二者，另一方面劳动供给的增加随着时间的推移有不断加速的趋势。初期 2012 年这一偏差的数值均为 0，模型预测结果显示 2030 年 3 种方式中等增速情景的劳动供给增加量分别达到了 2143.8 亿元、

1990.3 亿元和 13586.2 亿元，全要素生产率的影响相较于其他两项而言高出约 1 个量级的水平。

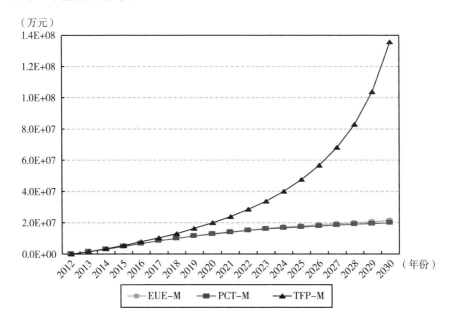

图 7 - 23　2012～2030 年能源利用效率、污染清洁技术、全要素
生产率中等增速（1%）情景与 EEH-DCGE 综合模型
劳动供给水平差值的变化情况

四、空气污染治理支付意愿

针对"居民效用函数"影响机制，本书选择了模型的空气污染治理支付意愿作为重点分析指标。图 7 - 24 给出了 2013～2030 年能源利用效率、污染清洁技术及全要素生产率中等增速（1%）情景下居民部门对于治理空气污染支付意愿的变化情况。由图 7 - 24 可以看到，总体而言随着空气污染物浓度水平的不断下降，居民对于空气污染治理的支付意愿也随之逐年减小。初期 2013 年 3 种手段中等增速情景下的支付意愿均为 1962.8 亿元，之后随着时间的推移各种方式中等增速情景下的支付意愿均持续下降，模型预测结果显示 2030 年 3 种方式的支付意愿分别下降至 - 69.1 亿元、- 58.4 亿元和 - 786.1 亿元。总体而言，全要素生产率的提高将带来

居民空气污染治理支付意愿的大幅下降，其余两项的影响均较为有限且相差不大。

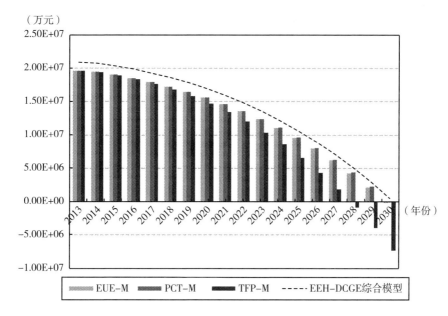

图 7-24　2012~2030 年能源利用效率、污染清洁技术、全要素生产率
中等增速（1%）情景下的空气污染治理支付意愿变化情况

　　为了更为清晰准确地考察不同的技术手段对于居民支付意愿的影响效果和具体量值水平，图 7-25 中给出了 2013~2030 年能源利用效率、污染清洁技术及全要素生产率中等增速（1%）情景与 EEH-DCGE 综合模型空气污染治理支付意愿差值的变化情况。由图 7-25 可以看到，初期由于环境保护税的征收，居民对于空气污染治理的支付意愿相对于 EEH-DCGE 综合模型而言均偏低 -130.6 亿元。之后随着时间的推移，能源利用效率和污染清洁技术两种技术手段使得这一偏差的程度不断缩小，模型预测结果显示 2030 年已分别下降至 -69.1 亿元和 -58.4 亿元。而全要素生产率的增加对于居民支付意愿的影响却与上述两种方式呈现出了完全不同的特征，随着时间的推移，全要素生产率的提高使得居民的支付意愿出现了持续的下降，且这一下降的过程有不断加速的趋势，模型预测结果显示 2030 年这一偏差幅度已达到了 -786.1 亿元，相对于其他两种方式高出了约 1 个量级的水平。

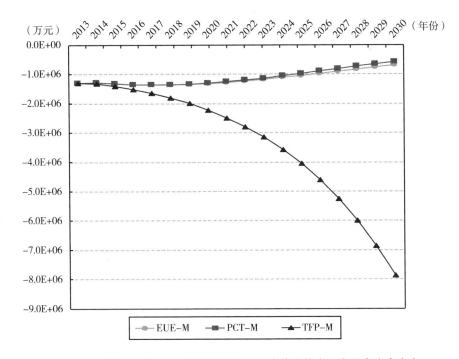

图 7 - 25 2012~2030 年能源利用效率、污染清洁技术、全要素生产率中
等增速（1%）情景与 EEH-DCGE 综合模型空气污染治理
支付意愿差值的变化情况

第六节 本章小结

我国之所以出现空气污染问题，与我国之前一段时间高污染、高能耗的经济发展方式密切相关。因此，转变我国现有经济发展方式，提高能源利用效率、发展污染清洁技术、促进全要素生产率的提升，才能从根本上解决导致我国空气污染的一系列深层次问题。为此，本章通过一系列经济变量的引入，将能源利用效率、污染清洁技术及全要素生产率 3 项因素纳入模型的考察范畴之中，探究了技术手段对于我国空气污染的治理效果，同时评估了其对于福利、经济、环境及健康领域所造成的影响及其具体量值水平。技术模块的总体结构设计见图 7 - 1，同时有关能源利用效率、污染清洁技术及全要素生产率的含义及具体引入方法已在文中进行了逐一的

介绍。为了考察各类技术手段所带来的实际影响，本书在技术模块中共设计了 9 种模拟情景。其中，9 种模拟情景共包含三大类别，分别对应于能源利用效率、污染清洁技术及全要素生产率的变化。与此同时，本书在每一种技术手段中又设计了不同的增速水平，以考察低速、中速及高速增长情景下模型的具体响应结果，三种增速水平分别对应于 0.5%、1.0% 和 1.5% 的年均增速。有关技术模块的模拟情景设计及各情景的具体含义详见表 7-1。

第二节和第三节中主要描述了技术手段对于社会福利水平和各类经济指标的影响。技术手段对于社会福利和经济领域的影响主要分为总量指标（社会福利水平、GDP 及居民收入）和分行业指标（产出水平及价格）两大方面。在总量指标方面，能源利用效率的提升和污染清洁技术的改进两种手段对于社会福利、名义 GDP 及居民收入水平的影响效果较为一致。相较 EEH-DCGE 综合模型而言，初期由于环境保护税的征收所造成的损失最为严重，之后这一损失随着时间的推移不断减少，并将于 2024 年左右开始由负转正，相对于未考虑能源利用效率及污染清洁技术增长的环境保护税模块而言提前了 2~4 年，之后正向影响逐渐加强。可以发现，能源利用效率及污染清洁技术的增速与其对于社会福利、经济总量及居民收入所造成的影响之间存在着密切的联系。2012~2028 年，能源利用效率及污染清洁技术的增速越快，由其所导致的社会福利、名义 GDP 及居民收入水平的恢复越为迅速，而到了 2028 年之后，这一趋势将出现反转，越高增速意味着相应指标的恢复水平越低。之所以出现这一现象，可能主要是由于能源利用效率及污染清洁技术的提升对于经济的拉动作用具有递减的边际效用，快速增长的能源利用效率在后期对于经济的正向贡献开始越来越小，最终导致了拐点的出现。全要素生产率提升后的社会福利、名义 GDP 及居民收入水平较 EEH-DCGE 综合模型而言，基本上呈现出了正向的偏差，且这种偏差随着时间的推移有不断加速的趋势，与能源利用效率和污染清洁技术两种方式存在着明显的不同，同时其影响的量值水平显著高于其余两种方式。可以发现，全要素生产率的增速与其对于经济所造成的影响之间存在着密切的联系。总体而言，全要素生产率的增速越快，由其所导致的社会福利、名义 GDP 及居民收入的恢复越为迅速。

在分行业指标方面，能源利用效率的提升和污染清洁技术的改进两种方式同样具备较为一致的影响效果。环境保护税的征收在初期使得除"采矿业""电力、热力、燃气及水的生产和供应业""批发和零售业""文化、体育和娱乐业""公共管理、社会保障和社会组织"以外的几乎全部行业均出现了产出水平的下降，能源利用效率及污染清洁技术的提升对其有所影响但是量值十分有限。但模型预测结果显示，2030年环境保护税征收与能源利用效率及污染清洁技术提升的共同作用使得全部行业的产出水平相对于EEH-DCGE综合模型而言均出现了增加，且增加的幅度随着行业部门的不同而有所差异，同时相对于未考虑能源利用效率及污染清洁技术提升的环境保护税模块而言增幅有所收缩。其中，环境保护税与能源利用效率及污染清洁技术对于"电力、热力、燃气及水的生产和供应业""住宿和餐饮业"和"文化、体育和娱乐业"的影响最为显著，而对于"建筑业""信息传输、软件和信息技术服务业""科学研究和技术服务业""水利、环境和公共设施管理业""公共管理、社会保障和社会组织"等行业的影响则要相对小得多。初期2015年环境保护税与能源利用效率及污染清洁技术对于各个行业所产生的冲击相对较小且正负影响同时存在，之后随着时间的推移，二者的影响不断扩大，并逐渐由负转正，预测2025年后各个行业的产出水平相较于EEH-DCGE综合模型而言基本实现了不同程度的增长。总体而言，相对于独立的环境保护税政策，能源利用效率及污染清洁技术的提升使2030年相对于初期的变化幅度显著收窄，税收的影响作用有较大幅度的减弱。全要素生产率的提高却呈现了完全不同的影响效果。模型预测结果显示，2030年环境保护税征收与全要素生产率提升的共同作用使得全部行业的产出水平相对于EEH-DCGE综合模型而言均出现了增加，且增加的幅度随着行业部门的不同而有所差异，同时相对于未考虑全要素生产率提升的环境保护税模块而言显著增强。其中，环境保护税及全要素生产率"住宿和餐饮业""居民服务、修理和其他服务业"和"卫生和社会工作"的影响最为显著，而对于"建筑业""科学研究和技术服务业""公共管理、社会保障和社会组织"等行业的影响则要相对小得多。总体而言，全要素生产率的提升对于各个行业产出水平的影响是逐年扩大的，且这种影响有着明显的加速趋势并显著高于能源利用效率和污染清洁技术的影响。

对于商品及要素的价格影响方面，初期 2015 年由于环境保护税的作用，与空气污染密切相关的"采矿业""制造业""电力、热力、燃气及水的生产和供应业""建筑业"和"交通运输、仓储和邮政业"出现了价格的上涨，其余全部行业的价格水平则出现了不同程度的下降，能源利用效率及污染清洁技术的提升对其有所影响但是量值十分有限。随后的价格水平出现了一定程度的调整，总体表现为偏差值向 EEH-DCGE 综合模型水平的回归。其中"采矿业""制造业""电力、热力、燃气及水的生产和供应业"以及"交通运输、仓储和邮政业"等前期正向偏差较大的行业实现了偏差的不断缩小，与此同时，"批发和零售业""金融业""房地产业""要素—劳动""要素—资本"等前期负向偏差较大的行业同样实现了偏差的不断缩小，最终各个行业之间的偏差幅度相对于初始的 2015 年而言均有明显的收缩。全要素生产率的变动对于价格水平所带来的影响与能源利用效率和污染清洁技术两种方式存在着十分显著的差异。各类商品的价格水平并没有向 EEH-DCGE 综合模型回归，而是出现了较大幅度的调整。其中"要素—劳动"、"要素—资本"两项的变化极为显著，两种生产要素的价格水平均实现了快速的增长，且这种增长存在着明显的加速趋势。与此同时，其余各类商品的价格则存在着正负偏差之间的相互转换。

第四节中主要描述了技术手段对于各类环境指标的影响。相对于 EEH-DCGE 综合模型而言，能源利用效率及污染清洁技术的提高一定程度上抵消了环境保护税的减排作用，并使空气污染物的浓度水平出现了增加，存在着明显的"能源回弹效应"。初期 2012 年由于环境保护税的作用，3 种增速情景下所导致的污染物浓度下降值均为 −3.15 微克/立方米，之后这一差值经历过短期的扩张后便快速缩小。空气污染物浓度水平相对于 EEH-DCGE 综合模型的负向偏差与能源利用效率及污染清洁技术的提高之间存在着负相关关系，即能源利用效率及污染清洁技术的增速越快，对于环境保护税减排作用的抵消效果越为明显，最终得到的污染物浓度水平也越高。全要素生产率的提高却展现出了完全不同的影响效果。相对于 EEH-DCGE 综合模型而言，全要素生产率的提高在原有环境保护税的基础之上进一步加速了污染物浓度水平的下降，并不存在能源利用效率提高和污染清洁技术进步方式中所存在的"能源回弹效应"。初期2012年由于环境保护税的作用，3种增速情景下所导致的污染物浓度下降值均为 – 3.15 微克/立方米，之后这一差值在全要素生产率提高的作用下实现了快速的扩张，且显著高于其余两种方式及单独的环境保护税政策。空气污染物浓度水平相对于EEH-DCGE综合模型的负向偏差与全要素生产率的提高之间存在着显著的正相关关系，即全要素生产率的增速越快，单位要素投入所得到的增加值水平越高，最终得到的污染物浓度水平也就越低。对于EEH-DCGE综合模型中空气污染排放方程的各项贡献值的分解，以及各种经济发展方式转变情景下的差值比较同样印证了上述的结论。

第五节中主要描述了技术手段对于各类健康指标的影响。首先，对于"空气质量改善减少提早死亡人数"影响机制，初期心脑血管疾病、呼吸系统疾病及肺癌三类疾病的死亡率水平相对于基准死亡率而言均有较大幅度的增加，之后随着时间的推移，各类疾病的死亡率状况不断下降，相对于EEH-DCGE综合模型而言，能源利用效率、污染清洁技术两项的负向偏差并不明显，但全要素生产率却使得死亡率的下降幅度显著增加。总体而言，全要素生产率的提高对于死亡率下降的贡献最为显著，其余两项的影响均较为有限且相差不大。其次，对于"有效劳动供给时间"影响机制，其与"空气质量改善减少提早死亡人数"机制的结果较为一致，初期两类疾病的住院率水平相对于基准住院率而言均有较大幅度的增加，之后随着时间的推移，各类疾病的住院率状况不断下降，相对于EEH-DCGE综合模型而言，能源利用效率、污染清洁技术两项的负向偏差并不明显，但全要素生产率却使住院率的下降幅度显著增加。再次，对于"劳动生产率"影响机制，相对于EEH-DCGE综合模型而言，能源利用效率、污染清洁技术及全要素生产率中等增速（1%）的3种情景均会造成总体劳动供给水平的提升，且这一影响随着时间的推移不断扩大，存在着明显的"累积效应"。值得注意的是，能源利用效率、污染清洁技术两项的变化特征较为一致，即随着时间的推移增速逐渐减小，而全要素生产率的变化特征却与其他两项存在着显著的不同，一方面量值水平明显高于其他二者；另一方面劳动供给的增加随着时间的推移有不断加速的趋势。最后，对于"居民效用函数"影响机制，初期由于环境保护税的征收，居民对于空气污染治理的支付意愿相对于 EEH-DCGE 综合模型而言均偏低 –130.6 亿元。之后随着时间的推移，能源利用效率和污染清洁技术两种技术手段的改变使得这一偏差的程度不断缩小，而全要素生产率的增加对于居民支付意愿的影响却与上述两种方式呈现出了完全不同的特征，随着时间的推移，全要素生产率的提高使得居民的支付意愿出现了持续的下降，且这一下降的过程有不断加速的趋势，模型预测结果显示 2030 年这一偏差幅度已达到了 –786.1 亿元，相对于其他两种方式高出了约 1 个量级的水平。

第八章

研究结论与政策建议

第一节　主要研究结论

改革开放以来，我国经济实现了迅猛发展，然而高污染、高能耗的粗放型经济增长方式，加之现阶段不全面、不完善的环境保护政策，使我国在环境、资源等领域面临着一系列严峻的压力及挑战。

与此同时，现阶段针对空气污染的相关研究工作，主要集中于空气污染的特征、来源及形成机理，部分研究工作还探究了经济发展对于空气污染的贡献及影响。然而，针对空气污染对于经济系统所造成的宏观、微观方面的影响，以及在此基础之上相关环境保护政策的设计和评估工作，开展得并不完善。综上所述，现阶段系统的分析和评估空气污染对于我国经济的各个方面所造成的冲击及影响，并在此基础之上设计、制定相关环境保护措施同时评价其实际政策效果，已经成为摆在我们面前具备重大理论及现实意义且亟待解决的关键课题。

正是基于上述背景，本书尝试在理论和应用两个层面取得一定程度的突破。首先，在模型理论与研究方法上，本书所构建的经济—环境—健康耦合架构的动态 CGE（EEH-DCGE）模型弥补了现有研究工作中单向响应、静态传导、机制单一等方面的不足，可以更为全面、准确地反映出经济与环境之间的相互作用和反馈机制，从而为其他科研人员开展空气污染治理及环保政策的评估及分析工作提供有益思路及高效工具。其次，在模型应用与实证分析上，本书利用上述模型，一方面系统、全面地分析和评估了空气质量改善对于我国福利、经济、环境及健康领域所造成的影响；另一方面针对各主要空气污染治理手段（征收环境保护税、提高能源利用效率、发展污染清洁技术、推动全要素生产率提高）的政策效果及其衍生影响进行了实证研究和量化评估。最终取得了以下四个方面的创新和突破。

第一，通过环境模块及健康模块的设置，实现了空气污染与经济系统之间作用机制的双向化、内生化，完成了经济—环境—健康耦合架构动态CGE基准模型的构建，相较于以往的单向响应，甚至完全外生的模型而言，对于环境和经济系统之间作用机制的刻画更为准确和全面。

第二，通过空气污染排放方程与暴露—响应函数，建立起了 t 期空气污染状况与 t + 1 期劳动供给之间的基准递归动态关系，一方面弥补了传统递归动态 CGE 模型中仅通过人口、资本等变量建立跨期关系的不足；另一方面使空气污染的经济影响得以动态化、长期化，从而更为准确、客观地评估其对于经济系统所产生的各类期限影响。

第三，在 EEH-DCGE 基准模型中"空气质量改善减少提早死亡人数"影响机制的基础之上，进一步设计并引入了"有效劳动供给时间""劳动生产率"和"居民效用函数"三种空气污染的影响机制，极大地丰富和完善了空气污染对于经济系统影响的方式和渠道，同时针对上述四类影响机制对于福利、经济、环境及健康领域的单独贡献和边际影响进行了分析及评估。

第四，在 EEH-DCGE 基准模型的基础之上，通过空气污染多种可能影响机制的引入，本书完成了 EEH-DCGE 综合模型的构建。一方面，利用该模型对于我国空气质量改善在福利、经济、环境及健康领域的影响进行了系统、全面的分析和评估；另一方面，针对各主要空气污染治理手段的政策效果及其衍生影响进行了实证研究和量化评估。

基于上述研究工作的展开及 EEH-DCGE 综合模型的构建，最终得到以下四点主要研究结论。

一是"空气质量改善减少提早死亡人数""有效劳动供给时间""劳

动生产率"和"居民效用函数"四种空气污染的影响机制对于福利、经济、环境及健康领域的作用方式和影响效果各不相同。整体而言，"空气质量改善减少提早死亡人数""有效劳动供给时间"和"居民效用函数"三种影响机制下空气质量改善对于社会福利水平及 GDP 均产生了正向影响，"劳动生产率"影响机制源于与空气质量改善直接相关，对于上述两项指标均存在着正向的影响效果。前三类影响之中，"空气质量改善减少提早死亡人数"影响机制占据了绝对的主导地位，相对于其余两种机制而言高出了一两个量级的水平，"劳动生产率"机制的影响同样较为显著，与"空气质量改善减少提早死亡人数"影响机制达到了相同的量级标准。

二是 EEH-DCGE 综合模型的评估结果显示，空气质量改善对于经济系统在宏观及微观两个层面均造成了显著的影响。首先，在宏观层面，空气质量改善对于社会福利水平、GDP 及居民收入均带来了显著的提振作用，且这种冲击的强度随着时间的推移先不断加强后逐渐减弱。其次，在微观层面，空气质量改善一方面使几乎全部行业均出现了产出水平的上升，同时对于各个行业的影响效果不尽相同，但总体上呈现出了先扩张后收缩的态势；另一方面空气质量改善对于商品价格的影响随着行业的不同存在着较大的差异，但其影响随着时间的推移却基本保持稳定，而要素价格却出现了明显的变化，其中劳动要素价格显著上升，资本要素价格快速下降。

三是环境保护税的征收能够显著加速空气污染物浓度水平的下降，且这种加速作用随着环境保护税征收额度的提高而不断加强，并存在着明显的"累积效应"。但是值得注意的是，在提高空气质量的同时，环境保护税的征收也会对宏、微观经济产生一定程度的负面冲击，且这种冲击的强度与环境保护税额度之间存在着显著的正相关关系。首先，在宏观层面，环境保护税在征收初期对于社会福利、GDP 及居民收入的影响最为显著，之后该负向冲击逐渐减小并由负转正，在此期间其对于 GDP 所造成的累积损失最高可达到 10 万亿元的规模。其次，在微观层面，环境保护税的征收一方面使各个行业的产出水平最终实现了不同程度的增长；另一方面导致了与空气污染密切相关的各个高污染行业出现了价格水平的大幅上涨，其余全部行业的价格水平则出现了不同程度的下降，且该影响随着时间的变化并不显著。综合考察环境保护税所带来的各项收益及损失后，100~200元/吨的税率水平是较为合理的征税标准。

四是能源利用效率、污染清洁技术及全要素生产率三种技术手段对于空气污染和经济的影响效果不尽相同。能源利用效率及污染清洁技术两种手段的影响较为一致，均会在一定程度上抵消环境保护税的减排作用，最终导致空气污染物浓度水平的增加，即存在着显著的"能源回弹效应"。而全要素生产率手段能够在原有环境保护税的基础之上大幅加速空气污染物浓度水平的下降，且该影响具有显著的"累积效应"。与此同时，各类技术手段同样会对宏、微观经济产生一系列的影响。首先，在宏观层面，三种手段均能够减少环境保护税对于福利和经济所产生的负面冲击，但是全要素生产率手段的影响最为显著，高出其余两种手段一两个量级的水平。其次，在微观层面，能源利用效率及污染清洁技术两种手段导致了各行业产出水平的增幅收窄及价格偏差的逐渐回归，而全要素生产率手段却导致了各行业产出水平的显著增长以及商品价格的变化加剧。

第二节　政策建议

一、修正环保理念

通过"空气质量改善减少提早死亡人数""有效劳动供给时间""劳动生产率"和"居民效用函数"四种空气污染影响机制的引入，本书完成了 EEH-DCGE 综合模型的构建，并利用该模型对于我国空气质量改善在福利、经济、环境及健康领域的影响进行了系统性的分析及评估。研究结果表明，空气质量改善对于我国社会福利水平、GDP 及居民收入均带来了显著的正向影响，并引起了几乎全部行业产出水平的上升。

事实上，针对空气污染治理这一话题，始终存在着一种声音，即认为治理空气污染将导致我国宏观经济的运行成本显著提升，并造成经济增速的加速下滑。之所以得到上述观点，是因为其在空气污染治理的"成本—

收益"分析中,并没有充分考虑到空气污染对于居民健康及总体经济所造成的负面影响,从而严重地低估了治理空气污染这一举措所带来的一系列收益。研究结果表明,通过环境保护税及各类技术手段,能够使空气污染物的浓度水平实现显著下降,虽然在短期内对于经济发展会造成一定程度的负面冲击,但长期来看,其将最终引起经济总量和社会福利水平的不断提高。

上述研究结论在一定程度上对此类反对治理空气污染的观点进行了反驳,并通过科学的、定量的方法论证了"绿水青山就是金山银山"的正确环保理念。因此,在日常的工作和生活之中,应该加大环境治理的宣传和引导力度,从而有助于居民和企业树立正确的环保理念。

二、调整产业结构

在利用 EEH-DCGE 综合模型针对空气污染在环境领域的影响评估之中,通过对空气污染排放方程各因子贡献的分解,可以看到:对于 $PM_{2.5}$ 最终浓度水平造成影响的三项因子之中,"工业增加值"和"第三产业(不含交通运输、仓储和邮政业)增加值"两项导致了 $PM_{2.5}$ 浓度值的上升,其表征了"燃煤""工业""生物质燃烧"和"其他各类因素"对于污染物浓度的影响。与此同时,"交通运输、仓储和邮政业增加值"导致了 $PM_{2.5}$ 浓度值的下降,其一方面衡量了"机动车及其他移动源"的影响;另一方面同样表征了国民经济总体运行效率的提升以及以电子商务、大数据、云计算、共享经济等一系列领域为代表的"互联网经济"的发展,而这些领域往往具备较高的运行效率且基本不排放相关空气污染物,显然后者占据了主导地位并最终导致了污染物浓度水平的下降。

根据上述研究结论可以看到,通过进一步优化我国的产业结构,减少高污染、高能耗行业在总体经济规模中的占比,将能够在一定程度上降低我国的空气污染物浓度水平,从而有助于环境状况的不断改善。与此同时,鼓励并支持先进制造、智慧交通、电子商务、大数据、云计算、人工智能等一系列高新产业的发展,将能够提高我国经济的整体运行效率,并进一步降低单位经济增长所带来的能源消耗和污染排放,最终实现我国经济又好又快的发展。

三、完善制度设计

在针对空气污染的各类治理政策之中，税收手段由于具备可操作性强、灵活程度高、法律基础健全等一系列优点，一直是全球各主要国家治理空气污染的首选工具之一。2016年12月25日第十二届全国人民代表大会常务委员会第二十五次会议审议通过了《中华人民共和国环境保护税法》，该法律自2018年1月1日起开始实施，对文件中所涉及的各类污染物根据污染当量值和税额征收相应的环境保护税，这一法律的颁布标志着我国对于污染治理的规范迈上了一个新的台阶。

然而，该法律中所涉及的各类大气污染物中并不包含二氧化碳这一重要的温室气体，事实上煤炭、石油、天然气等各类化石燃料燃烧的过程中所释放的二氧化碳数量十分惊人，前人的研究结果表明，整体而言二氧化碳的排放量是同期二氧化硫排放量的455倍。因此，后续可考虑将二氧化碳纳入环境保护税的征收范围之中，并考虑征收二氧化碳税与征收其他各类污染物排放税的协同效应，从而有助于制定合理的征税额度。

与此同时，现阶段的《环境保护税法》之中对于各类大气污染物每污染当量的征税额度设定了1.2~12元的额度范围，然而我国幅员辽阔且各个地区之间的经济发展水平存在着较大的差异，因此针对各个地区所设定的征税额度还需要根据地区自身的环境禀赋状况和经济发展水平进行进一步的细化。只有不断解决并完善政策执行过程中所面临的各类问题，才能够保障环境保护税的顺利征收及其政策效果。

四、系统评估分析

通过设置"低税率（25元/吨）""中低税率（50元/吨）""中等税率（100元/吨）""中高税率（200元/吨）"和"高税率（400元/吨）"五类征税情景，本书探究了各种额度的环境保护税对于我国空气污染治理及经济发展的具体影响效果。结果表明：一方面，环境保护税的征收额度越高，由此所带来的空气污染的治理效果也越为显著；另一方面，环境保护税的征收额度与其对于社会福利、经济总量及居民收入所造成的影响之间同样存在着密切的联系。整体而言，环境保护税的征收额度越高，其对于经济所造成的负面冲击也越为明显，2012～2026年环境保护税的征收对于GDP所造成的累积损失最高可达到10万亿元的规模。因此，过高的环境保护税额度将会对宏观经济产生过大的负面冲击，在制定相关环境保护政策时一定要充分考虑此类政策的负面影响。

与此同时，我们应该看到，随着空气污染物浓度下降至一定水平之后，降低单位浓度污染所需要的投入将越发庞大，存在着明显的边际效用递减，且持续、合理的经济发展方式依然会排放一定的空气污染物，只要这种污染物的浓度水平对于人类的健康没有危害，便是可以接受也无法避免的。因此，我们在制定空气污染的相关治理政策时，不能一味地仅考察其对于污染物浓度的治理效果，还需要系统评估其对于经济系统所造成的各方面影响，从而避免政策不当或力度过强所带来的过大负面冲击。

五、优化政策组合

研究结果表明，环境保护税的征收虽然能引起空气污染物浓度水平的大幅下降，但是其同样会对我国的经济发展和社会福利水平产生较大的负面冲击，需要在两方面影响之间进行权衡取舍。事实上，如果单纯考虑某一环境保护政策，均会遇到类似上述正反两方面影响的问题。然而，如果能够将多种政策纳入通盘的考虑之中，便能够彼此扬长避短，起到事半功倍的效果。

在征收环境保护税的同时，我们可以利用该项税收收入推动产业结构的优化调整，或者加大教育、科研投入，从而提高我国经济的总体运行效率及内生增长动力，推动全要素生产率的不断提升。然而，如果把税收收入全部投入能源利用效率和污染清洁技术的进步方面，其虽然能够在一定程度上抵消环境保护税的负面冲击作用，但是由于"能源回弹效应"的存在，其最终将导致空气污染物浓度的进一步提升，从而不利于环境的治理和改善。因此，我们要打好政策的组合拳，从而实现各个政策之间的优势互补。

六、推动经济转型

事实上，我国之所以出现严重的空气污染问题，与我国一直以来高污染、高能耗的经济发展方式密切相关。改革开放以来，我国经济实现了迅猛发展，但是这一发展成果的取得过多依赖各类生产要素的大量投入，能源利用水平整体上有待提高，且污染清洁技术的发展也相对落后，经济发展过程中由于科学技术、制度环境等内生增长因素所推动的比例还存在着较大的提升空间。对于空气污染问题，我们不仅要考虑短期内的"治标"，还要考虑长期内的"治本"，只有做到"标本兼治"，才能够解决造成我国空气污染所面临的一系列深层次原因。

本书的研究结果表明，对于能源利用效率、污染清洁技术以及全要素生产率三种技术手段，全要素生产率手段的影响效果及其量值水平都是最为显著的。全要素生产率的提高不仅能够在环境保护税政策的基础之上显著降低空气污染物的浓度值水平，同时其还能够最大程度上弥补环境保护税政策对于经济所造成的负面冲击，且这一影响的量值水平比其他两种手段高出了一两个量级。因此，我们在治理空气污染的政策选择之中，不能仅局限于资源、环境等领域。事实上，推动经济转型升级，强化内生增长动力，相对于传统的空气污染治理政策而言反而具有更多的优势以及更高的效率。

参 考 文 献

一、中文部分

[1] 白俊红、聂亮：《技术进步与环境污染的关系——一个倒 U 形假说》，载《研究与发展管理》2017 年第 3 期。

[2] 白重恩、张琼：《中国的资本回报率及其影响因素分析》，载《世界经济》2014 年第 10 期。

[3] 白重恩、张琼：《中国经济增长潜力研究》，载《新金融评论》2016 年第 5 期。

[4] 蔡春光、郑晓瑛：《北京市空气污染健康损失的支付意愿研究》，载《经济科学》2007 年第 1 期。

[5] 曹彩虹、韩立岩：《雾霾带来的社会健康成本估算》，载《统计研究》2015 年第 7 期。

[6] 曹静：《走低碳发展之路：中国碳税政策的设计及 CGE 模型分析》，载《金融研究》2009 年第 12 期。

[7] 曹军骥：《中国大气 $PM_{2.5}$ 污染的主要成因与控制对策》，载《科技导报》2016 年第 20 期。

[8] 陈昌兵：《可变折旧率估计及资本存量测算》，载《经济研究》2014 年第 12 期。

[9] 陈虹、杨成玉：《"一带一路"国家战略的国际经济效应研究——基于 CGE 模型的分析》，载《国际贸易问题》2015 年第 10 期。

[10] 陈华：《我国资源税改革的经济、环境影响研究——基于 CGE 方法》，浙江工商大学，2016 年。

[11] 陈仁杰、阚海东：《雾霾污染与人体健康》，载《自然杂志》2013 年第 5 期。

［12］陈雯、肖皓、祝树金等：《湖南水污染税的税制设计及征收效应的一般均衡分析》，载《财经理论与实践》2012年第1期。

［13］陈雯：《中国水污染治理的动态CGE模型构建与政策评估研究》，湖南大学，2012年。

［14］丛乔：《中国环保税收政策研究》，吉林大学，2012年。

［15］邓祥征、吴锋、林英志等：《基于动态环境CGE模型的乌梁素海流域氮磷分期调控策略》，载《地理研究》2011年第4期。

［16］邓祥征：《环境CGE模型及应用》，科学出版社2011年版。

［17］邓祥征：《土地系统变化动力学与效应模拟》，高等教育出版社2011年版。

［18］段志刚：《中国省级区域可计算一般均衡建模与应用研究》，华中科技大学，2004年。

［19］范春阳：《北京市主要空气污染物对居民健康影响的经济损失分析》，华北电力大学，2014年。

［20］范纯增、顾海英、姜虹：《中国工业大气污染治理效率及区域差异》，载《生态经济》2016年第4期。

［21］范金、杨中卫、赵彤：《中国宏观社会核算矩阵的编制》，载《世界经济文汇》2010年第4期。

［22］方文全：《中国的资本回报率有多高？——年份资本视角的宏观数据再估测》，载《经济学（季刊）》2012年第2期。

［23］冯金、柳潇雄：《基于能源—经济—环境CGE模型的北京市$PM_{2.5}$污染调控治理政策模拟和评估》，载《中外能源》2014年第7期。

［24］冯晶、宋素涛、铃木平：《$PM_{2.5}$健康风险度评估量表的初步编制》，载《济南大学学报（社会科学版）》2015年第5期。

［25］高婷、李国星、胥美美等：《基于支付意愿的大气$PM_{2.5}$健康经济学损失评价》，载《环境与健康杂志》2015年第8期。

［26］高颖、雷明：《资源—经济—环境综合框架下的SAM构建》，载《统计研究》2007年第9期。

［27］高颖、李善同：《可持续发展框架下的递推动态CGE模型构建研究》，载《未来与发展》2009年第1期。

［28］高颖：《中国资源—经济—环境 SAM 的编制方法》，载《统计研究》2008 年第 5 期。

［29］顾为东：《中国雾霾特殊形成机理研究》，载《宏观经济研究》2014 年第 6 期。

［30］郭新彪、邓芙蓉：《大气 $PM_{2.5}$ 与健康：针对复杂系统的复杂科学研究》，载《北京大学学报：医学版》2014 年第 3 期。

［31］郭新彪、魏红英：《大气 $PM_{2.5}$ 对健康影响的研究进展》，载《科学通报》2013 年第 13 期。

［32］何建武、李善同：《节能减排的环境税收政策影响分析》，载《数量经济技术经济研究》2009 年第 1 期。

［33］何明圆、杜江：《我国经济增长与空气污染关系研究——基于重点环保城市及区域异质性的研究》，载《价格理论与实践》2015 年第 10 期。

［34］贺菊煌、沈可挺、徐嵩龄：《碳税与二氧化碳减排的 CGE 模型》，载《数量经济技术经济研究》2002 年第 10 期。

［35］胡彬、陈瑞、徐建勋等：《雾霾超细颗粒物的健康效应》，载《科学通报》2015 年第 30 期。

［36］胡瑞：《中国能源—环境—经济综合核算体系研究》，湖南大学，2014 年。

［37］胡宗义、蔡文彬、陈浩：《能源价格对能源强度和经济增长影响的 CGE 研究》，载《财经理论与实践》2008 年第 2 期。

［38］黄英娜、王学军：《环境 CGE 模型的发展及特征分析》，载《中国人口·资源与环境》2002 年第 2 期。

［39］江佳、邹滨、陈璟雯：《中国大陆 1998 年以来 $PM_{2.5}$ 浓度时空分异规律》，载《遥感信息》2017 年第 1 期。

［40］姜林：《环境政策的综合影响评价模型系统及应用》，载《环境科学》2006 年第 5 期。

［41］姜振茂、汪伟：《折旧率不同对资本存量估算的影响》，载《统计与信息论坛》2017 年第 1 期。

［42］金艳鸣、雷明、黄涛：《环境税收对区域经济环境影响的差异性分析》，载《经济科学》2007 年第 3 期。

［43］蓝庆新、陈超凡：《制度软化、公众认同对大气污染治理效率的影响》，载《中国人口·资源与环境》2015 年第 9 期。

［44］雷明、李方：《中国绿色社会核算矩阵（GSAM）研究》，载《经济科学》2006 年第 3 期。

［45］李爱军：《我国燃煤发电技术进步的节能减排效果分析》，载《能源技术经济》2010 年第 11 期。

［46］李宝瑜、李原、王晶：《中国社会核算矩阵编制中的流量转移方法研究》，载《数量经济技术经济研究》2014 年第 4 期。

［47］李宝瑜、马克卫：《中国社会核算矩阵延长表编制模型研究》，载《统计研究》2014 年第 1 期。

［48］李创：《环境政策 CGE 模型研究综述》，载《工业技术经济》2012 年 11 期。

［49］李钢、董敏杰、沈可挺：《强化环境管制政策对中国经济的影响——基于 CGE 模型的评估》，载《中国工业经济》2012 年第 11 期。

［50］李根生、韩民春：《雾霾污染对城市居民健康支出的影响分析》，载《中国卫生经济》2015 年第 7 期。

［51］李海萍、王可：《浅谈北京空气污染对其旅游交通的影响》，载《WTO 经济导刊》2011 年第 6 期。

［52］李洪心、付伯颖：《对环境税的一般均衡分析与应用模式探讨》，载《中国人口·资源与环境》2004 年第 3 期。

［53］李继峰、张亚雄：《基于 CGE 模型定量分析国际贸易绿色壁垒对我国经济的影响——以发达国家对我国出口品征收碳关税为例》，载《国际贸易问题》2012 年第 5 期。

［54］李佳：《空气污染对劳动力供给的影响研究——来自中国的经验证据》，载《中国经济问题》2014 年第 5 期。

［55］李佳佳、罗能生：《税收安排、空间溢出与区域环境污染》，载《产业经济研究》2016 年第 6 期。

［56］李力、洪雪飞：《能源碳排放与环境污染空间效应研究——基于能源强度与技术进步视角的空间杜宾计量模型》，载《工业技术经济》2017 年第 9 期。

［57］李娜、石敏俊、袁永娜：《低碳经济政策对区域发展格局演进的影响——基于动态多区域 CGE 模型的模拟分析》，载《地理学报》2010 年第 12 期。

［58］李丕东：《中国能源环境政策的一般均衡分析》，厦门大学，2008 年。

［59］李平、娄峰、王宏伟：《2016—2035 年中国经济总量及其结构分析预测》，载《中国工程科学》2017 年第 1 期。

［60］李善同、何建武：《后配额时期中国、美国及欧盟纺织品贸易政策的影响分析》，载《世界经济》2007 年第 1 期。

［61］李善同：《"十二五"时期至 2030 年我国经济增长前景展望》，载《经济研究参考》2010 年第 43 期。

［62］李雯婧：《北京市主要大气污染物对居民死亡影响及其空间差异性分析》，北京协和医学院、中国医学科学院、清华大学医学部，2016 年。

［63］李昕凝、田志伟：《提高直接税比重对公平与效率的影响：基于 CGE 模型的测算分析》，载《东岳论丛》2014 年第 12 期。

［64］李雪松、孙博文：《大气污染治理的经济属性及政策演进：一个分析框架》，载《改革》2014 年第 4 期。

［65］李元龙、陆文聪：《生产部门提高能源效率的宏观能耗回弹分析》，载《中国人口·资源与环境》2011 年第 11 期。

［66］李元龙：《能源环境政策的增长、就业和减排效应：基于 CGE 模型的研究》，浙江大学，2011 年。

［67］廉春慧：《对我国税收制度"绿色"改革的思考》，载《经济问题探索》2002 年第 6 期。

［68］梁伟、张慧颖、朱孔来：《能源—经济—环境问题的国内外研究热点对比分析——基于 CGE 模型的研究视角》，载《东岳论丛》2012 年第 10 期。

［69］廖传惠、陈永华、杨渝南：《基于 CGE 模型对城乡收入分配差异的非参数估计》，载《统计与决策》2015 年第 14 期。

［70］林伯强、何晓萍：《中国油气资源耗减成本及政策选择的宏观经济影响》，载《经济研究》2008 年第 5 期。

［71］林伯强、李爱军：《碳关税的合理性何在?》，载《经济研究》2012 年第 11 期。

［72］林伯强、牟敦国：《能源价格对宏观经济的影响——基于可计算一般均衡（CGE）的分析》，载《经济研究》2008 年第 11 期。

［73］林永生、马洪立：《大气污染治理中的规模效应、结构效应与技术效应——以中国工业废气为例》，载《北京师范大学学报（社会科学版）》2013 年第 3 期。

［74］刘红梅、胡海生、王克强：《中国土地增值税清算政策影响探析》，载《税务研究》2013 年第 2 期。

［75］刘澎：《空气污染对呼吸系统疾病急诊量的影响以及居民的支付意愿研究》，山东大学，2016 年。

［76］刘强：《石油价格变化对中国经济影响的模型研究》，载《数量经济技术经济研究》2005 年第 3 期。

［77］刘世锦、陈昌盛等：《农民工市民化对扩大内需和经济增长的影响》，载《经济研究》2010 年第 6 期。

［78］刘帅、宋国君：《城市 $PM_{2.5}$ 健康损害评估研究》，载《环境科学学报》2016 年第 4 期。

［79］刘小敏：《环首都环境问题及多区域 CGE 模型应用的研究综述》，载《中国集体经济》2014 年第 25 期。

［80］刘晓光、卢锋：《中国资本回报率上升之谜》，载《经济学（季刊）》2014 年第 3 期。

［81］刘学之、郑燕燕、翁慧：《环境 CGE 模型的研究现状及未来展望》，载《工业技术经济》2014 年第 3 期。

［82］刘莹雪：《广州市环境污染与劳动生产率的关系研究》，华南理工大学，2015 年。

［83］刘宇、胡晓虹：《提高火电行业排放标准对中国经济和污染物排放的影响——基于环境 CGE 模型的测算》，载《气候变化研究进展》2016 年第 2 期。

［84］柳青、刘宇、徐晋涛：《汽车尾气排放标准提高的经济影响与减排效果——基于可计算一般均衡（CGE）模型的分析》，载《北京大学学

报（自然科学版）》2016年第3期。

［85］吕铃钥、李洪远：《京津冀地区PM10和PM$_{2.5}$污染的健康经济学评价》，载《南开大学学报（自然科学版）》2016年第1期。

［86］马明：《基于CGE模型的水资源短缺对国民经济的影响研究》，中国科学院地理科学与资源研究所，2006年。

［87］马喜立、魏巍贤：《国际油价波动对中国大气环境的影响研究》，载《中国人口·资源与环境》2016年第S2期。

［88］马喜立：《大气污染治理对经济影响的CGE模型分析》，对外经济贸易大学，2017年。

［89］苗艳青、陈文晶：《空气污染和健康需求：Grossan模型的应用》，载《世界经济》2010年第6期。

［90］苗艳青：《空气污染对人体健康的影响：基于健康生产函数方法的研究》，载《中国人口·资源与环境》2008年第5期。

［91］穆怀中、范洪敏：《城镇化扩张与居民空气污染治理支付意愿》，载《国家行政学院学报》2014年第6期。

［92］穆泉、张世秋：《中国2001—2013年PM$_{2.5}$重污染的历史变化与健康影响的经济损失评估》，载《北京大学学报（自然科学版）》2015年第4期。

［93］潘硕、刘婷、徐鹤：《CGE模型在政策环境影响评价中的应用》，载《环境影响评价》2016年第5期。

［94］潘小川：《关注中国大气灰霾（PM$_{2.5}$）对人群健康影响的新常态》，载《北京大学学报（医学版）》2015年第3期。

［95］庞军、邹骥：《可计算一般均衡（CGE）模型与环境政策分析》，载《中国人口·资源与环境》2005年第1期。

［96］庞军：《国内外节能减排政策研究综述》，载《生态经济（中文版）》2008年第9期。

［97］彭支伟、张伯伟：《TPP和亚太自由贸易区的经济效应及中国的对策》，载《国际贸易问题》2013年第4期。

［98］冉茂盛、王蔺：《重庆耕地面积减少的CGE模拟分析》，载《重庆大学学报（社会科学版）》2011年第5期。

［99］邵帅、李欣、曹建华等：《中国雾霾污染治理的经济政策选择——基于空间溢出效应的视角》，载《经济研究》2016 年第 9 期。

［100］沈可挺、李钢：《碳关税对中国工业品出口的影响——基于可计算一般均衡模型的评估》，载《财贸经济》2010 年第 1 期。

［101］沈可挺、徐嵩龄、贺菊煌：《中国实施 CDM 项目的 CO_2 减排资源：一种经济—技术—能源—环境条件下 CGE 模型的评估》，载《中国软科学》2002 年第 7 期。

［102］盛鹏飞、杨俊、丁志帆：《环境污染对中国劳动供给的影响——基于面板误差修正模型的研究》，载《技术经济》2016 年第 1 期。

［103］盛鹏飞：《环境污染对中国劳动生产率的影响——理论与实证依据》，重庆大学，2014 年。

［104］石晶金、陈仁杰、阚海东等：《基于不同政策场景下上海市空气污染治理政策健康效益分析》，载《中国公共卫生》2017 年第 6 期。

［105］石敏俊、李元杰、张晓玲等：《基于环境承载力的京津冀雾霾治理政策效果评估》，载《中国人口·资源与环境》2017 年第 9 期。

［106］石敏俊、相楠：《京津冀 $PM_{2.5}$ 浓度控制目标可达性分析》，载《中国环境管理》2015 年第 2 期。

［107］石敏俊、袁永娜、周晟吕等：《碳减排政策：碳税、碳交易还是两者兼之?》，载《管理科学学报》2013 年第 9 期。

［108］石敏俊、周晟吕：《低碳技术发展对中国实现减排目标的作用》，载《管理评论》2010 年第 6 期。

［109］苏明、傅志华、许文等：《我国开征碳税的效果预测和影响评价》，载《经济研究参考》2009 年第 72 期。

［110］孙广权、杨慧妮、刘小春等：《我国 $PM_{2.5}$ 主要组分及健康危害特征研究进展》，载《环保科技》2015 年第 1 期。

［111］孙涵、聂飞飞、申俊等：《空气污染、空间外溢与公共健康——以中国珠江三角洲 9 个城市为例》，载《中国人口·资源与环境》2017 年第 9 期。

［112］孙红霞、李森：《大气雾霾与煤炭消费、环境税收的空间耦合关系——以全国 31 个省市地区为例》，载《经济问题探索》2018 年第 1 期。

［113］孙颉、原保忠：《基于 WoS 文献计量分析 PM$_{2.5}$ 研究现状》，载《中国环境监测》2017 年第 3 期。

［114］孙军、高彦彦：《技术进步、环境污染及其困境摆脱研究》，载《经济学家》2014 年第 8 期。

［115］孙立新：《贸易 CGE 模型应用研究》，载《吉林工商学院学报》2012 年第 6 期。

［116］孙睿、况丹、常冬勤：《碳交易的"能源—经济—环境"影响及碳价合理区间测算》，载《中国人口·资源与环境》2014 年第 7 期。

［117］孙志豪、崔燕平：《PM$_{2.5}$ 对人体健康影响研究概述》，载《环境科技》2013 年第 4 期。

［118］汤维祺、吴力波、钱浩祺：《从"污染天堂"到绿色增长——区域间高耗能产业转移的调控机制研究》，载《经济研究》2016 年第 6 期。

［119］汤旖璆：《中国工业废水污染治理税收制度研究》，辽宁大学，2015 年。

［120］田志伟、胡怡建：《"营改增"对各行业税负影响的动态分析——基于 CGE 模型的分析》，载《财经论丛（浙江财经大学学报）》2013 年第 4 期。

［121］宛悦：《综合评价中国大气污染及其健康效应对国民经济的影响》，东京工业大学，2005 年。

［122］万东华：《一种新的经济折旧率测算方法及其应用》，载《统计研究》2009 年第 10 期。

［123］万相昱、贾朋：《收入分配问题的宏观—微观一体化研究：基于微观模拟模型与 CGE 模型的链接途径》，载《数量经济研究》2014 年第 1 期。

［124］汪昊：《"营改增"减税的收入分配效应》，载《财政研究》2016 年第 10 期。

［125］汪伟全、翁文阳：《空气污染跨域治理的法律对策研究》，载《生态经济（中文版）》2015 年第 9 期。

［126］王灿、陈吉宁、邹骥：《基于 CGE 模型的 CO$_2$ 减排对中国经济的影响》，载《清华大学学报（自然科学版）》2005 年第 12 期。

［127］王德发：《能源税征收的劳动替代效应实证研究——基于上海市 2002 年大气污染的 CGE 模型的试算》，载《财经研究》2006 年第 2 期。

［128］王庚辰、王普才：《中国 $PM_{2.5}$ 污染现状及其对人体健康的危害》，载《科技导报》2014 年第 26 期。

［129］王化中、陈晓暾：《基于税收 CGE 模型的企业节能减排经济学分析——以陕西省西安市为例》，载《商业经济研究》2014 年第 31 期。

［130］王会、王奇：《中国城镇化与环境污染排放：基于投入产出的分析》，载《中国人口科学》2011 年第 5 期。

［131］王克强、邓光耀、刘红梅：《基于多区域 CGE 模型的中国农业用水效率和水资源税政策模拟研究》，载《财经研究》2015 年第 3 期。

［132］王腊芳、何益得：《基于动态 CGE 的铁矿砂价格冲击经济效应研究》，载《经济数学》2009 年第 3 期。

［133］王玲：《洱海水污染税征收效应的一般均衡分析》，载《财经界（学术版）》2014 年第 22 期。

［134］王倩：《济南市空气污染对人体健康造成经济损失的评估》，山东大学，2007 年。

［135］王清军：《区域大气污染治理体制：变革与发展》，载《武汉大学学报（哲学社会科学版）》2016 年第 69 期。

［136］王姝：《空气污染对人体健康影响及经济损失估算》，载《环境保护与循环经济》2005 年第 25 期。

［137］王韬、周建军：《我国进口关税减让的宏观经济效应——可计算一般均衡模型分析》，载《系统工程》2004 年第 22 期。

［138］王韬、朱跃序、鲁元平：《工薪所得免征额还应继续提高吗？——来自中国个税微观 CGE 模型的验证》，载《管理评论》2015 年第 27 期。

［139］魏巍贤、马喜立、李鹏等：《技术进步和税收在区域大气污染治理中的作用》，载《中国人口·资源与环境》2016 年第 26 期。

［140］魏巍贤、马喜立：《硫排放交易机制和硫税对大气污染治理的影响研究》，载《统计研究》2015 年第 32 期。

［141］魏巍贤、马喜立：《能源结构调整与雾霾治理的最优政策选

择》，载《中国人口·资源与环境》2015 年第 25 期。

[142] 魏巍贤：《基于 CGE 模型的中国能源环境政策分析》，载《统计研究》2009 年第 26 期。

[143] 吴静、王铮、吴兵：《石油价格上涨对中国经济的冲击——可计算一般均衡模型分析》，载《中国农业大学学报（社会科学版）》2005 年第 2 期。

[144] 夏传文、刘亦文：《燃油税改革对我国节能减排影响的动态 CGE 研》，载《经济问题》2010 年第 366 期。

[145] 夏军、黄浩：《海河流域水污染及水资源短缺对经济发展的影响》，载《资源科学》2006 年第 28 期。

[146] 谢雯：《可交易的空气污染权——以美国《清洁空气法》为中心》，载《河北省环境与健康论坛优秀论文集》，2012 年。

[147] 谢杨、戴瀚程、花岡達也等：《PM$_{2.5}$污染对京津冀地区人群健康影响和经济影响》，载《中国人口·资源与环境》2016 年第 26 期。

[148] 谢志祥、秦耀辰、李亚男等：《基于 PM$_{2.5}$的中国雾霾灾害风险评》，载《环境科学学报》2017 年第 12 期。

[149] 熊波、陈文静、刘潘等：《财税政策、地方政府竞争与空气污染治理质量》，载《党政视野》2016 年第 3 期。

[150] 徐鸿翔、张文彬：《空气污染对劳动力供给的影响效应研究——理论分析与实证检验》，载《软科学》2017 年第 31 期。

[151] 许召元、李善同：《区域间劳动力迁移对经济增长和地区差距的影》，北京大学，2007 年。

[152] 薛敬孝、张伯伟：《东亚经贸合作安排：基于可计算一般均衡模型的比较研究》，载《世界经济》2004 年第 6 期。

[153] 杨宏伟、宛悦、增井利彦：《可计算一般均衡模型的建立及其在评价空气污染健康效应对国民经济影响中的应用》，载《环境与健康杂志》2005 年第 22 期。

[154] 杨继东、章逸然：《空气污染的定价：基于幸福感数据的分析》，载《世界经济》2014 年第 12 期。

[155] 杨俊、盛鹏飞：《环境污染对劳动生产率的影响研究》，载《中

国人口科学》2012 年第 5 期。

[156] 杨珂玲、葛翔宇、沈志龙：《小区域资源环境社会核算矩阵的编制：以洱海流域为例》，载《统计与决策》2012 年第 23 期。

[157] 杨昆、杨玉莲、朱彦辉等：《中国 $PM_{2.5}$ 污染与社会经济的空间关系及成因》，载《地理研究》2016 年第 35 期。

[158] 杨岚、毛显强、刘琴等：《基于 CGE 模型的能源税政策影响分析》，载《中国人口·资源与环境》2009 年第 19 期。

[159] 杨新吉勒图、杨毕力格、杨艳丽：《基于环境社会核算矩阵的内蒙古环境治理投入与经济发展的实证研究》，载《内蒙古工业大学学报》2014 年第 1 期。

[160] 杨燕萍：《嘉峪关市生态用地 CGE 模型构建与应用研究》，兰州大学，2013 年。

[161] 叶金珍、安虎森：《开征环保税能有效治理空气污染吗》，载《中国工业经济》2017 年第 5 期。

[162] 原鹏飞、冯蕾：《经济增长、收入分配与贫富分化——基于 DCGE 模型的房地产价格上涨效应研究》，载《经济研究》2014 年第 9 期。

[163] 原毅军、苗颖、谢荣辉：《基于环境 CGE 模型的水污染税政策绩效评估》，载《科技与管理》2016 年第 3 期。

[164] 原毅军、谢荣辉：《工业结构调整、技术进步与污染减排》，载《中国人口·资源与环境》2012 年第 22 期。

[165] 袁婧、徐纯正：《空气污染程度与经济发展水平对人口死亡率的影响研究——基于向量自回归模型的实证分析》，载《生态经济》2018 年第 3 期。

[166] 袁黎黎：《我国环境污染问题的税收对策》，西南财经大学，2008 年。

[167] 袁永娜、李娜、石敏俊：《我国多区域 CGE 模型的构建及其在碳交易政策模拟中的应用》，载《数学的实践与认识》2016 年第 46 期。

[168] 袁永娜、石敏俊、李娜：《碳排放许可的初始分配与区域协调发展——基于多区域 CGE 模型的模拟分析》，载《管理评论》2013 年第 25 期。

［169］翟凡、李善同：《一个中国经济的可计算一般均衡模型》，载《数量经济技术经济研究》1997年第3期。

［170］张继宏、金荷：《雾霾对不同技能员工劳动生产率影响的差异性研究——基于CEES数据的实证分析》，载《宏观质量研究》2017年第5期。

［171］张健华、王鹏：《中国全要素生产率：基于分省份资本折旧率的再估计》，载《管理世界》2012年第10期。

［172］张同斌、高铁梅：《财税政策激励、高新技术产业发展与产业结构调整》，载《经济研究》2012年第5期。

［173］张望：《国际服务外包、承接国技术进步与环境污染——基于技术外溢视角分析》，载《首都经济贸易大学学报》2010年第5期。

［174］张伟、刘宇、姜玲，等：《基于多区域CGE模型的水污染间接经济损失评估——以长江三角洲流域为例》，载《中国环境科学》2016年第36期。

［175］张卫国：《促进大气污染防治的财税政策研究》，山东财经大学，2015年。

［176］张晓、张希栋：《CGE模型在资源环境经济学中的应用》，载《城市与环境研究》2015年第2期。

［177］张欣：《可计算一般均衡模型的基本原理与编程》，上海人民出版社2010年版。

［178］张勋、徐建国：《中国资本回报率的驱动因素》，载《经济学（季刊）》2016年第3期。

［179］张勋、徐建国：《中国资本回报率的再测算》，载《世界经济》2014年第8期。

［180］张延君、郑玫、蔡靖等：《$PM_{2.5}$源解析方法的比较与评述》，载《科学通报》2015年第2期。

［181］张耀文：《大气污染防治的税收政策研究》，中国财政科学研究院，2017年。

［182］张宜升：《济南市空气污染对人群健康的影响研究》，山东大学，2008年。

［183］张谊浩、任清莲、汪晓樵：《空气污染、空气污染关注与股票

市场》，载《中国经济问题》2017年第5期。

[184] 张玉梅：《北京市大气颗粒物污染防治技术和对策研究》，北京化工大学，2015年.

[185] 赵永、王劲峰、蔡焕杰：《水资源问题的可计算一般均衡模型研究综述》，载《水科学进展》2008年第19期。

[186] 赵永：《基于CGE模型的耕地面积变化对中国经济的影响》，中国科学院地理科学与资源研究所，2008年。

[187] 郑玫、张延君、闫才青等：《中国$PM_{2.5}$来源解析方法综述》，载《北京大学学报（自然科学版）》2014年第50期。

[188] 郑思齐、张晓楠、宋志达等：《空气污染对城市居民户外活动的影响机制：利用点评网外出就餐数据的实证研究》，载《清华大学学报（自然科学版）》2016年第1期。

[189] 郑玉歆、樊明太：《中国CGE模型及政策分析》，社会科学文献出版社1999年版。

[190] 中国经济的社会核算矩阵研究小组：《中国经济的社会核算矩阵》，载《数量经济技术经济研究》1996年第1期。

[191] 中国年投入产出表分析应用课题组：《"十二五"至2030年我国经济增长前景展望》，载《统计研究》2011年第28期。

[192] 钟方雷、郭爱君、王康等：《水资源CGE模型的构建及其应用》，载《中国人口·资源与环境》2016年第82期。

[193] 周峤：《雾霾天气的成因》，载《中国人口·资源与环境》2015年第s1期。

[194] 周睿、王维：《环境CGE模型研究述评》，载《南京政治学院学报》2010年第26期。

[195] 周四军、胡瑞、许伊婷：《地区能源—环境社会核算矩阵范式的设计与阐释》，载《统计与决策》2015年第3期。

[196] 朱孟楠、郭小燕：《中国国际资本流动的经济增长效应分析——基于CGE方法》，载《深圳大学学报（人文社会科学版）》2007年第24期。

[197] 朱永彬、刘晓、王铮：《碳税政策的减排效果及其对我国经济

的影响分析》，载《中国软科学》2010 年第 4 期。

［198］朱志胜：《劳动供给对城市空气污染敏感吗？——基于 2012 年全国流动人口动态监测数据的实证检验》，载《经济与管理研究》2015 年第 11 期。

［199］邹燚：《中国雾霾灾害的经济损失评估及公众治理意愿研究》，南京信息工程大学，2015 年。

二、英文部分

［1］Abbey D E, Ostro B E, Petersen F, et al. Chronic respiratory symptoms associated with estimated long-term ambient concentrations of fine particulates less than 2. 5 microns in aerodynamic diameter (PM$_{2.5}$) and other air pollutants. *Journal of exposure analysis and environmental epidemiology*, 1995, 5 (2): 137 –159.

［2］Abler D G, Rodríguez A G, Shortle J S. Parameter Uncertainty in CGE Modeling of the Environmental Impacts of Economic Policies. *Environmental & Resource Economics*, 1999, 14 (1): 75 –94.

［3］Adelman I, Berck P, Vujovic D. Using social accounting matrices to account for distortions in non-market economies. *Economic Systems Research*, 1991, 3 (3): 269 –298.

［4］Andre F J, Cardenete M A, Velázquez E. Performing an environmental tax reform in aregional economy: A computable general equilibrium approach. *The Annals of Regional Science*, 2005, 39 (2): 375 –392.

［5］Babin S M, Burkom H S, Holtry R S, et al. Pediatric patient asthma-related emergency department visits and admissions in Washington, DC, from 2001 – 2004, and associations with air quality, socio-economic status and age group. *Environmental Health*, 2007, 6 (1): 9.

［6］Bell M L, Ebisu K, Peng R D, et al. Seasonal and regional short-term effects of fine particles on hospital admissions in 202 US counties, 1999 – 2005. *American journal of epidemiology*, 2008, 168 (11): 1301 –1310.

［7］Berck P, Hoffmann S. Assessing the employment impacts of environmental and natural resource policy. *Environmental and Resource Economics*,

2002, 22 (1 - 2): 133 - 156.

[8] Bergman L. General equilibrium effects of environmental policy: A CGE-modeling approach. *Environmental & Resource Economics*, 1991, 1 (1): 43 - 61.

[9] Bollen J, Brink C. Air pollution policy in Europe: Quantifying the interaction with greenhouse gases and climate change policies. *Energy Economics*, 2014, 46: 202 - 215.

[10] Bollen J, Brink C. Economic impacts of EU air pollution policies in relation to climate policies. 2012.

[11] Bollen J, Brink C. The Economic Impacts of Air Pollution Policies in the EU. 2011.

[12] Bollen J. The value of air pollution co-benefits of climate policies: Analysis with a global sector-trade CGE model called WorldScan. *Technological Forecasting & Social Change*, 2014, 90: 178 - 191.

[13] Bolt K, Gueorguieva A. A critical review of the literature on, structural adjustment and the environment. *World Bank Washington Dc*, 2003.

[14] Bruvoll A, Fæhn T, Strøm B, et al. Endogenous Climate Policy in a Rich Country: A CGE Study of the Environmental Kuznets Curve. 2002.

[15] Bye B. Macroeconomic modelling for energy and environmental analyses.

[16] Böhringer C, Löschel A. Computable general equilibrium models for sustainability impact assessment: Status quo and prospects. *Ecological economics*, 2006, 60 (1): 49 - 64.

[17] Chae Y. Co-benefit analysis of an air quality management plan and greenhouse gas reduction strategies in the Seoul metropolitan area. *Environmental Science & Policy*, 2010, 13 (3): 205 - 216.

[18] Chen S M, He L Y. Welfare loss of China's air pollution: How to make personal vehicle transportation policy. *China Economic Review*, 2014, 31 (c): 106 - 118.

[19] Clay K, Troesken W, Haines M R. Lead, Mortality, and Productivity. *National Bureau of Economic Research*, 2010.

［20］ Cockburn J, Decaluwé B, Robichaud V. Trade Liberalization and Poverty: A CGE Analysis of the 1990s Experience in Africa and Asia International-al trade, investment, macro policies and history: North-Holland, 2008: 1663 – 1669.

［21］ Defourny J, Thorbecke E. Structural path analysis and multiplier decomposition within a social accounting matrix framework. *The Economic Journal*, 1984, 373: 111 – 136.

［22］ Dellink R, Hofkes M, Ierland E V, et al. Dynamic modelling of pollution abatement in a CGE framework. *Economic Modelling*, 2004, 21 (6): 965 – 989.

［23］ Dong H, Dai H, Liang D, et al. Pursuing air pollutant co-benefits of CO_2 mitigation in China: A provincial leveled analysis. *Applied Energy*, 2015, 44: 165 – 174.

［24］ Doroodian K, Boyd R. The linkage between oil price shocks and economic growth with inflation in the presence of technological advances: A CGE mode. *Energy Policy*, 2003, 31 (10): 989 – 1006.

［25］ Farajzadeh Z, Bakhshoodeh M. Economic and environmental analyses of Iranian energy subsidy reform using Computable General Equilibrium (CGE) mode. *Energy for Sustainable Development*, 2015, 27 (1): 147 – 154.

［26］ Feng J, Liu X. The Simulation and Evaluation of Beijing $PM_{2.5}$ Pollution-Control Policy Based on Energy- Economic-Environmental CGE Model. *Sino-Global Energy*, 2014.

［27］ Ge J, Lei Y. Policy options for non-grain bioethanol in China: Insights from an economy-energy-environment CGE model. 2017, 105: 502 – 511.

［28］ Graff Zivin J, Neidell M. Temperature and the allocation of time: Implications for climate change. *Journal of Labor Economics*, 2014, 32 (1): 1 – 26.

［29］ Grossman, M. On the concept of health capital and the demand for health. *Journal of Political Economy*, 1972, 80: 223 – 255.

［30］ Hanna R, Oliva P. The effect of pollution on labor supply: Evidence from a natural experiment in MexicoCity. *Journal of Public Economics*, Vol. 122, 2015, pp. 68 – 79. Hill M. Assessing Effects of Pollution and Environmental Policy in an Integrated CGE Framework, 2011.

[31] Hourcade J C, Jaccard M, Bataille C, et al. Hybrid modeling: new answers to old challenges introduction to the special issue of the energy journal. *The Energy Journal*, 2006: 1 – 11.

[32] Jiang C H, Song Z Y, Feng Z. Haze Governance and It's Economic and Social Effect: An Analysis of CGE Model Based on "Coal Restricted Area" Policy. *China Industrial Economics*, 2017.

[33] Jin Y M. The research on the impact of energy-environment policy on regional development—based on CGE model, 2017: 12 – 97.

[34] Johansen L. A Multisectoral Study of Economic Growth. *North-Holland Pub. Co.* 1960: 460 – 462.

[35] Kan H, London S J, Chen G, et al. Season, sex, age, and education as modifiers of the effects of outdoor air pollution on daily mortality in Shanghai, China: The Public Health and Air Pollution in Asia (PAPA) Study. *Environmental Health Perspectives*, 2008, 116 (9): 1183 – 1188.

[36] Kishimoto P N, Karplus V J, Zhong M, et al. The impact of coordinated policies on air pollution emissions from road transportation in China. *Transportation Research Part D Transport & Environment*, 2017, 54: 30 – 49.

[37] Krewski D, Jerrett M, Burnett R T, et al. Extended follow-up and spatial analysis of the American Cancer Society study linking particulate air pollution and mortality. Boston, MA: Health Effects Institute, 2009.

[38] Laden F, Schwartz J, Speizer F E, et al. Reduction in fine particulate air pollution and mortality: extended follow-up of the Harvard Six Cities study. *American Journal of Respiratory and Critical Care Medicine*, 2006, 173 (6): 667 – 672.

[39] Li J C. Is There a Trade-Off Between Trade Liberalization and Environmental Quality? A CGE Assessment on Thailand. *Journal of Environment & Development*, 2005, 14 (2): 252 – 277.

［40］ Li W, Lu C, Ding Y. A Systematic Simulating Assessment within Reach Greenhouse Gas Target by Reducing $PM_{2.5}$ Concentrations in China. *Polish Journal of Environmental Studies*, 2017, 26 (3): 683 – 698.

［41］ Liu Q, Yu L, Jintao X U. Economic and Environmental Effects of Improved Auto Fuel Economy Standard in China: A CGE Analysis. *Acta Scientiarum Naturalium Universitatis Pekinensis*, 2016.

［42］ Liu Z, Mao X, Tu J, et al. A comparative assessment of economic-incentive and command-and-control instruments for air pollution and CO_2 control in China's iron and steel sector. *Journal of Environmental Management*, 2014, 144 (350): 135 – 142.

［43］ Mani M, Markandya A, Sagar A, et al. India's Economic Growth and Environmental Sustainability: What Are the Tradeoffs? 2012.

［44］ Mao X, Yang S, Liu Q, et al. Achieving CO_2 emission reduction and the co-benefits of local air pollution abatement in the transportation sector of China. *Environmental Science & Policy*, 2012, 21: 1 – 13.

［45］ Mar T F, Larson T V, Stier R A, et al. An analysis of the association between respiratory symptoms in subjects with asthma and daily air pollution in Spokane, Washington. *Inhalation Toxicology*, 2004, 16 (13): 809 – 815.

［46］ Matus K, Nam K M, Selin N E, et al. Health damages from air pollution in China. *Global Environmental Change*, 2012, 22 (1): 55 – 66.

［47］ Matus K, Yang T, Paltsev S, et al. Toward integrated assessment of environmental change: Air pollution health effects in the USA. *Climatic Change*, 2008, 88 (1): 59 – 92.

［48］ Mayeres I, Regemorter D V. Modelling the Health Related Benefits of Environmental Policies and Their Feedback Effects: A CGE Analysis for the EU Countries with GEM-E3. *Energy Journal*, 2008, 29 (1): 135 – 150.

［49］ Mayeres I, Van Regemorter D. Modelling the health related benefits of environmental policies and their feedback effects. A CGE analysis for the EU countries with GEM-E3, 2003.

［50］ Moolgavkar S H. Air pollution and hospital admissions for diseases of the circulatory system in three US metropolitan areas. *Journal of the Air & Waste Management Association*, 2000, 50（7）: 1199 – 1206.

［51］ Nam K M, Selin N E, Reilly J M, et al. Measuring welfare loss caused by air pollution in Europe: A CGE analysis. *Energy Policy*, 2010, 38（9）: 5059 – 5071.

［52］ Nestor D V, Jr CA P. CGE model of pollution abatement processes for assessing the economic effects of environmental policy. *Economic Modelling*, 1995, 12（1）: 53 – 59.

［53］ O'Connor D, Zhai F, Aunan K, et al. Agricultural and Human Health Impacts of Climate Policy in China, 2003.

［54］ O'Neill J, Stupnytska A. *The long-term outlook for the BRICs and N – 11 post crisis*. Goldman: Sachs & Company, 2009.

［55］ O'Ryan R, Miller S, De Miguel C J. A CGE framework to evaluate policy options for reducing air pollution emissions in Chile. *Environment and Development Economics*, 2003, 8（2）: 285 – 309.

［56］ Peng R D, Bell M L, Geyh A S, et al. Emergency admissions for cardiovascular andrespiratory diseases and the chemical composition of fine particle air pollution. *Environmental Health Perspectives*, 2009, 117（6）: 95 – 97.

［57］ Pope Ⅲ C A, Burnett R T, Thun M J, et al. Lung cancer, cardiopulmonary mortality, and long-term exposure to fine particulate air pollution. *Jama*, 2002, 387（9）: 1132 – 1141.

［58］ Pyatt G, Round J I. Accounting and fixed price multipliers in a social accounting matrix framework. *The Economic Journal*, 1979, 89（356）: 850 – 873.

［59］ Rao S, Klimont Z, Leitao J, et al. A multi-model assessment of the co-benefits of climate mitigation for global air quality. *Environmental Research Letters*, 2016, 11（12）: 12.

［60］ Resosudarmo B P. Computable general equilibrium model on air pollution abatement policies with Indonesia as a case study. *Economic Record*, 2003, 79（SpecialIssue）.

［61］ Rive N. Climate policy in Western Europe and avoided costs of air pollution control. *Economic Modelling*, 2010, 27 (1): 103 – 115.

［62］ Robinson S, Cattaneo A, El-Said M. Updating and estimating a social accounting matrix using cross entropy methods. *Economic Systems Research*, 2001, 13 (1): 47 – 64.

［63］ Selin N E, Paltsev S, Wang C, et al. Global Aerosol Health Impacts: Quantifying Uncertainties. *MIT Joint Program on the Science and Policy of Global Change*, 2011.

［64］ Sheppard L. Ambient air pollution and nonelderly asthma hospital admissions in Seattle, Washington, 1987—1994. *Revised analyses of time-series studies of air pollution and health. Special Report*, 2003.

［65］ Shi J, Tang L, Yu L. Economic and Environmental Effects of Coal Resource Tax Reform in China: Based on a Dynamic CGE Approach. *Procedia Computer Science*, 2015, 55: 1313 – 1317.

［66］ Siriwardana M, Stenberg L C. The appropriateness of CGE modelling in analysing the problem of deforestation. *Management of Environmental Quality An International Journal*, 2005, 16 (5): 407 – 420.

［67］ Slaughter J C, Kim E, Sheppard L, et al. Association between particulate matter and emergency room visits, hospital admissions and mortality in Spokane, Washington. *Journal of Exposure Science and Environmental Epidemiology*, 2005, 15 (2): 153.

［68］ Smith V K, Zhao M Q. Evaluating Economy-Wide Benefit Cost Analyses. *Social Science Electronic Publishing*, 2016: 1 – 48.

［69］ Stone R. Multiple classifications in social accounting. *Bulletin de l'Institut International de Statistique*, 1962, 39 (3): 215 – 233.

［70］ Thompson T M, Rausch S, Saari R K, et al. A systems approach to evaluating the air quality co-benefits of US carbon policies. *Nature Climate Change*, 2014, 4 (10): 917 – 923.

［71］ Turner K, Munday M, Mcgregor P, et al. How responsible is a region for its carbon emissions? An integrated input-output and CGE analysis. *Eco-

logical Economics, 2011, 76 (1): 70 –78.

[72] Vrontisi Z, Abrell J, Neuwahl F, et al. Economic impacts of EU clean air policies assessed in a CGE framework. *Environmental Science & Policy*, 2016, 55: 54 –64.

[73] Wan Y, Yang H, Masui T. Health and economic impacts of air pollution in China: a comparison of the general equilibrium approach and human capital approach. *Biomedical and Environmental Sciences*, 2005, 18 (6): 427.

[74] Wiedmann T. A review of recent multi-region input-output models used for consumption-based emission and resource accounting. *Ecological Economics*, 2009, 69 (2): 211 –222.

[75] Wu L, Tang W. Efficiency or Equity? Simulating the Carbon Emission Permits Trading Schemes in China Based on an Inter-Regional CGE Model. *Social Science Electronic Publishing*, 2015.

[76] Wu R, Dai H, Geng Y, et al. Economic Impacts from $PM_{2.5}$ Pollution-Related HealthEffect: A Case Study in Shanghai. *Environmental Science & Technology*, 2017, 51 (9): 5035 –5043.

[77] Xia Y, Guan D, Jiang X, et al. Assessment of socioeconomic costs to China's air pollution. *Atmospheric Environment*, 2016, 139: 147 –156.

[78] Xie Y, Dai H, Dong H, et al. Economic impacts from $PM_{2.5}$ pollution-related health effects in China: A provincial-level analysis. *Environmental Science & Technology*, 2016, 50 (9): 4836.

[79] Xu Y, Masui T. Local air pollutant emission reduction and ancillary carbon benefits of SO_2 control policies: Application of AIM/CGE model to China. *European Journal of Operational Research*, 2009, 198 (1): 315 –325.

[80] Yang T, Matus K, Paltsev S, et al. Economic benefits of air pollution regulation in the USA: An integrated approach. *MIT JPSPGC Report*, 2005, 113: 26.

[81] Yang T. Economic and policy implications of urban air pollution in the United States, 1970 to 2000. *Massachusetts Institute of Technology*, 2004.

[82] Zanobetti A, Franklin M, Koutrakis P, et al. Fine particulate air

pollution and its components in association with cause-specific emergency admissions. *Environmental Health*, 2009, 8 (1): 58.

[83] Zhang R, Jing J, et al. Chemical characterization and apportionment of $PM_{2.5}$ in Beijing: seasonal perspective. *Atmospheric Chemistry and Physics*, 2013, 13 (14): 7053 – 7074.